# 常微分方程

## Ordinary Differential Equations

焦玉娟 编著

中国科学技术出版社
·北京·

图书在版编目（CIP）数据

常微分方程 / 焦玉娟著. —— 北京：中国科学技术出版社，2024.1

ISBN 978-7-5236-0398-7

Ⅰ. ①常… Ⅱ. ①焦… Ⅲ. ①常微分方程－教材
Ⅳ. ①O175.1

中国国家版本馆CIP数据核字(2023)第239175号

策划编辑　王晓义
责任编辑　杨　洋
封面设计　中文天地
正文设计　焦玉娟
责任校对　焦　宁
责任印制　徐　飞

出　　版　中国科学技术出版社
发　　行　中国科学技术出版社有限公司发行部
地　　址　北京市海淀区中关村南大街16号
邮　　编　100081
发行电话　010-62173865
传　　真　010-62173081
网　　址　http://www.cspbooks.com.cn

开　　本　710mm×1000mm　1/16
字　　数　262千字
印　　张　14
版　　次　2024年1月第1版
印　　次　2024年1月第1次印刷
印　　刷　涿州市京南印刷厂
书　　号　ISBN 978-7-5236-0398-7/O·220
定　　价　69.00元

# 前　　言

本书内容包括微分方程的基本概念、一阶常微分方程的初等积分法、常微分方程解的存在性和唯一性、线性微分方程组、高阶微分方程、数值方法、一阶偏微分方程、微分方程定性理论。另外，每节都配备一定数量的习题。

本书可作为数学专业本科生常微分方程课程的教材，也可供其他专业教师和学生参考。

本书的初稿在教学过程中已使用多年，吸取了学生和老师的许多学习体会和修改建议。感谢西北民族大学数学与计算机科学学院、西北民族大学教务处对本书编写工作的鼓励和支持。本书编写与出版得到了西北民族大学校级规划教材建设经费、西北民族大学智能计算与动力系统分析及其应用创新团队建设经费、西北民族大学中央高校基本科研业务经费、西北民族大学校级一流本科常微分方程课程建设经费以及西北民族大学校级创新创业教育教学改革研究经费的资助，在此一并表示感谢!

本书在编写过程中参考了许多文献资料，并列举在书后参考文献中。在此对相关的作者致以诚挚的谢意!

由于作者学识水平所限，书中难免有错误和不足之处，敬请读者予以批评指正。

# 目　　录

# 第 1 章　微分方程的基本概念

## §1.1　常微分方程的基本概念

### 一、微分方程的基本概念

在我们讨论过的方程中，作为未知量的是一个数或一组数，比如高次代数方程和线性代数方程组. 我们在数学分析中讨论过的函数方程，作为未知量的也是一个函数. 在许多实际生产或科学技术问题的函数方程中，作为未知量的还是一个函数，但与一般函数方程不同的是，这类方程还包含了未知函数的导数或微分. 本书专门研究这类方程—微分方程.

**微分方程**是指这样的关系式，它联系着自变量和未知函数以及未知函数的导数（即微商）或微分. 或者说，含有未知函数的导数或微分，同时也可能包含自变量与未知函数本身的已知关系. 如

$$\frac{\mathrm{d}x}{\mathrm{d}t} = 2t, \tag{1.1.1}$$

$$\frac{\mathrm{d}^2y}{\mathrm{d}x^2} + b\frac{\mathrm{d}y}{\mathrm{d}x} + cy = f(x), \tag{1.1.2}$$

$$\left(\frac{\mathrm{d}y}{\mathrm{d}x}\right)^2 + x\frac{\mathrm{d}y}{\mathrm{d}x} + y = 0, \tag{1.1.3}$$

$$\frac{\mathrm{d}^2y}{\mathrm{d}x^2} + \frac{g}{l}\sin y = x, \tag{1.1.4}$$

$$\frac{\partial^2T}{\partial x^2} + \frac{\partial^2T}{\partial y^2} + \frac{\partial^2T}{\partial z^2} = 0, \tag{1.1.5}$$

$$\frac{\partial^2T}{\partial x^2} = 2\frac{\partial^2T}{\partial t^2} \tag{1.1.6}$$

都是微分方程. 在微分方程里，如果未知函数仅与一个自变量有关，叫作**常微分方程**. 如式 (1.1.1) —式 (1.1.4) 都是常微分方程. 如果未知函数与两个或两个以上的自变量有关，叫作**偏微分方程**. 如式 (1.1.5)、式 (1.1.6) 都是偏微分方程. 本书

主要讨论常微分方程. 以后若不特别说明，本书中凡说到“微分方程”或者“方程”，均指常微分方程.

## 二、微分方程的阶数

在微分方程里，未知函数的最高阶导数或微分的阶数，叫作微分方程的**阶数**，简称**阶**. 如式 (1.1.1) 和式 (1.1.3) 是一阶的微分方程，其余均是二阶的微分方程.

一般的，$n$ 阶微分方程具有如下形式

$$F\left(x, y, \frac{\mathrm{d}y}{\mathrm{d}x}, \cdots, \frac{\mathrm{d}^n y}{\mathrm{d}x^n}\right) = 0, \tag{1.1.7}$$

这里，$y$ 是未知函数，$x$ 是自变量. 方程 (1.1.7) 是关于 $x$，$y$，$\frac{\mathrm{d}y}{\mathrm{d}x}$，...，$\frac{\mathrm{d}^n y}{\mathrm{d}x^n}$ 的已知函数，而且一定含有 $\frac{\mathrm{d}^n y}{\mathrm{d}x^n}$ 项.

## 三、线性和非线性

如果方程 (1.1.7) 的左端为关于 $y$ 及 $\frac{\mathrm{d}y}{\mathrm{d}x}$，...，$\frac{\mathrm{d}^n y}{\mathrm{d}x^n}$ 的一次有理整式，则称方程 (1.1.7) 为 $n$ 阶**线性微分方程**，否则称为**非线性微分方程**.

如方程 (1.1.2) 是二阶线性微分方程，方程 (1.1.3) 是一阶非线性方程，方程 (1.1.4) 是二阶非线性微分方程.

一般地，$n$ 阶线性微分方程具有如下形式

$$\frac{\mathrm{d}^n y}{\mathrm{d}x^n} + a_1(x)\frac{\mathrm{d}^{n-1} y}{\mathrm{d}x^{n-1}} + \cdots + a_{n-1}(x)\frac{\mathrm{d}y}{\mathrm{d}x} + a_n(x)y = f(x), \tag{1.1.8}$$

这里 $a_1(x)$，$a_2(x), \cdots, a_n(x)$，$f(x)$ 是关于 $x$ 的已知函数.

## 四、微分方程的解

如果将函数 $y = y(x)$ 代入方程 (1.1.7) 后，使等式恒成立，则称函数 $y = y(x)$ 为方程 (1.1.7) 的**解**. 由于微分方程的解是函数，而函数的表达式通常有显式 $y = y(x)$、隐式 $\Phi(x, y) = 0$ 及参数形式

$$\begin{cases} x = x(t), \\ y = y(t), \end{cases}$$

其中，$t$ 是参数，故其解就有相应的多种表示形式.

例如，考虑方程

$$\frac{\mathrm{d}y}{\mathrm{d}x} = -\frac{x}{y}, \tag{1.1.9}$$

容易验证由等式 $x^2+y^2=1$ 所确定的函数满足方程 (1.1.9). 同样容易验证由参数方程

$$\begin{cases} x=\cos t, \\ y=\sin t, \end{cases}$$

所确定的函数也满足方程 (1.1.9).

如果由关系式 $\Phi(x,y)=0$ 确定的函数 $y=y(x)$ 是方程 (1.1.7) 的解，则称 $\Phi(x,y)=0$ 为方程 (1.1.7) 的**隐式解**. 如果由参数方程

$$\begin{cases} x=x(t), \\ y=y(t), \end{cases}$$

其中 $t$ 为参数，所确定的函数是方程 (1.1.7) 的解，则称其为方程 (1.1.7) 的**参数式解**. 简单起见，以后把解、隐式解及参数式解统称为方程的**解**，不再加以区别.

现在，我们用积分法来讨论一个简单的微分方程

$$\frac{\mathrm{d}y}{\mathrm{d}x}=f(x), \tag{1.1.10}$$

其中，$f(x)$ 是一个连续函数. 数学分析知识告诉我们，只需把方程 (1.1.10) 的两端关于自变量 $x$ 积分，便得到

$$y(x)=\int f(x)\mathrm{d}x+C,\ x\in I, \tag{1.1.11}$$

其中，不定积分表示 $f(x)$ 的一个原函数，$C$ 是任意常数. 当 $C$ 为不同的值时，便得到式 (1.1.10) 不同的解.

如果我们所要求的是当 $x=x_0$ 时，$y(x_0)=y_0$ 的解，则有

$$y(x)=y_0+\int_{x_0}^{x} f(t)\mathrm{d}t, \quad x\in I. \tag{1.1.12}$$

这个简单的例子表明，一个微分方程解的个数一般是无穷多的. 因此，要确定某个特定的解，一般是需要附加条件的. 例如，解方程 (1.1.12) 就是从方程 (1.1.11) 中由附加条件 $y(x)=y_0$ 确定的.

为了确定方程的一个特定的解，通常给出这个解所必需的条件，称为**定解条件**. 方程满足特定条件的解称为方程的**特解**. 常见的定解条件有**初值条件**和**边值条件**，也称为**初始条件**和**边界条件**.

$n$ 阶微分方程 (1.1.7) 的初始条件是指如下的 $n$ 个条件：当 $x=x_0$ 时

$$y=y_0, \frac{\mathrm{d}y}{\mathrm{d}x}=y_0^{(1)},\cdots,\frac{\mathrm{d}^{n-1}y}{\mathrm{d}x^{n-1}}=y_0^{(n-1)}, \tag{1.1.13}$$

这里 $x_0, y_0, y_0^{(1)}, \cdots, y_0^{(n-1)}$ 是给定的 $n+1$ 个常数，式 (1.1.13) 有时可以写为

$$y(x_0) = y_0, y'(x_0) = y_0^{(1)}, \cdots, y^{(n-1)}(x_0) = y_0^{(n-1)}. \tag{1.1.14}$$

求方程满足定解条件的解的问题称为**定解问题**，当定解条件为初始条件或边界条件时，相应的定解问题称为**初值问题**和**边值问题**. 本书主要讨论初值问题.

对于一阶方程

$$\frac{\mathrm{d}y}{\mathrm{d}x} = f(x, y), \tag{1.1.15}$$

这里 $f(x, y)$ 是定义在 $xOy$ 平面上区域 $D$ 内的实值函数. 方程 (1.1.15) 的初值问题就是：对 $D$ 内任一点 $(x_0, y_0)$，方程 (1.1.15) 有解 $y = \varphi(x)$，并且满足条件

$$\varphi(x_0) = y_0, \tag{1.1.16}$$

数 $x_0, y_0$ 叫作**初始数据**，而条件 (1.1.16) 式叫作解 $y = \varphi(x)$ 的**初始条件**. 这个定解问题常简记为

$$\begin{cases} \dfrac{\mathrm{d}y}{\mathrm{d}x} = f(x, y), \\ y(x_0) = y_0. \end{cases}$$

下面关于一阶方程

$$y' = f(x, y),$$

给出通解的概念. 这里对 $f(x, y)$ 的假定同前面一样. 我们把方程 (1.1.15) 的包含任意常数的解族

$$y = \varphi(x, C) \tag{1.1.17}$$

叫作该方程的**通解**；如果解族 (1.1.17) 的表示形式是隐式

$$\Phi(x, y, C) = 0, \tag{1.1.18}$$

则称式 (1.1.18) 为该方程的**通积分**.

不难看出，由方程 (1.1.15)、式 (1.1.16) 组成初值问题的解，可以从式 (1.1.17) 或式 (1.1.18) 中适当选取任意常数 $C$ 的值而得到. 事实上，因为 $C$ 是任意常数，故可从式 (1.1.17) 或式 (1.1.18) 中将 $C$ 解出，得

$$C = \psi(x, y), \tag{1.1.19}$$

把初始数据 $x_0$、$y_0$ 代入式 (1.1.19)，有 $C_0 = \psi(x_0, y_0)$. 于是方程 (1.1.15) 和式 (1.1.16) 的解为

$$y = \varphi(x, C_0),$$

或者

$$y = \varphi(x, x_0, y_0).$$

由此可以看出，微分方程

$$y' = f(x, y)$$

的通解含有一个任意常数，而且在一定范围内，对于任意给定的初始条件，总能找到任意常数的确定值，使得对应的解满足所给的初始条件.

关于 $n$ 阶方程的初值问题、通解等概念，可以类似地定义. 如，包含 $n$ 个独立的任意常数的解族 $y = \varphi(x, C_1, C_2, \cdots, C_n)$ 叫作 $n$ 阶方程 (1.1.7) 的**通解**. 注意任意常数的个数与对应微分方程的阶数恰好相等.

**例 1**　已知曲线上任意一点 $(x, y)$ 处切线的斜率等于该点横坐标的 2 倍，且曲线经过点 $(1, 2)$，求该曲线.

**解**　设曲线方程为 $y = f(x)$，由题意有

$$\frac{\mathrm{d}y}{\mathrm{d}x} = 2x, \tag{1.1.20}$$

积分得

$$y = x^2 + C, \tag{1.1.21}$$

这里 $C$ 是任意常数. 又由已知条件当 $x = 1$ 时，$y = 2$，可得 $C = 1$. 所以，所求曲线方程为

$$y = x^2 + 1. \tag{1.1.22}$$

事实上，例 1 其实是求初值问题

$$\begin{cases} \dfrac{\mathrm{d}y}{\mathrm{d}x} = 2x, \\ y(1) = 2 \end{cases}$$

的解. 函数

$$y = x^2 + C$$

是方程

$$\frac{\mathrm{d}y}{\mathrm{d}x} = 2x$$

的通解，初始条件是 $y(1) = 2$，$y = x^2 + 1$ 是方程满足初始条件的特解.

## 习 题 1.1

1. 指出下列微分方程的阶数.

(1) $\dfrac{\mathrm{d}y}{\mathrm{d}x}=f(x)g(y)$;

(2) $\sin\left(\dfrac{\mathrm{d}^2y}{\mathrm{d}x^2}\right)+\mathrm{e}^y=x$;

(3) $\dfrac{\mathrm{d}y}{\mathrm{d}x}+\cos y+2x=0$;

(4) $\left(\dfrac{\mathrm{d}y}{\mathrm{d}x}\right)^2=6$;

(5) $\dfrac{\mathrm{d}^4y}{\mathrm{d}x^4}-2\dfrac{\mathrm{d}^3y}{\mathrm{d}x^3}+\dfrac{\mathrm{d}^2y}{\mathrm{d}x^2}=0$.

2. 判断下列微分方程的类型、阶数, 是否是线性微分方程.

(1) $ty''+t^2-(\sin t)\sqrt{y}=t^2-t+1$;

(2) $\dfrac{\mathrm{d}^ny}{\mathrm{d}x^n}=y^2+1$.

3. 验证下列函数是否为相应方程的解? 是通解还是特解 ($C$ 是任意常数).

(1) $\dfrac{\mathrm{d}y}{\mathrm{d}x}-2y=0,\ y=\sin x,\ y=\mathrm{e}^x,\ y=C\mathrm{e}^{2x}$;

(2) $4y'=2y-x,\ y=\dfrac{1}{2}x+1,\ y=C\mathrm{e}^x,\ y=C\mathrm{e}^x+\dfrac{1}{2}x+1$;

(3) $y''-9y+x+\dfrac{1}{2}=0,\ y=5\cos 3x+\dfrac{x}{9}+\dfrac{1}{18}$;

(4) $x^2y'''=2y',\ y=\ln x+x^3$.

4. 验证下列函数均为方程

$$\frac{\mathrm{d}^2y}{\mathrm{d}x^2}+\omega^2y=0$$

的解, 其中 $\omega>0$ 是常数.

(1) $y=\cos\omega x$;

(2) $y=C_1\cos\omega x$ ($C_1$ 为任意常数);

(3) $y = \sin \omega x$;

(4) $y = C_2 \sin \omega x$ ( $C_2$ 为任意常数);

(5) $y = C_1 \cos \omega x + C_2 \sin \omega x$ ($C_1, C_2$ 为任意常数);

(6) $y = A \sin(\omega x + B)$ ( $A, B$ 为任意常数).

5. 验证

$$x = 2(\sin 2t - \sin 3t)$$

是方程

$$\frac{\mathrm{d}^2 x}{\mathrm{d}t^2} + 4x = 10 \sin 3t$$

满足初始条件 $x(0) = 0, x'(0) = -2$ 的解.

## §1.2　常微分方程的几何意义

一阶微分方程

$$\frac{\mathrm{d}y}{\mathrm{d}x} = f(x, y) \tag{1.2.1}$$

的解 $y = \varphi(x)$ 表示 $xOy$ 平面上的一条曲线，称为方程的**积分曲线**. 通解 $y = \varphi(x, c)$ 表示 $xOy$ 平面上的一族曲线，称为方程的**积分曲线族**. 满足初始条件 $y(x_0) = y_0$ 的特解就是通过点 $(x_0, y_0)$ 的一条积分曲线.

方程 (1.2.1) 的积分曲线上每一点 $(x, y)$ 的切线斜率 $\frac{\mathrm{d}y}{\mathrm{d}x}$ 刚好等于方程右端函数 $f(x, y)$ 在这点的值，也就是说，积分曲线的每一点 $(x, y)$ 及这点上的切线斜率 $\frac{\mathrm{d}y}{\mathrm{d}x}$ 恒满足方程 (1.2.1)；反之，如果一条曲线上每点的切线斜率刚好等于函数 $f(x, y)$ 在这点的值，则这一条曲线就是方程 (1.2.1) 的积分曲线.

设函数 $f(x, y)$ 的定义域为 $D$，在 $D$ 内每一点 $P(x, y)$ 处，画上一小线段 $l(P)$，使其斜率恰好为 $f(x, y)$，称 $l(P)$ 为方程 (1.2.1) 在点 $P$ 的**线素**，将这种带有小线段的区域 $D$ 称为由方程 (1.2.1) 所规定的方向场，又称**向量场**或**线素场**.

在方向场中，方向相同的点的几何轨迹称为**等斜线**. 方程 (1.2.1) 的等斜线方程为

$$f(x, y) = k, \tag{1.2.2}$$

其中，$k$ 是参数. 给出参数 $k$ 的一系列充分接近的值，可得足够密集的等斜线族，借此可以近似地描绘出方程的积分曲线.

**例 1** 考虑方程

$$\frac{\mathrm{d}x}{\mathrm{d}t}=\frac{x-t}{x+t}. \tag{1.2.3}$$

**解** 斜率为 $k$ 的等斜线满足

$$\frac{x-t}{x+t}=k,$$

即

$$x=\frac{1+k}{1-k}t.$$

因此过原点的直线都是等倾线，其中，$x=t$ 和 $x=-t$ 分别为水平等倾线和竖直等倾线. 设 $\alpha_i,\alpha_v$ 分别表示等倾线和线素场的方向与 $t$ 轴的夹角，$\theta$ 表示等倾线同线素场的方向的夹角，则 $\theta=\alpha_i-\alpha_v$，又由

$$\tan\theta=\frac{\tan\alpha_i-\tan\alpha_v}{1+\tan\alpha_i\tan\alpha_v}=\frac{\dfrac{1+k}{1-k}-k}{1+\dfrac{1+k}{1-k}k}=1,$$

可知这些等倾线同线素场的方向成 45° 角. 容易看出方程的积分曲线是围绕坐标旋转的螺线而且是沿顺时针方向由里向外. 在直线 $x=-t$ 上方程 (1.2.3) 是没有意义的，但从线素场来看，在直线 $x=-t$ 上每一点线素场的方向都是垂直的，这时可用方程

$$\frac{\mathrm{d}t}{\mathrm{d}x}=\frac{x+t}{x-t}$$

来代替原方程 (1.2.3)，并且在竖直等倾线 $x=-t$ 附近，可以把积分曲线看成是 $t$ 关于 $x$ 的函数.

**例 2** 考虑方程

$$\frac{\mathrm{d}x}{\mathrm{d}t}=x(2-x). \tag{1.2.4}$$

**解** 它有水平等倾线 $x=0$ 和 $x=2$，其中，在区域 $x<0$, $0<x<2$ 和 $x>2$ 上分别有 $\frac{\mathrm{d}x}{\mathrm{d}t}<0$、$\frac{\mathrm{d}x}{\mathrm{d}t}>0$ 和 $\frac{\mathrm{d}x}{\mathrm{d}t}<0$，因此，积分曲线在对应区域上分别是递减、递增和递减. 易知水平等倾线 $x=0$ 和 $x=2$ 本身也是积分曲线，它们是方程 (1.2.4) 的常数解，称为**平衡解**，其他的积分曲线以它们为渐近线. 进一步，由

$$\frac{\mathrm{d}^2x}{\mathrm{d}t^2}=2(1-x)\frac{\mathrm{d}x}{\mathrm{d}t}=2x(x-1)(x-2),$$

还可以得到积分曲线的凹凸性等方面的信息，据此可得积分曲线的大致分布.

从上述例子可以看出，平衡解对于从几何上分析微分方程解的性质是十分重要的. 除此之外，我们还关心方程的周期解及极限环等，以及周期的积分曲线的变化趋势.

下面讨论方程

$$\frac{\mathrm{d}y}{\mathrm{d}x}=f(x,y)$$

的解与它所确定的方向场的关系.

设 $y=\varphi(x)$ 为

$$\frac{\mathrm{d}y}{\mathrm{d}x}=f(x,y)$$

的一个解，其图像为一条积分曲线 $\tau$，则 $\tau$ 上任意点 $(x,\varphi(x))$ 满足方程，即有

$$\frac{\mathrm{d}\varphi(x)}{\mathrm{d}x}=f(x,\varphi(x)) .$$

这说明 $\tau$ 在$(x,\varphi(x))$ 处的切线斜率为$f(x,\varphi(x))$，而由

$$\frac{\mathrm{d}y}{\mathrm{d}x}=f(x,y)$$

确定的方向场中，任意点 $(x,\varphi(x))$ 处的线素亦为 $f(x,\varphi(x))$，即积分曲线 $\tau$ 在 $(x,\varphi(x))$ 处与线素相切. 由点 $(x,\varphi(x))$ 的任意性说明，积分曲线 $\tau$ 上任意点处的切线与该点线素重合. 或者直观地说，积分曲线是始终顺着线素场的线素行进的曲线. 因此当某些方程不能用初等积分法求解时，在方向场中画出足够密集的等斜线，就可以根据线素场的走向近似画出积分曲线，再根据 $f(x,y)$ 的符号和

$$\frac{\mathrm{d}y}{\mathrm{d}x}=f(x,y)=0$$

确定积分曲线的单调性和极值点，最后根据 $\dfrac{\mathrm{d}^2y}{\mathrm{d}x^2}$ 的符号和

$$\frac{\mathrm{d}^2y}{\mathrm{d}x^2}=\frac{\partial f}{\partial x}+\frac{\partial f}{\partial y}\frac{\mathrm{d}y}{\mathrm{d}x}=\frac{\partial f}{\partial x}+\frac{\partial f}{\partial y}f(x,y)=0$$

确定积分曲线的凹凸性和拐点等，画出更精确的积分曲线. 这正是微分方程的近似解法和定性理论的基本思想.

**例 3**　研究方程

$$\frac{\mathrm{d}y}{\mathrm{d}x}=x^2+y^2$$

的积分曲线近似性态.

**解** 由方程

$$\frac{dy}{dx} = x^2 + y^2$$

确定的方向场中，等斜线方程为

$$x^2 + y^2 = k^2,$$

即在同一以原点为中心的圆周上，线素场的线素都平行，其斜率为半径 $R$ 的平方，于是半径越大，线素场的方向越陡. 因为在 $(x, y) = (0, 0)$ 处

$$\frac{dy}{dx} = x^2 + y^2 = 0,$$

$$\frac{d^2y}{dx^2} = 2x + 2y\frac{dy}{dx} = 2x + 2y\left(x^2 + y^2\right) = 0,$$

又在 $(x, y) \neq (0, 0)$ 时，

$$\frac{dy}{dx} = x^2 + y^2 > 0.$$

在第一象限 $\frac{d^2y}{dx^2} > 0$，在第三象限 $\frac{d^2y}{dx^2} < 0$，故得积分曲线始终单调上升，无极值点. 在第三象限为凸曲线，在第一象限为凹曲线. 坐标原点为拐点，且积分曲线与曲线

$$x + y\left(x^2 + y^2\right) = 0$$

的交点处均为拐点.

## 习 题 1.2

1. 微分方程

$$4x^2y'^2 - y^2 = xy^3,$$

证明其积分曲线是关于坐标原点 (0, 0) 成中心对称的曲线, 也是此微分方程的积分曲线.

2. 作出下列方程的线素场, 并描出经过指定点的积分曲线.

(1) $\frac{dx}{dt} = |x|$, $(0, 0)$, $(0, -1)$;

(2) $\frac{dx}{dt} = t^2 + x^2$, $(0, 0)$, $(0, -\frac{1}{2})$, $(\sqrt{2}, 0)$;

(3) $\frac{dx}{dt} = t^2 - x^2$, $(0, 0)$, $(0, 1)$;

(4) $\dfrac{\mathrm{d}y}{\mathrm{d}x}=x^2+y^2,\quad (0,0),\ \left(0,-\dfrac{1}{2}\right)$;

(5) $\dfrac{\mathrm{d}x}{\mathrm{d}t}=|x|,\quad (0,0),\ (0,-1)$;

(6) $\dfrac{\mathrm{d}y}{\mathrm{d}x}=x^2-y^2,\quad (0,0),\ (0,1)$;

(7) $\dfrac{\mathrm{d}y}{\mathrm{d}x}=xy+1,\quad (-1,1),\ \left(\dfrac{1}{2},0\right)$.

## §1.3　几个常微分方程应用的例子

在这一节中列举几个简单的实际例子，说明怎样将实际问题转化成微分方程. 例子虽然简单，但是从中能够简明地推导出微分方程的一些基本概念，成为进一步探讨其他较复杂问题的借鉴.

**例 1**　物理冷却过程的数学模型.

将某物体放置于空气中，在时刻 $t=0$ 时，测得它的温度 $u_0=150°\mathrm{C}$, 10 min 后测得温度为 $u_1=100°\mathrm{C}$. 我们要求决定此物体的温度 $u$ 和时间 $t$，并计算 20 min 后物体的温度. 这里我们假定空气的温度保持为 $u_a=24°\mathrm{C}$.

为了解决上述问题，需要了解有关热力学的一些基本规律. 例如，热量总是从温度高的物体向温度低的物体传导的; 在一定的温度范围内 (其中包括了上述问题的温度在内)，一个物体的温度变化速度与这一物体的温度和其所在介质温度的差值成比例. 这是已被实验证明了的牛顿冷却定律.

设物体在时刻 $t$ 的温度为 $u=u(t)$，则温度的变化速度以 $\dfrac{\mathrm{d}u}{\mathrm{d}t}$ 来表示. 注意到热量总是从温度高的物体向温度低的物体传导的，因而 $u_0>u_a$，所以温差 $u-u_a$ 恒正; 又因物体将随时间而逐渐冷却，故温度变化速度 $\dfrac{\mathrm{d}u}{\mathrm{d}t}$ 恒负. 因此由牛顿冷却定律得到:

$$\frac{\mathrm{d}u}{\mathrm{d}t}=-k(u-u_a),\tag{1.3.1}$$

这里 $k>0$ 是比例常数. 方程 (1.3.1) 就是物体冷却过程的数学模型，它含有未知函数 $u$ 及它的一阶导数 $\dfrac{\mathrm{d}u}{\mathrm{d}t}$，这是一个一阶微分方程.

为了决定物体的温度 $u$ 和时间 $t$ 的关系，我们要从方程 (1.3.1) 中“解出” $u$. 注意到 $u_a$ 是常数，且 $u-u_a>0$，可将方程 (1.3.1) 改写成

$$\frac{\mathrm{d}(u-u_u)}{u-u_a}=-k\mathrm{d}t,\tag{1.3.2}$$

这样，变量 $u$ 和 $t$ 被“分离”开来了. 两边积分，得到

$$\ln(u-u_a)=-kt+C_1, \tag{1.3.3}$$

这里 $C_1$ 是“任意常数”. 根据对数的定义，得到

$$u-u_a=\mathrm{e}^{-kt+C_1}.$$

由此，令 $\mathrm{e}^{c_1}=C$，即得

$$u=u_a+C\mathrm{e}^{-kt}. \tag{1.3.4}$$

根据“初始条件”：当 $t=0$ 时，$u=u_0$，容易确定“任意常数” $C$ 的数值，故把 $t=0$ 和 $u=u_0$ 代入式 (1.3.4)，得到：

$$C=u_0-u_a,$$

于是，

$$u=u_a+(u_0-u_a)\,\mathrm{e}^{-kt}, \tag{1.3.5}$$

这时如果 $k$ 的数值确定了，方程 (1.3.5) 就完全决定了温度 $u$ 和时间 $t$ 的关系. 根据条件 $t=10$ 时，$u=u_1$，得到

$$u_1=u_a+(u_0-u_a)\,\mathrm{e}^{-10k}.$$

因此，把 $u_0=150, u_1=100$ 和 $u_a=24$ 代入上式，得到

$$k=\frac{1}{10}\ln\frac{126}{76}\approx 0.051,$$

从而

$$u=24+126\mathrm{e}^{-0.051t}. \tag{1.3.6}$$

这样根据方程 (1.3.6)，就可以计算出任何时刻 $t$ 物体的温度 $u$ 的数值了. 例如 20 min 后物体的温度就是 $u_2\approx 70$°C. 由方程 (1.3.6) 可知，当 $t\to\infty$ 时，$u\to 24$°C，这可以解释为，经过一段时间后，物体的温度和空气的温度将会没有什么差别了. 事实上，经过 2 h 后，物体的温度已变为 24.3°C，与空气的温度已相当的接近. 而经过 3 h 后，物体的温度为 24.01°C，我们的一些测量仪器已测不出它与空气温度的差别了. 在实际应用上，人们认为这时物体的冷却过程已基本结束. 所以，经过一段时间后（如 3 h 后），可以认为物体的温度和空气的温度并没有任何差别了.

从上述例子中可以大体看出用微分方程解决实际问题的基本步骤：

（1）建立实际问题的数学模型，也就是建立反映这个实际问题的微分方程并提出相应的定解条件；

（2）求解这个微分方程，或者对方程解的性态进行分析；

（3）用所学的数学结果解释实际问题，从而预测到某些物理过程的特定性质，以便达到能动地改造世界，解决实际问题的目的.

建立起实际问题的数学模型一般比较困难，因为这需要对与实际问题有关的自然规律有一个清晰的了解（例如，例 1 中就要了解热力学中的牛顿冷却定律），同时也需要有一定的数学知识. 微分方程往往可以看作各种不同物理现象的数学模型. 我们在建立微分方程的时候，只能考虑影响这个物理现象的一些主要因素，而把其他的一些次要因素忽略掉，如果在考虑到最主要因素的前提下，所得到的微分方程的解和所考虑的物理现象比较接近，我们就认为得到的数学模型是有用，否则，我们还应该考虑其他的一些因素，以便建立起更为有效、更为合理的数学模型. 下面再举几个例子说明如何建立微分方程的问题.

**例 2**　曲率处处为正数 $\alpha$ 的曲线方程.

**解**　设此曲线的方程为 $y = y(x)$，由微积分学的知识知道，$y = y(x)$ 在点 $x$ 处的曲率为

$$\left|y''(x)\left[1 + y'^2(x)\right]^{-\frac{3}{2}}\right|,$$

因此该曲线应满足方程

$$\left|y''(x)\left[1 + y'^2(x)\right]^{-\frac{3}{2}}\right| = \alpha,$$

这就是一个二阶的非线性常微分方程.

**例 3**　根据实验知道，放射性元素镭等会不断地放出射线而逐渐减少其质量(这种现象叫作衰变)，衰变的速率与元素剩余的质量成反比. 如果已知剩余物在时间 $t_0$ 的质量为 $x_0$，试求出它在任何时刻 $t$ 的质量.

**解**　从题意可知，有初值问题：

$$\begin{cases} \dfrac{\mathrm{d}x}{\mathrm{d}t} = ax \ \ (a < 0), & (1.3.7) \\ x(t_0) = x_0, & (1.3.8) \end{cases}$$

其中，$x(t)$ 记为元素的质量，$\dfrac{\mathrm{d}x}{\mathrm{d}t}$ 表示衰变的速率，$a < 0$ 是比例常数. 方程 (1.3.7) 表示当时间增加时，元素的质量总是减少的，而式 (1.3.8) 是初始条件.

对于方程 (1.3.7) 两端，变量分离后可直接进行积分，有

$$\int \frac{\mathrm{d}x}{x} = \int a\mathrm{d}t + C_1,$$

所以

$$x = \pm e^{C_1} e^{at},$$

其中，$C_1$ 为任意常数. 容易验证，对任意常数 $C$，$x = Ce^{at}$ 均是方程 (1.3.7) 的解. 要使解还满足条件 $x(t_0) = x_0$，就必须选取适当的 $C$ 值. 若令 $x(t_0) = Ce^{at_0} = x_0$，则有 $C = x_0 e^{-at_0}$，于是所求初值问题的解为

$$x = x_0 e^{a(t-t_0)}.$$

我们称 $x = Ce^{at}$ 为方程 (1.3.7) 的**通解**，称 $x = x_0 e^{a(t-t_0)}$ 为方程 (1.3.7) 和式 (1.3.8) 初值问题的**解**，或称**特解**.

**例 4** 犯罪嫌疑人的确定.

**解** 根据牛顿冷却定律，高温物体冷却的速率与物体周围的温差成正比. 现在已知此物体周围的温度是 $d$°C，最初 $t_0$ 时刻物体的温度是 $y_0$°C，经过 $t$ min 后的温度是 $y = y(t)$，则物体温度 $y(t)$ 应满足

$$\frac{dy}{dt} = -k(y-d), \tag{1.3.9}$$

$$y(t_0) = y_0, \tag{1.3.10}$$

其中 $k$ 为正常数，式 (1.3.9) 是一个一阶线性常微分方程，式 (1.3.10) 为初始条件，求方程 (1.3.9) 满足初始条件 (1.3.10) 解的问题称为**初值问题**.

由方程 (1.3.9) 得

$$y(t) = d + Ce^{-kt}, \tag{1.3.11}$$

将式 (1.3.10) 代入，得方程 (1.3.9) 满足初始条件 (1.3.10) 的解为

$$y(t) = d + (y_0 - d)e^{-k(t-t_0)}.$$

现发现一起命案，受害者的尸体于 19:30 被发现，法医于 20:20 赶到凶案现场，测得尸体温度为 32.6°C. 1 h 后，当尸体即将被抬走时，测得尸体温度为 31.4°C，室温在几个小时内始终保持 21.1°C . 此案最大的犯罪嫌疑人张某声称自己是无罪的，并有证人说："下午张某一直在办公室上班，17:00 打完电话后就离开了办公室. " 从张某到受害者家(凶案现场) 步行需 5 min，现在的问题是，张某不在凶案现场的证言能否被采信，使他排除在犯罪嫌疑人之外?

首先应确定凶案的发生时间，若死亡时间在 17:05 之前，则张某就不是犯罪嫌疑人，否则不能将张某排除.

根据上述描述，$d = 21.1°C$，记 20:20 为 $t_0 = 0$，则 $y(t_0) = y(0) = 32.6°C$，$y(1) = 31.4°C$．假设受害者死亡时体温是正常的，即受害者死亡时的温度是 37°C．尸体温度的变化率服从牛顿冷却定律，即尸体温度的变化律与他同周围的温度差成正比. 现在要求 $y(T) = 37°C$ 时的时刻 $T$，进而确定张某是否为犯罪嫌疑人.

将 $y(0) = 32.6°C$ 代入式 (1.3.11)，得 $C = 11.5$；将 $y(1) = 31.4°C, C = 11.5$ 代入式 (1.3.11)，得 $e^{-k} = \frac{103}{115}$，即

$$k = -\ln\frac{103}{115} \approx 0.11,$$

则有

$$y(t) = d + Ce^{-kt} = 21.1 + 11.5e^{-0.11t}.$$

将 $y(T) = 37°C$ 代入上式求得 $T = -2.95$ h $= -2$ h 57 min，则 20:20 往前推算 2 h 57 min 是 17:23，即死亡时间在 17:23 前后，因此张某不能被排除在犯罪嫌疑人之外.

# 第 2 章　一阶常微分方程的初等积分法

微分方程的一个核心问题是求微分方程的解. 但是，微分方程的求解问题通常并不是容易解决的. 本章将介绍一阶方程的初等解法，即把微分方程的求解问题化为积分问题. 一般的一阶方程是没有初等解法的，本章的任务就在于介绍若干能有初等解法的方程类型及其求解的一般方法，虽然这些类型是很有限的，但它们却反映了解决实际问题时用到的微分方程的绝大多数.

## §2.1　变量可分离方程与分离变量法

### 一、变量可分离方程

形如

$$\frac{\mathrm{d}y}{\mathrm{d}x} = f(x)g(y) \tag{2.1.1}$$

的一阶微分方程，称为变量可分离方程，其中 $f(x), g(y)$ 分别是 $x$ 和 $y$ 的连续函数. 对于方程 (2.1.1)，当 $g(y) \neq 0$ 时，则方程可以化为

$$\frac{\mathrm{d}y}{g(y)} = f(x)\mathrm{d}x, \tag{2.1.2}$$

方程 (2.1.2) 的左右两边分别只含有变量 $y$ 或 $x$，这个过程即为变量分离的过程. 然后对方程 (2.1.2) 的左右两边分别积分，有

$$\int \frac{1}{g(y)}\mathrm{d}y = \int f(x)\mathrm{d}x + C, \tag{2.1.3}$$

其中，$C$ 是不定积分得到的任意常数. (2.1.3) 所确定的一个隐函数即为方程 (2.1.2) 的一个隐式通解.

当 $g(y) = 0$ 时，求出 $y = y_0$，将此常数函数代入方程 (2.1.1)中，显然左右两边恒等，所以 $y = y_0$ 是方程 (2.1.1) 的一个特解. 上述求解方程 (2.1.1) 的方法称为**分离变量法**.

**例 1**　求解方程 $\dfrac{\mathrm{d}y}{\mathrm{d}x} = \dfrac{y}{x}$.

**解**　当 $y \neq 0$ 时，分离变量，方程化为

$$\frac{\mathrm{d}y}{y} = \frac{\mathrm{d}x}{x}.$$

两边积分，即得

$$\ln|y| = \ln|x| + C_1.$$

其中，$C_1$ 为任意常数. 整理后，得方程的通解为

$$y = Cx \quad \left(C = \pm \mathrm{e}^{C_0} \neq 0\right).$$

另外，直接验证可知 $y = 0$ 也是方程的解，所以，在通解中，$C$ 可为任意常数.

**例 2**　求解方程 $\dfrac{\mathrm{d}y}{\mathrm{d}x} = \dfrac{\sqrt{1-y^2}}{\sqrt{1-x^2}}$.

**解**　当 $\sqrt{1-y^2} \neq 0$，即 $y \neq \pm 1$ 时，分离变量，方程可化为

$$\frac{\mathrm{d}y}{\sqrt{1-y^2}} = \frac{\mathrm{d}x}{\sqrt{1-x^2}}.$$

两边积分，即得方程的通解为

$$\arcsin y = \arcsin x + C.$$

另外，直接验证可知 $y = \pm 1$ 也是方程的解，它们不包含在上述通解中.

**例 3**　求解方程 $\dfrac{\mathrm{d}y}{\mathrm{d}x} = \dfrac{1+y^2}{xy + x^3 y}$.

**解**　分离变量，得

$$\frac{y}{1+y^2}\,\mathrm{d}y = \frac{1}{x\left(1+x^2\right)}\mathrm{d}x$$

即

$$\frac{1}{2(1+y^2)}\,\mathrm{d}\left(1+y^2\right) = \left(\frac{1}{x} - \frac{x}{1+x^2}\right)\mathrm{d}x,$$

两边积分，得

$$\frac{1}{2}\ln\left(1+y^2\right) = \ln|x| - \frac{1}{2}\ln\left(1+x^2\right) + \frac{1}{2}\ln|C| \quad (C\text{是不等于零的任意常数}),$$

化简上式，得所求方程的通解为

$$\left(1+x^2\right)\left(1+y^2\right) = |C|x^2,$$

其中，$C$ 是不等于零的任意常数.

## 二、可化为变量可分离的微分方程

对于变量分离方程，我们可以用初等积分法求解，人们自然会想到，对于一个方程，如果能通过适当的变换，使之成为变量分离方程，则原方程也就可解了.

1. 齐次方程

若方程

$$\frac{\mathrm{d}y}{\mathrm{d}x} = f(x, y) \tag{2.1.4}$$

右端的二元函数 $f(x,y)$ 是 $x,y$ 的零次齐次函数，即 $f(x,y)$ 满足恒等式

$$f(tx, ty) \equiv f(x, y), \tag{2.1.5}$$

则称方程 (2.1.4) 为**齐次方程**. 这里顺便指出，$f(x,y)$ 是 $x,y$ 的 $k$ 次齐次函数是指 $f(x,y)$ 满足恒等式

$$f(tx, ty) \equiv t^k f(x, y)$$

**附注** 上述定义是齐次方程的一般形式，利用它便于判定所给方程是否是齐次方程. 此外，容易得到与之等价的形如

$$\frac{\mathrm{d}y}{\mathrm{d}x} = g\left(\frac{y}{x}\right) \tag{2.1.6}$$

的方程，称为齐次方程.

事实上，在恒等式 (2.1.5) 中，若令 $t = \dfrac{1}{x}$, 则得到恒等式 $f\left(1, \dfrac{y}{x}\right) \equiv f(x,y)$，若再记 $f\left(1, \dfrac{y}{x}\right) \equiv g\left(\dfrac{y}{x}\right)$，则方程 (2.1.4) 即可变为方程 (2.1.6)；反之，同理可由方程 (2.1.6) 推得方程 (2.1.4).

下面直接求解方程 (2.1.6)，令

$$\frac{y}{x} = u, \tag{2.1.7}$$

则

$$y = xu, \quad \frac{\mathrm{d}y}{\mathrm{d}x} = u + x\frac{\mathrm{d}u}{\mathrm{d}x}, \tag{2.1.8}$$

将式 (2.1.7)、式 (2.1.8) 代入方程 (2.1.6)，得

$$u + x\frac{\mathrm{d}u}{\mathrm{d}x} = g(u),$$

即

$$\frac{\mathrm{d}u}{\mathrm{d}x} = \frac{1}{x}[g(u) - u], \tag{2.1.9}$$

式 (2.1.9) 已是一个可分离变量方程，按可分离变量方程的解法求出解后，再代回到原来的变量，便可得到方程 (2.1.6) 的解.

**例 4**　求解方程 $\dfrac{dy}{dx} = 2\sqrt{\dfrac{y}{x}} + \dfrac{y}{x}$.

**解**　这是一个齐次方程，令 $\dfrac{y}{x} = u$，则原方程可化为

$$x\frac{du}{dx} = 2\sqrt{u}, \tag{2.1.10}$$

将变量分离，得到

$$\frac{du}{2\sqrt{u}} = \frac{dx}{x},$$

两边积分，得到

$$\sqrt{u} = \ln|x| + C,$$

即

$$u = (\ln|x| + C)^2,$$

代回原变量，则得到原方程的通解为

$$y = (\ln|x| + C)^2 x.$$

注意到方程 (2.1.9) 在变量分离时，漏掉解 $u = 0$，故原方程还有解

$$y = 0.$$

**例 5**　求解方程 $xy\mathrm{d}x - \left(x^2 + y^2\right)\mathrm{d}y = 0$.

**解**　将方程改写为

$$\frac{dy}{dx} = \frac{xy}{x^2 + y^2} = \frac{\dfrac{y}{x}}{1 + \left(\dfrac{y}{x}\right)^2},$$

可见，它是齐次方程. 令 $\dfrac{y}{x} = u$，则

$$\frac{dy}{dx} = x\frac{du}{dx} + u,$$

原方程可化为

$$x\frac{du}{dx} = -\frac{u^3}{1 + u^2},$$

将上式分离变量，得到

$$\frac{\mathrm{d}x}{x}=-\frac{1+u^2}{u^3}\mathrm{d}u,$$

两边积分，得

$$\ln|x|=\frac{1}{2u^2}-\ln|u|+C_1,$$

其中，$C_1$ 为任意常数. 即

$$ux=C\mathrm{e}^{\frac{1}{2u^2}},$$

其中，$C=\pm\mathrm{e}^{C_1}$. 代回原变量，则得到原方程的通解为

$$y=C\mathrm{e}^{\frac{x^2}{2y^2}},$$

这里 $C$ 为任意常数.

**例 6** 求解方程 $\dfrac{\mathrm{d}y}{\mathrm{d}x}=\dfrac{y}{x}-\left(\dfrac{y}{x}\right)^2$.

**解** 这是一个齐次微分方程，参照上面的分析，令 $u=\dfrac{y}{x}$，则

$$\frac{\mathrm{d}y}{\mathrm{d}x}=x\frac{\mathrm{d}u}{\mathrm{d}x}+u,$$

代入原方程，于是有

$$\frac{\mathrm{d}u}{\mathrm{d}x}=-\frac{u^2}{x},$$

这是可分离变量方程. 显然，$u=0$ 是该方程的一个解，从而 $y=0$ 为原方程的一个解. 当 $u\neq0$ 时，分离变量得

$$-\frac{\mathrm{d}u}{u^2}=\frac{\mathrm{d}x}{x},$$

两边积分得

$$\frac{1}{u}=\ln|x|+C,$$

代回原来的变量，整理后便得到原方程的通解为

$$y=\frac{x}{\ln|x|+C},$$

其中，$C$ 为任意常数.

2. 可化为齐次型方程的类型

形如

$$\frac{\mathrm{d}y}{\mathrm{d}x}=\frac{a_1x+b_1y+c_1}{a_2x+b_2y+c_2} \tag{2.1.11}$$

的方程也可经变量变换，化为变量可分离的方程. 这里 $a_1,a_2,b_1,b_2,c_1,c_2$ 均为常数. 分 3 种情形来讨论：

1) $c_1=c_2=0$ 的情形

这时方程 (2.1.11) 属齐次方程. 事实上，有

$$\frac{\mathrm{d}y}{\mathrm{d}x}=\frac{a_1x+b_1y}{a_2x+b_2y}=\frac{a_1+b_1\dfrac{y}{x}}{a_2+b_2\dfrac{y}{x}}=g\left(\frac{y}{x}\right).$$

因此，只要作变换 $\dfrac{y}{x}=u$，则方程就化为变量可分离方程

$$x\frac{\mathrm{d}u}{\mathrm{d}x}=\frac{a_1+b_1u}{a_2x+b_2u}-u.$$

2) $c_1,c_2$ 不全为零时，如果 $\begin{vmatrix} a_1 & b_1 \\ a_2 & b_2 \end{vmatrix}=0$，即 $\dfrac{a_1}{a_2}=\dfrac{b_1}{b_2}=k$ 的情形

此时可令 $a_2x+b_2y=u$，则 $a_1x+b_1y=ku$，于是方程 (2.1.11) 可化为

$$\frac{\mathrm{d}u}{\mathrm{d}x}=b_2\frac{ku+c_1}{u+c_2}+a_2$$

或

$$\frac{\mathrm{d}u}{\mathrm{d}y}=a_2\frac{u+c_2}{ku+c_1}+b_2,$$

它们都是变量可分离方程，从而可求出其解.

3) $c_1,c_2$ 不全为零时，且 $\begin{vmatrix} a_1 & b_1 \\ a_2 & b_2 \end{vmatrix}\neq 0$ 的情形

此时方程 (2.1.11) 右端的分子、分母都是 $x,y$ 的一次式，因此

$$\begin{cases} a_1x+b_1y+c_1=0, \\ a_2x+b_2y+c_2=0 \end{cases} \tag{2.1.12}$$

代表 $xOy$ 平面上两条相交直线，设交点为 $(\alpha,\beta)$. 显然 $\alpha$ ， $\beta$ 不全为 0，否则 $\alpha=\beta=0$，即交点为坐标原点，那么必有 $c_1=c_2=0$，这正是情形 1). 从几何上知道要将所考虑的情形化为情形 1)，只需进行坐标平移，将坐标原点 $(0,0)$ 移至 $(\alpha,\beta)$ 就行了. 事实上，若令 $\begin{cases} X=x-\alpha, \\ Y=y-\beta, \end{cases}$ 则式 (2.1.12) 化为

$$\begin{cases} a_1X+b_1Y=0, \\ a_2X+b_2Y=0, \end{cases}$$

从而式 (2.1.11) 变为

$$\frac{\mathrm{d}Y}{\mathrm{d}X}=\frac{a_1X+b_1Y}{a_2X+b_2Y}=g\left(\frac{Y}{X}\right).$$

因此，得到这种情形求解的一般步骤如下：

(1) 解线性方程组 $\begin{cases}a_1x+b_1y+c_1=0\\a_2x+b_2y+c_2=0\end{cases}$，设其解为 $\begin{cases}x=\alpha,\\y=\beta;\end{cases}$

(2) 作变换 $\begin{cases}X=x-\alpha\\Y=y-\beta\end{cases}$，将方程化为齐次方程 $\dfrac{\mathrm{d}Y}{\mathrm{d}X}=\dfrac{a_1X+b_1Y}{a_2X+b_2Y}=g\left(\dfrac{Y}{X}\right)$;

(3) 再经变换 $\dfrac{Y}{X}=u$，将方程 $\dfrac{\mathrm{d}Y}{\mathrm{d}X}=\dfrac{a_1X+b_1Y}{a_2X+b_2Y}=g\left(\dfrac{Y}{X}\right)$ 化为变量分离方程

$$X\frac{\mathrm{d}u}{\mathrm{d}X}=\frac{a_1+b_1u}{a_2x+b_2u}-u;$$

(4) 求解上述变量可分离方程，最后代回原变量，得到方程

$$\frac{\mathrm{d}y}{\mathrm{d}x}=\frac{a_1x+b_1y+c_1}{a_2x+b_2y+c_2}$$

的解.

现在依上述步骤来解几个方程.

**例 7** 求解方程

$$\frac{\mathrm{d}y}{\mathrm{d}x}=\frac{x-y+5}{x-y-2}.$$

**解** 令

$$x-y=u, \tag{2.1.13}$$

则

$$\frac{\mathrm{d}y}{\mathrm{d}x}=1-\frac{\mathrm{d}u}{\mathrm{d}x}. \tag{2.1.14}$$

将式 (2.1.13)、式 (2.1.14) 代入原方程，得

$$1-\frac{\mathrm{d}u}{\mathrm{d}x}=\frac{u+5}{u-2},$$

即

$$\frac{\mathrm{d}u}{\mathrm{d}x}=-\frac{7}{u-2},$$

分离变量，得

$$(u-2)\mathrm{d}u=-7\mathrm{d}x,$$

两边积分，得

$$\frac{1}{2}u^2 - 2u = -7x + C_1,$$

即

$$u^2 - 4u = -14x + 2C_1 \quad (C_1\text{为任意常数}),$$

将式 (2.1.13) 代入，得

$$(x-y)^2 - 4(x-y) = -14x + 2C_1,$$

故原方程的通解为

$$x^2 - 2xy + y^2 + 10x + 4y = C \quad (C\text{ 为任意常数}).$$

**例 8**　求解方程

$$\frac{\mathrm{d}y}{\mathrm{d}x} = \frac{2x-y+1}{x-2y+1}. \tag{2.1.15}$$

**解**　求解方程组

$$\begin{cases} 2x - y + 1 = 0, \\ x - 2y + 1 = 0, \end{cases}$$

可得解为 $(x, y) = \left(-\frac{1}{3}, \frac{1}{3}\right)$，令

$$\begin{cases} X = x + \dfrac{1}{3}, \\ Y = y - \dfrac{1}{3}, \end{cases} \tag{2.1.16}$$

则

$$\frac{\mathrm{d}y}{\mathrm{d}x} = \frac{\mathrm{d}Y}{\mathrm{d}X}. \tag{2.1.17}$$

将式 (2.1.16)、式 (2.1.17) 代入方程 (2.1.15)，得

$$\frac{\mathrm{d}Y}{\mathrm{d}X} = \frac{2X-Y}{X-2Y}, \tag{2.1.18}$$

这是一个齐次方程，令 $\frac{Y}{X} = u$，则

$$Y = Xu, \ \frac{\mathrm{d}Y}{\mathrm{d}X} = u + X\frac{\mathrm{d}u}{\mathrm{d}X}. \tag{2.1.19}$$

将式 (2.1.19) 代入方程 (2.1.18)，得

$$u + X\frac{\mathrm{d}u}{\mathrm{d}X} = \frac{2X - Xu}{X - 2Xu} = \frac{2 - u}{1 - 2u},$$

即

$$X\frac{\mathrm{d}u}{\mathrm{d}X} = \frac{2\left(u^2 - u + 1\right)}{1 - 2u},$$

因为 $u^2 - u + 1 > 0$，所以分离变量得

$$\frac{1 - 2u}{u^2 - u + 1}\,\mathrm{d}u = \frac{2}{X}\,\mathrm{d}X,$$

两边积分，得

$$-\ln\left(u^2 - u + 1\right) = 2\ln|X| - \ln|C_1|,$$

即

$$\ln\left[X^2\left(u^2 - u + 1\right)\right] = \ln|C_1| \quad (C_1 \neq 0\text{为大于零的常数}),$$

化简，得

$$u^2X^2 - uX^2 + X^2 = C_0 \quad (C_0\text{为大于零的常数}),$$

代回原来的变量，得

$$\left(x + \frac{1}{3}\right)^2 - \left(x + \frac{1}{3}\right)\left(y - \frac{1}{3}\right) + \left(y - \frac{1}{3}\right)^2 = C_0,$$

故原方程的通解为

$$x^2 - xy + y^2 + x - y = C\ (C\text{ 等于}C_0 - \frac{1}{3},\text{是大于 }-\frac{1}{3}\text{的任意常数}).$$

**例 9** 求解方程

$$\frac{\mathrm{d}y}{\mathrm{d}x} = \frac{x - y + 1}{x + y - 3}. \tag{2.1.20}$$

**解** 解方程组

$$\begin{cases} x - y + 1 = 0, \\ x + y - 3 = 0, \end{cases}$$

得 $x = 1, y = 2$，令

$$\begin{cases} X = x - 1, \\ Y = y - 2, \end{cases}$$

则方程 (2.1.20) 化为

$$\frac{\mathrm{d}Y}{\mathrm{d}X} = \frac{X - Y}{X + Y} = \frac{1 - \dfrac{Y}{X}}{1 + \dfrac{Y}{X}}. \tag{2.1.21}$$

令 $u=\dfrac{Y}{X}$ 或 $Y=Xu$，方程 (2.1.21) 化为

$$\frac{1+u}{1-2u-u^2}\mathrm{d}u=\frac{1}{X}\mathrm{d}X$$

两端积分，整理得

$$X^2\left(u^2+2u-1\right)=C.$$

将 $u=\dfrac{Y}{X}, X=x-1, Y=y-2$ 代回，得方程 (2.1.20) 的通解

$$(y-2)^2+2(x-1)(y-2)-(x-1)^2=C$$

或

$$x^2-2xy-y^2+2x+6y=C.$$

**附注**　上述解题的方法和步骤也适用于更一般的方程类型，如：

$$\frac{\mathrm{d}y}{\mathrm{d}x}=f\left(\frac{a_1x+b_1y+c_1}{a_2x+b_2y+c_2}\right).$$

此外，形如

$$\frac{\mathrm{d}y}{\mathrm{d}x}=f(ax+by+c)$$

等类型的一些方程，均可通过适当的变量变换，化为可分离变量方程.

通过适当的变量变换，可化为变量可分离方程的其他类型还有很多，如

$$[yf(xy)]\mathrm{d}x+[xg(xy)]\mathrm{d}y=0, \tag{2.1.22}$$

$$x^2\frac{\mathrm{d}y}{\mathrm{d}x}=f(xy), \tag{2.1.23}$$

$$\frac{x\mathrm{d}y}{y\,\mathrm{d}x}=f(xy), \tag{2.1.24}$$

$$\frac{\mathrm{d}y}{\mathrm{d}x}=xf\left(\frac{y}{x^2}\right), \tag{2.1.25}$$

以及

$$M(x,y)(x\mathrm{d}x+y\mathrm{d}y)+N(x,y)(x\mathrm{d}y-y\mathrm{d}x)=0, \tag{2.1.26}$$

其中，$M(x,y), N(x,y)$ 均为 $x,y$ 的同次齐次函数，特别场合次数也可以不同. 以上这些方程就是其中的一小部分. 求解这类方程时，关键在于根据方程的特点，做适当的变量变换. 例如，对方程 (2.1.22)、方程 (2.1.23)、方程 (2.1.24) 做变量变换

$xy=u$，对方程 (2.1.25) 做变量变换 $\dfrac{y}{x^2}=w$，对方程 (2.1.26) 做变量变换 $\dfrac{y}{x}=t$，即可化为可分离变量方程.

例如，对于方程(2.1.22)，首先，注意到 $xy\neq 0$，否则方程 (2.1.22) 就不是微分方程了. 其次，做变量变换

$$xy=u, \tag{2.1.27}$$

则

$$y=\frac{u}{x},\ \mathrm{d}y=\frac{x\,\mathrm{d}u-u\,\mathrm{d}x}{x^2}, \tag{2.1.28}$$

将式 (2.1.27)、式 (2.2.1)代入方程 (2.1.22)，得

$$\left[\frac{u}{x}f(u)\right]\mathrm{d}x+xg(u)\frac{x\mathrm{d}u-u\mathrm{d}x}{x^2}=0,$$

化简，得

$$\{u[f(u)-g(u)]\}\mathrm{d}x+[xg(u)]\mathrm{d}u=0,$$

这已是一可分离变量方程. 其余的留给读者验证.

## 习 题 2.1

1. 求解下列方程.

（1）$\dfrac{\mathrm{d}y}{\mathrm{d}x}=\mathrm{e}^y\sin x$；

（2）$\dfrac{\mathrm{d}y}{\mathrm{d}x}=\dfrac{x^2}{\cos^3 y}$；

（3）$xy'-y\ln y=0$；

（4）$(\mathrm{e}^{x-y}-\mathrm{e}^x)\,\mathrm{d}x+(\mathrm{e}^{x+y}+\mathrm{e}^y)\,\mathrm{d}y=0$；

（5）$\sqrt{1-y^2}\mathrm{d}x+y\sqrt{1-x^2}\mathrm{d}y=0$；

（6）$(y-x)\mathrm{d}x+(x+y)\mathrm{d}y=0$；

（7）$x\dfrac{\mathrm{d}y}{\mathrm{d}x}=y+\sqrt{y^2-x^2}$；

（8）$\sqrt{1-y^2}\mathrm{d}x+\left(y\sqrt{1-x^2}\right)\mathrm{d}y=0$；

（9）$\dfrac{\mathrm{d}y}{\mathrm{d}x}=\dfrac{x^2}{y(1+x^3)}$；

（10）$\dfrac{\mathrm{d}y}{\mathrm{d}x}=\dfrac{x-\mathrm{e}^{-x}}{y+\mathrm{e}^{y}}$.

2. 求下列方程的通解.

（1）$\dfrac{\mathrm{d}y}{\mathrm{d}x}=\dfrac{xy^2+x}{x^2y-y}$;

（2）$y\ln x\mathrm{d}x+x\ln y\mathrm{d}y=0$.

3. 解下列初值问题.

（1）$\begin{cases}\sec^2 x\tan y\mathrm{d}x+\sec^2 y\tan x\mathrm{d}y,\\ y\left(\dfrac{\pi}{4}\right)=\dfrac{\pi}{4};\end{cases}$

（2）$\begin{cases}\dfrac{\mathrm{d}y}{\mathrm{d}x}=y^2\cos x,\\ y(0)=1.\end{cases}$

4. 求下列方程的特解.

（1）$(x-y)\mathrm{d}x+(3x+y)\mathrm{d}y=0,\ y(2)=-1$;

（2）$\left(y^2+5xy+5x^2\right)\mathrm{d}x+x^2\mathrm{d}y=0,\ y(1)=1$;

（3）$y(9x-2y)\mathrm{d}x-x(6x-y)\mathrm{d}y=0,\ y(1)=1$;

（4）$\left(y-\sqrt{x^2+y^2}\right)\mathrm{d}x-\mathrm{d}y=0,\ y(\sqrt{3})=1$;

（5）$\dfrac{\mathrm{d}y}{\mathrm{d}x}=\dfrac{x+y-2}{-x+y-4},\ y(0)=0$;

（6）$(x+y)\mathrm{d}x+(x+y-1)\mathrm{d}y=0,\ y(1)=1$;

（7）$\dfrac{\mathrm{d}y}{\mathrm{d}x}=y(y-1),\ y(0)=1$;

（8）$\dfrac{\mathrm{d}y}{\mathrm{d}x}=2\sqrt{y}\ln x,\ y(\mathrm{e})=1$.

## §2.2　一阶线性微分方程与常数变易法

### 一、一阶线性微分方程

前面所讨论的几种类型的一阶微分方程，都是通过初等积分法求解，而且都依赖于化为变量分离方程，所以实质上都是采用分离变量法来解方程的. 虽然分离变量法是种基本而又重要的初等解法，但许多方程并不能用这种方法来解，本节将介绍另一种重要的初等解法，即常数变易法. 这种方法对于线性微分方程的求解是完全适用的.

形如

$$\frac{\mathrm{d}y}{\mathrm{d}x} = p(x)y + q(x) \tag{2.2.1}$$

的方程称为**一阶线性微分方程**.

当 $q(x) = 0$ 时，称方程

$$\frac{\mathrm{d}y}{\mathrm{d}x} = p(x)y \tag{2.2.2}$$

为**一阶齐次线性微分方程**.

当 $q(x) \neq 0$ 时，称方程 (2.2.1)为**非齐次线性微分方程**.

下面用常数变易法求解方程 (2.2.1). 分两步完成：

第一步，先解对应的齐次方程 (2.2.2). 由分离变量法可以解得方程(2.2.2)的通解为

$$y = C\mathrm{e}^{\int p(x)\mathrm{d}x}. \tag{2.2.3}$$

对比方程 (2.2.2) 和方程 (2.2.1)，可以看到方程 (2.2.2) 是方程 (2.2.1) 的一种特殊形式，所以不妨假设两者的解也有联系，但是式 (2.2.3) 肯定不是方程 (2.2.1) 的解，方程 (2.2.1) 的解应该比式 (2.2.3) 的形式更复杂. 由此猜想方程 (2.2.1) 的解的形式为

$$y = C(x)\mathrm{e}^{\int p(x)\mathrm{d}x}. \tag{2.2.4}$$

第二步，常数变易法. 令方程 (2.2.1) 的解为式 (2.2.4) 的形式，其中 $C(x)$ 待定, 那么

$$\frac{\mathrm{d}y}{\mathrm{d}x} = C'(x)\mathrm{e}^{\int p(x)\mathrm{d}x} + C(x)p(x)\mathrm{e}^{\int p(x)\mathrm{d}x},$$

代入方程 (2.2.1)，化简整理，得

$$C'(x)\mathrm{e}^{\int p(x)\mathrm{d}x} = q(x),$$

即

$$C'(x) = q(x)\mathrm{e}^{-\int p(x)\mathrm{d}x},$$

积分得

$$C(x) = \int q(x)\mathrm{e}^{-\int p(x)\mathrm{d}x}\mathrm{d}x + \widetilde{C}, \tag{2.2.5}$$

其中，$\widetilde{C}$ 是任意常数. 将式 (2.2.5) 代入式 (2.2.4)，得到方程 (2.2.1) 的通解公式为

$$y = e^{\int p(x)dx}\left[\int q(x)e^{-\int p(x)dx}\,dx + \widetilde{C}\right], \tag{2.2.6}$$

这里 $\widetilde{C}$ 是任意常数.

**例 1**　求解方程 $\frac{dy}{dx} - \frac{y}{x} = x^2$.

**解**　先求出对应的齐次方程

$$\frac{dy}{dx} - \frac{y}{x} = 0$$

的通解，得

$$y = Cx,$$

应用常数变易法，将

$$y = C(x)x$$

代入非齐次方程，则有

$$\frac{dC(x)}{dx} = x$$

积分得

$$C(x) = \frac{x^2}{2} + C_1$$

再将上式代入 $y = C(x)\cdot x$ 就得到原方程的通解为

$$y = C_1 x + \frac{x^8}{2},$$

其中 $C_1$ 为任意常数.

**例 2**　求解方程 $\frac{dy}{dx} = \frac{y}{x} + x^2$.

**解**　显然，这是一阶线性非齐次方程，先求出对应的齐次方程

$$\frac{dy}{dx} = \frac{y}{x}$$

的通解

$$y = Cx.$$

由常数变易法，令 $y = C(x)x$，将其代入原方程有

$$C'(x)x + C(x) = C(x) + x^2,$$

即 $C'(x) = x$，所以 $C(x) = \frac{1}{2}x^2 + C$. 于是原方程的通解为

$$y = Cx + \frac{1}{2}x^3,$$

其中，$C$ 为任意常数.

**例 3** 求解方程 $x\frac{\mathrm{d}y}{\mathrm{d}x} - ay = x + 1$，其中 $a$ 为常数.

**解** 因 $x \neq 0$ (否则所给方程就不是微分方程了)，故可先将原方程改写为

$$\frac{\mathrm{d}y}{\mathrm{d}x} - \frac{a}{x}y = 1 + \frac{1}{x}. \tag{2.2.7}$$

首先，原方程对应的齐次方程

$$\frac{\mathrm{d}y}{\mathrm{d}x} - \frac{a}{x}y = 0 \tag{2.2.8}$$

的通解为

$$y = C\mathrm{e}^{-\int -\frac{a}{x}\mathrm{d}x} = Cx^a = \begin{cases} C & (a = 0), \\ Cx & (a = 1), \\ Cx^a & (a \neq 0, 1). \end{cases} \tag{2.2.9}$$

当 $a = 0$ 时，令 $y(x) = C(x)$，则 $\frac{\mathrm{d}y(x)}{\mathrm{d}x} = \frac{\mathrm{d}C(x)}{\mathrm{d}x}$，代入方程 (2.2.7)，得

$$\frac{\mathrm{d}C(x)}{\mathrm{d}x} = 1 + \frac{1}{x},$$

积分得

$$C(x) = \int\left(1 + \frac{1}{x}\right)\mathrm{d}x = x + \ln|x| + C\ (C\text{为任意常数}).$$

故当 $a = 0$ 时，原方程的通解为

$$y(x) = x + \ln|x| + C\ \ (C\text{为任意常数}).$$

当 $a = 1$ 时，令 $y(x) = xC(x)$，则 $\frac{\mathrm{d}y(x)}{\mathrm{d}x} = \frac{\mathrm{d}C(x)}{\mathrm{d}x}x + C(x)$，代入方程 (2.2.7)，得

$$\frac{\mathrm{d}C(x)}{\mathrm{d}x}x + C(x) - \frac{1}{x}C(x)x = 1 + \frac{1}{x},$$

即

$$\frac{\mathrm{d}C(x)}{\mathrm{d}x} = \frac{1}{x^2} + \frac{1}{x},$$

积分得

$$C(x) = -\frac{1}{x} + \ln|x| + C \quad (C \text{ 为任意常数}).$$

故当 $a = 1$ 时，原方程的通解为

$$y(x) = x\left(-\frac{1}{x} + \ln|x| + C\right) \quad (C\text{为任意常数}). \tag{2.2.10}$$

当 $a \neq 0, 1$ 时，令 $y(x) = C(x)x^a$，则 $\dfrac{\mathrm{d}y(x)}{\mathrm{d}x} = \dfrac{\mathrm{d}C(x)}{\mathrm{d}x}x^a + ax^{a-1}C(x)$，代入方程 (2.2.7)，得

$$\frac{\mathrm{d}C(x)}{\mathrm{d}x} = \frac{1}{x^a} + \frac{1}{x^{1+a}},$$

积分得

$$C(x) = \frac{1}{1-a}x^{1-a} - \frac{1}{a}x^{-a} + C \quad (C \text{ 为任意常数}).$$

故当 $a \neq 0, 1$ 时，原方程的通解为

$$y(x) = x^a\left(\frac{1}{1-a}x^{1-a} - \frac{1}{a}x^{-a} + C\right) \quad (C \text{ 为任意常数}), \tag{2.2.11}$$

于是，原方程的通解为

$$y(x) = \begin{cases} x + \ln|x| + C & (a = 0), \\ x\left(\ln|x| - \dfrac{1}{x} + C\right) & (a = 1), \\ x^a\left(\dfrac{1}{1-a}x^{1-a} - \dfrac{1}{a}x^{-a} + C\right) & (a \neq 0, 1). \end{cases}$$

**例 4**　求解方程

$$\frac{\mathrm{d}y}{\mathrm{d}x} = \frac{y}{x + y^3}. \tag{2.2.12}$$

**解**　显而易见，方程 (2.2.12) 不是关于未知函数 $y$ 的一阶线性方程. 但是当 $y \neq 0$ 时，方程 (2.2.12) 可改写为 $\dfrac{\mathrm{d}x}{\mathrm{d}y} = \dfrac{1}{y}x + y^2$，即

$$\frac{\mathrm{d}x}{\mathrm{d}y} - \frac{1}{y}x = y^2,$$

这是一个关于未知函数 $x$ 的一阶线性方程，由公式 (2.2.6) 得通解

$$\begin{aligned} x &= \mathrm{e}^{-\int -\frac{1}{y}\mathrm{d}y}\left(\int y^2 \mathrm{e}^{\int -\frac{1}{y}\mathrm{d}y}\mathrm{d}y + C\right) = \mathrm{e}^{\ln|y|}\left(\int y^2 \mathrm{e}^{\ln|y|}\mathrm{d}y + C\right) \\ &= \frac{1}{2}y^3 + Cy \quad (C \text{ 为任意常数}). \end{aligned}$$

当 $y=0$ 时，方程 (2.2.12) 仍成立，故 $y=0$ 亦是方程 (2.2.12) 的解. 于是，原方程的解为

$$y=\begin{cases} x-\frac{1}{2}y^3-Cy=0 \ (C \text{ 为任意常数}), \\ 0. \end{cases}$$

## 二、伯努利方程

下面介绍一些比较著名的微分方程. 它可由变量变换化为一阶线性微分方程.

形如

$$\frac{\mathrm{d}y}{\mathrm{d}x}=p(x)y+q(x)y^n \tag{2.2.13}$$

的方程，称为**伯努利 (Bernoulli) 微分方程**, 其中，$p(x), q(x)$ 为连续函数.

显然，当 $n=0$ 时，方程为一阶非齐次线性微分方程；当 $n=1$ 时，方程为一阶齐次线性微分方程；下面来分析 $n>1$ 的情形.

当 $y\neq 0$ 时，在方程 (2.2.13)的两端同时除以 $y^n$ 得

$$y^{-n}\frac{\mathrm{d}y}{\mathrm{d}x}=p(x)y^{1-n}+q(x), \tag{2.2.14}$$

此时，引入变量变换 $z=y^{1-n}$，则

$$\frac{\mathrm{d}z}{\mathrm{d}x}=(1-n)y^{-n}\frac{\mathrm{d}y}{\mathrm{d}x}. \tag{2.2.15}$$

将式 (2.2.14) 和式 (2.2.15) 代入方程 (2.2.13) 得

$$\frac{\mathrm{d}z}{\mathrm{d}x}=\left[\frac{1}{1-n}p(x)\right]z+\left[\frac{1}{1-n}q(x)\right],$$

这样，就把方程 (2.2.13) 化成了以 $z$ 为未知函数的一阶非齐次线性微分方程.

**例 5** 求解方程 $\frac{\mathrm{d}y}{\mathrm{d}x}=\frac{y}{2x}+\frac{x^2}{2}y^{-1}$.

**解** 这是 $n=-1$ 时的伯努利微分方程. 令 $z=y^2$，则

$$\frac{\mathrm{d}z}{\mathrm{d}x}=2y\frac{\mathrm{d}y}{\mathrm{d}x},$$

代入原方程，得

$$\frac{\mathrm{d}z}{\mathrm{d}x}=\frac{z}{x}+x^2.$$

由例 2 知，它的通解为

$$z=Cx+\frac{1}{2}x^3,$$

于是，原方程的通解为

$$y^2 = Cx + \frac{1}{2}x^3,$$

其中，$C$ 为任意常数.

**例 6**　求解方程 $\dfrac{\mathrm{d}y}{\mathrm{d}x} = \dfrac{y}{2x} + \dfrac{x^2}{2y}$.

**解**　原方程即为

$$\frac{\mathrm{d}y}{\mathrm{d}x} - \frac{y}{2x} = \frac{x^2}{2}y^{-1},$$

令 $z = y^2$，原方程变为

$$\frac{\mathrm{d}z}{\mathrm{d}x} - \frac{1}{x}z = x^2,$$

该线性方程的解为

$$z = \mathrm{e}^{\int \frac{1}{x}\mathrm{d}x}\left(\int x^2\mathrm{e}^{-\int \frac{1}{x}\,\mathrm{d}x}\,\mathrm{d}x + c\right) = \mathrm{e}^{\ln x}\left(x^2\mathrm{e}^{-\ln x} + c\right) = Cx + \frac{x^3}{2},$$

故原方程的通解为

$$y^2 = Cx + \frac{x^3}{2}.$$

**例 7**　设 $f(x)$ 为可导函数，且 $f(1) = \dfrac{1}{2}$. 沿半平面区域 $x > 1$ 内任一闭路 $\Gamma$ 的积分为

$$\oint_{\Gamma}\left[y\mathrm{e}^x f(x) - \frac{y}{x}\right]\mathrm{d}x - \ln f(x)\mathrm{d}y = 0,$$

试确定函数 $f(x)$.

**解**　已知积分 $\int_{\Gamma}P\mathrm{d}x + Q\mathrm{d}y$ 与路径无关，由 $\dfrac{\partial P}{\partial y} = \dfrac{\partial Q}{\partial x}$ 得如下伯努利方程

$$f'(x) - \frac{1}{x}f(x) = -\mathrm{e}^x f^2(x),$$

令 $z = \dfrac{1}{f}$ 得线性微分方程

$$z' + \frac{1}{x}z = \mathrm{e}^x,$$

其通解为

$$z = \frac{1}{x}\left[C + \mathrm{e}^x(x-1)\right],$$

利用初始条件 $f(1)=\frac{1}{2}$ 得 $C=2$，于是所求函数为

$$f(x)=\frac{x}{e^x(x-1)+2}.$$

**例 8** 求解方程 $\frac{dy}{dx}=\frac{y}{x}+xy^2$ .

**解** 原方程是 $n=2$ 的伯努利方程. 令 $z=y^{-1}$, 原方程可以化为

$$\frac{dz}{dx}=-\frac{1}{x}z-x,$$

解得原方程的通解为

$$\frac{1}{y}=C\frac{1}{x}-\frac{1}{3}x^2,$$

其中，$C$ 为任意常数. 此外，方程还有特解 $y=0$.

## 三、黎卡提方程

黎卡提方程

$$\frac{dz}{dx}=(1-n)y^{-n}\frac{dy}{dx}. \tag{2.2.16}$$

显然，方程 (2.2.16) 也是一个非线性方程. 尽管当 $f(x)=0$ 时，它是伯努利方程，但是它的求解问题却困难得多. 我们知道，方程 (2.2.16) 的解不能用初等函数表示出来，但是如果已知它的一个特解，那么它的通解可以由两次积分得到.

设 $y_1(x)$ 是方程 (2.2.16) 的一个特解，于是作变换

$$y=y_1+z$$

代入方程 (2.2.16)，再利用恒等式

$$\frac{dy_1}{dx}+p(x)y_1+q(x)y_1^2=f(x),$$

就得到方程

$$\frac{dz}{dx}+[p(x)+2q(x)y_1]z+q(x)z^2=0,$$

这是伯努利方程，只要再作变换 $u=z^{-1}$，上式即化为线性方程

$$-\frac{du}{dx}+[p(x)+2q(x)y_1]u+q(x)=0$$

因为线性方程的通解公式 (2.2.6) 是用两次求积得到的，所以对黎卡提方程，只要能求出它的一个特解，那么它的通解就可以由两次求积得到.

**例 9**　求解方程 $\dfrac{\mathrm{d}y}{\mathrm{d}x}=y^2-\dfrac{2}{x^2}$.

**解**　由直接验证可知 $y=\dfrac{1}{x}$ 是这个黎卡提方程的特解，于是作变换 $y=z+\dfrac{1}{x}$，方程就化为伯努利方程

$$\frac{\mathrm{d}z}{\mathrm{d}x}=z^2+\frac{2z}{x}$$

再令 $u=\dfrac{1}{z}$，便化为线性方程

$$\frac{\mathrm{d}u}{\mathrm{d}x}=-\frac{2}{x}u-1,$$

利用公式 (2.2.6) 得

$$u=\frac{C}{x^2}-\frac{x}{3},$$

即

$$\frac{1}{z}=\frac{C}{x^2}-\frac{x}{3}.$$

从而

$$y=\frac{1}{x}+\frac{3x^2}{3C-x^3},$$

其中，$C$ 为任意常数.

## 习　题　2.2

1. 求解下列方程.

(1) $\dfrac{\mathrm{d}y}{\mathrm{d}x}-\dfrac{y}{x-2}=2(x-2)^2$;

(2) $y'+y\tan x=\sec x$;

(3) $\dfrac{\mathrm{d}y}{\mathrm{d}x}=x^2-\dfrac{y}{x}$;

(4) $\dfrac{\mathrm{d}s}{\mathrm{d}t}=-s\cos t+\dfrac{1}{2}\sin 2t$;

(5) $\dfrac{\mathrm{d}y}{\mathrm{d}x}+\dfrac{1-2x}{x^2}y-1=0$;

(6) $y'=\dfrac{y}{2y\ln y+y-x}$;

(7) $f'(y)y'+p(x)f(y)=q(x)$，其中 $f(y),f'(y),p(x),q(x)$ 都是连续函数;

(8) $\dfrac{\mathrm{d}y}{\mathrm{d}x}+y=y^2(\cos x-\sin x)$；

(9) $\dfrac{\mathrm{d}y}{\mathrm{d}x}=\dfrac{y^2-x}{2xy}$；

(10) $y'=\dfrac{1}{x^2\sin y-xy}$.

2. 已知 $xOy$ 平面上某一曲线的切线在纵轴上的截距等于切点的横坐标，求适合该曲线的方程，并求解.

3. 把下列微分方程化为线性微分方程并求解.

(1) $y=\mathrm{e}^x+\displaystyle\int_0^x y(t)\mathrm{d}t$；

(2) $\dfrac{\mathrm{d}y}{\mathrm{d}x}=\dfrac{x^2+y^2}{2y}$；

(3) $\dfrac{\mathrm{d}y}{\mathrm{d}x}=\dfrac{y}{x+y^2}$；

(4) $3xy^2\dfrac{\mathrm{d}y}{\mathrm{d}x}+y^3+x^3=0$；

(5) $\dfrac{\mathrm{d}y}{\mathrm{d}x}=\dfrac{1}{\cos y}+x\tan y$；

(6) $\dfrac{\mathrm{d}y}{\mathrm{d}x}+xy=x^3y^3$；

(7) $\dfrac{\mathrm{d}y}{\mathrm{d}x}=\dfrac{1}{x^2}(\mathrm{e}^y+3x)$；

(8) $\dfrac{\mathrm{d}y}{\mathrm{d}x}+2xy+xy^4=0$；

(9) $\dfrac{\mathrm{d}y}{\mathrm{d}x}+\dfrac{1}{3}y=\dfrac{1}{3}(1-2x)y^4$.

4. 设 $f(x)$ 在 $[0,+\infty)$ 上连续，且 $\lim\limits_{x\to+\infty}f(x)=b$，又 $a>0$，求证：方程

$$\frac{\mathrm{d}y}{\mathrm{d}x}+ay=f(x)$$

的一切解 $y(x)$，均有 $\lim\limits_{x\to+\infty}y(x)=\dfrac{b}{a}$.

5. 设 $y(x)$ 在 $[0,+\infty)$ 上连续可微，且有

$$\lim_{x\to+\infty}[y'(x)+y(x)]=0,$$

试证：

$$\lim_{x\to+\infty}y(x)=0.$$

# §2.3　恰当方程与积分因子法

## 一、恰当方程

下面，将一阶方程 $\frac{\mathrm{d}y}{\mathrm{d}x}=f(x,y)$ 写成微分形式

$$f(x,y)\mathrm{d}x-\mathrm{d}y=0,$$

或把 $x,y$ 平等看待，写成下面具有对称形式的一阶微分方程

$$M(x,y)\mathrm{d}x+N(x,y)\mathrm{d}y=0, \tag{2.3.1}$$

这里假设 $M(x,y),N(x,y)$ 在某矩形域内是 $x,y$ 的连续函数，且具有连续的一阶偏导数.

如果方程

$$M(x,y)\mathrm{d}x+N(x,y)\mathrm{d}y=0 \tag{2.3.2}$$

的左端恰好是某个二元函数 $u(x,y)$ 的全微分，即

$$M(x,y)\mathrm{d}x+N(x,y)\mathrm{d}y\equiv\mathrm{d}u(x,y)\equiv\frac{\partial u}{\partial x}\mathrm{d}x+\frac{\partial u}{\partial y}\mathrm{d}y, \tag{2.3.3}$$

则称方程 (2.3.1) 为恰当方程或全微分方程.

容易验证，方程 (2.3.1) 的通解就是

$$u(x,y)=C, \tag{2.3.4}$$

这里 $C$ 是任意常数.

这样，我们自然会提出如下问题：

(1) 如何判别方程 (2.3.1) 是恰当方程?

(2) 如果方程 (2.3.1) 是恰当方程，如何求得函数 $u=u(x,y)$ ?

为了回答以上问题，我们首先察看，如果方程 (2.3.1) 是恰当方程时，函数 $M(x,y)$，$N(x,y)$ 应该具有什么性质？

从方程 (2.3.2) 得到

$$\frac{\partial u}{\partial x}=M \text{ 和 } \frac{\partial u}{\partial y}=N. \tag{2.3.5}$$

将方程 (2.3.4)、方程 (2.3.5) 分别对 $y,x$ 求偏导数，得到

$$\frac{\partial^2 u}{\partial y\partial x}=\frac{\partial M}{\partial y},\ \frac{\partial^2 u}{\partial x\partial y}=\frac{\partial N}{\partial y},$$

由于 $\frac{\partial M}{\partial y},\frac{\partial N}{\partial x}$ 的连续性，可得

$$\frac{\partial^2 u}{\partial y\partial x}=\frac{\partial^2 u}{\partial x\partial y},\ \text{即 } \frac{\partial M}{\partial y}=\frac{\partial N}{\partial x}. \tag{2.3.6}$$

因此，式 (2.3.6) 是方程 (2.3.1) 为恰当方程的必要条件. 现在证明式 (2.3.6) 也是方程 (2.3.1) 为恰当方程的充分条件，或更进一步证明：如果方程 (2.3.1) 满足式 (2.3.6)，我们能找到函数，使它同时适合方程 (2.3.4) 和方程 (2.3.5).

接下来从式 (2.3.5) 出发，把 $y$ 看作参数，解这个方程，得到

$$u=\int M(x,y)\mathrm{d}x+\varphi(y), \tag{2.3.7}$$

这里 $\varphi(y)$ 是 $y$ 的任意可微函数. 现在来选择 $\varphi(y)$，使 $u$ 同时满足方程 (2.3.5)，即

$$\frac{\partial u}{\partial y}=\frac{\partial}{\partial y}\int M(x,y)\mathrm{d}x+\frac{\mathrm{d}\varphi(y)}{\mathrm{d}y}=N.$$

由此

$$\frac{\mathrm{d}\varphi(y)}{\mathrm{d}y}=N-\frac{\partial}{\partial y}\int M(x,y)\mathrm{d}x. \tag{2.3.8}$$

下面证明方程 (2.3.8) 的右端与 $x$ 无关. 为此只需证明方程 (2.3.8) 的右端对 $x$ 的偏导数恒等于零. 事实上，由于在假设条件下，上述交换求导的顺序是允许的. 于是方程 (2.3.8) 右端的确只含有 $y$，积分后，得到

$$\varphi(y)=\int\left[N-\frac{\partial}{\partial y}\int M(x,y)\mathrm{d}x\right]\mathrm{d}y. \tag{2.3.9}$$

将方程 (2.3.8) 代入方程 (2.3.7)，即求得

$$u=\int M(x,y)\mathrm{d}x+\int\left[N-\frac{\partial}{\partial y}\int M(x,y)\mathrm{d}x\right]\mathrm{d}y.$$

因此，恰当方程 (2.3.1) 的通解就是

$$\int M(x,y)\mathrm{d}x+\int\left[N-\frac{\partial}{\partial y}\int M(x,y)\mathrm{d}x\right]\mathrm{d}y=C, \tag{2.3.10}$$

这里 $C$ 是任意常数.

**例 1**　求解方程 $\left(x^2+xy^2\right)\mathrm{d}x+\left(x^2y+2y^2\right)\mathrm{d}y=0$ .

**解**　记 $M(x,y)=x^2+xy^2, N(x,y)=x^2y+2y^2$，因为

$$\frac{\partial M}{\partial y}=2xy=\frac{\partial N}{\partial x},$$

所以这个方程是恰当方程. 令

$$u(x,y)=\int M(x,y)\mathrm{d}x+\varphi(y),$$

则对 $u$ 关于 $y$ 求偏导，有

$$\frac{\partial u}{\partial y}=\frac{\partial}{\partial y}\int M(x,y)\mathrm{d}x+\varphi'(y)=x^2y+2y^2,$$

即

$$x^2y+\varphi'(y)=x^2y+2y^2,$$

可以求得

$$\varphi(y)=\int 2y^2\,\mathrm{d}y=\frac{2}{3}y^3,$$

于是所求方程的通解为

$$\frac{1}{3}x^3+\frac{1}{2}x^2y^2+\frac{2}{3}y^3=C,$$

其中，$C$ 为任意常数.

上述方法只是求解恰当方程的一般方法，实际上在判断方程是恰当方程之后，往往根据经验对方程进行“分项组合”，使之成为熟悉的函数的全微分形式，这样能够更快地求解恰当方程. 因此需要熟悉一些形式的全微分：

(1) $x\mathrm{d}y+y\mathrm{d}x=\mathrm{d}(xy)$；

(2) $\dfrac{x\mathrm{d}y-y\mathrm{d}x}{x^2}=\mathrm{d}\left(\dfrac{y}{x}\right)$；

(3) $\dfrac{y\mathrm{d}x-x\mathrm{d}y}{y^2}=\mathrm{d}\left(\dfrac{x}{y}\right)$；

(4) $\dfrac{y\mathrm{d}x - x\mathrm{d}y}{xy} = \mathrm{d}\left(\ln\left|\dfrac{x}{y}\right|\right)$;

(5) $\dfrac{y\mathrm{d}x - x\mathrm{d}y}{x^2 + y^2} = \mathrm{d}\left(\arctan\dfrac{x}{y}\right)$;

(6) $\dfrac{y\mathrm{d}x - x\mathrm{d}y}{x^2 - y^2} = \dfrac{1}{2}\mathrm{d}\left(\ln\left|\dfrac{x-y}{x+y}\right|\right)$.

**例 2** 用“分项组合法”求解方程 $\left(x^2 + xy^2\right)\mathrm{d}x + \left(x^2y + 2y^2\right)\mathrm{d}y = 0$.

**解**

$$\begin{aligned}&\left(x^2 + xy^2\right)\mathrm{d}x + \left(x^2y + 2y^2\right)\mathrm{d}y\\=&\mathrm{d}\left(\frac{1}{3}x^3\right) + \mathrm{d}\left(\frac{2}{3}y^3\right) + \mathrm{d}\left(\frac{1}{2}x^2y^2\right)\\=&\mathrm{d}\left(\frac{1}{3}x^3 + \frac{1}{2}x^2y^2 + \frac{2}{3}y^3\right),\end{aligned}$$

所以原方程的解为

$$\frac{1}{3}x^3 + \frac{1}{2}x^2y^2 + \frac{2}{3}y^3 = C,$$

其中，$C$ 为任意常数.

**例 3** 求解方程 $\left(\cos x + \dfrac{1}{y}\right)\mathrm{d}x + \left(\dfrac{1}{y} - \dfrac{x}{y^2}\right)\mathrm{d}y = 0$.

**解**

$$\begin{aligned}&\left(\cos x + \frac{1}{y}\right)\mathrm{d}x + \left(\frac{1}{y} - \frac{x}{y^2}\right)\mathrm{d}y\\=&\mathrm{d}\sin x + \mathrm{d}\ln|y| + \frac{y\,\mathrm{d}x - x\,\mathrm{d}y}{y^2}\\=&\mathrm{d}\left(\sin x + \ln|y| + \frac{x}{y}\right),\end{aligned}$$

所以原方程的解为

$$\sin x + \ln|y| + \frac{x}{y} = C,$$

其中，$C$ 为任意常数.

**例 4** 求解方程 $\left(2xy^2 + x + 2\right)\mathrm{d}x + \left(2x^2y - y^2 + 3\right)\mathrm{d}y = 0$.

**解** 因为

$$\frac{\partial M}{\partial y} = 4xy = \frac{\partial N}{\partial x},$$

所以是一个恰当方程，由

$$\frac{\partial u}{\partial x} = 2xy^2 + x + 2,$$

对 $x$ 积分，得

$$u = x^2y^2 + \frac{x^2}{2} + 2x + C(y),$$

其中 $C(y)$ 是待定函数，令

$$\frac{\partial u}{\partial y} = 2x^2y + C'(y) = 2x^2y - y^2 + 3,$$

求得

$$C(y) = -\frac{y^3}{3} + 3y + C_1,$$

其中，$C_1$ 为任意常数. 故

$$u = x^2y^2 + \frac{x^2}{2} + 2x - \frac{y^3}{3} + 3y + C_1,$$

于是方程的通解为

$$3x^2 + 6x^2y^2 + 12x - 2y^3 + 18y = C_2,$$

其中，$C_2$ 为任意常数.

## 二、积分因子法

如果存在连续可微函数 $\mu(x, y) \neq 0$，使得

$$\mu(x, y)M(x, y)\mathrm{d}x + \mu(x, y)N(x, y)\mathrm{d}y = 0 \tag{2.3.11}$$

成为恰当方程，则称 $\mu(x, y)$ 是方程 (2.3.1) 的**积分因子**.

这时如果

$$\mu(x, y)M(x, y)\mathrm{d}x + \mu(x, y)N(x, y)\mathrm{d}y = \mathrm{d}v,$$

那么 $v(x, y) = C$ 就是方程 (2.3.1) 的通解.

可以证明，每一个方程只要有解，就必有积分因子存在，且不唯一. 如前面的几个常用的全微分形式中，我们看到 $x\mathrm{d}y - y\mathrm{d}x = 0$ 的积分因子可以是 $\frac{1}{x^2}, \frac{1}{y^2}, \frac{1}{xy}, \frac{1}{x^2 \pm y^2}$ 等.

假设 $\mu(x, y)$ 是方程 (2.3.1) 的积分因子，则有

$$\frac{\partial(\mu M)}{\partial y} = \frac{\partial(\mu N)}{\partial x}$$

成立，即

$$\mu\left(\frac{\partial M}{\partial y}-\frac{\partial N}{\partial x}\right)=N\frac{\partial \mu}{\partial x}-M\frac{\partial \mu}{\partial y} \tag{2.3.12}$$

成立. 方程 (2.3.12) 是一个线性偏微分方程，一般来说这个偏微分方程的求解可能会比原来的常微分方程更困难. 所以我们下面考虑的是积分因子只与一个变量 $x$ 或 $y$ 有关的情况.

如果积分因子 $\mu(x,y)$ 只与 $x$ 有关，那么 $\dfrac{\partial \mu}{\partial y}=0$，方程 (2.3.12) 可以变为

$$\frac{\mathrm{d}\mu}{\mu}=\frac{\dfrac{\partial M}{\partial y}-\dfrac{\partial N}{\partial x}}{N}\mathrm{d}x, \tag{2.3.13}$$

所以存在只与 $x$ 有关的积分因子的充分必要条件是

$$\frac{\dfrac{\partial \mathrm{M}}{\partial y}-\dfrac{\partial N}{\partial x}}{N}=\varphi(x) \tag{2.3.14}$$

只和 $x$ 有关. 解变量分离方程 (2.3.13) 得到

$$\mu(x)=\mathrm{e}^{\int \frac{\frac{2M}{y}-\frac{2U}{M}}{N}\mathrm{d}x} \tag{2.3.15}$$

是所求的积分因子.

同样由式 (2.3.12) 得到，存在只和 $y$ 有关的积分因子的充分必要条件是

$$\frac{\dfrac{\partial M}{\partial y}-\dfrac{\partial N}{\partial x}}{-M}=\varphi(y), \tag{2.3.16}$$

只和 $y$ 有关. 这时所求的积分因子为

$$\mu(y)=\mathrm{e}^{\int \frac{\frac{2M}{y}-\frac{2N}{2}}{-My}\mathrm{d}y}. \tag{2.3.17}$$

上面介绍的是判断和求解只与一个变量有关的积分因子的方法，如果没有这种类型的积分因子，一般情况下，会对方程进行“分项组合”，通过观察并利用我们熟悉的一些二元函数的微分形式“凑”出积分因子. 这个过程需要我们注意留心和积累常见的二元函数的全微分.

**例 5** 求解方程 $y\mathrm{d}x-x\mathrm{d}y=0$ .

**解**　因为 $\frac{\partial M}{\partial y}=1, \frac{\partial N}{\partial x}=-1$，故 $y\mathrm{d}x-x\mathrm{d}y=0$ 不是全微分方程，但由于

$$\varphi(x)=\frac{M_y-N_x}{N}=-\frac{2}{x},$$

故方程有积分因子

$$\mu(x)=\mathrm{e}^{-\int\frac{2}{x}\mathrm{d}x}=\frac{1}{x^2},$$

于是有全微分方程

$$\frac{1}{x^2}(y\mathrm{d}x-x\mathrm{d}y)=0 .$$

即 $\mathrm{d}\left(-\frac{y}{x}\right)=0$ . 故方程的通解是 $-\frac{y}{x}=C'$，即 $\frac{y}{x}=C$ . 另外，由于

$$\varphi(y)=\frac{M_y-N_x}{-M}=-\frac{2}{y},$$

故原方程也有积分因子

$$\mu(y)=\mathrm{e}^{-\int\frac{2}{y}\mathrm{d}y}=\frac{1}{y^2}.$$

同理可得原方程的通解为 $\frac{y}{x}=C$，其中，$C$ 为任意常数.

**例 6**　用积分因子法求解一阶线性方程

$$\frac{\mathrm{d}y}{\mathrm{d}x}+p(x)y=q(x)$$

的通解.

**解**　将方程改写为

$$[p(x)y-q(x)]\mathrm{d}x+\mathrm{d}y=0, \tag{2.3.18}$$

此时令 $M=p(x)y-q(x)$, $N=1$，则

$$\frac{\frac{\partial M}{\partial y}-\frac{\partial N}{\partial x}}{N}=p(x),$$

是只依赖于 $x$ 而与 $y$ 无关的函数. 从而方程 (2.3.18) 有积分因子

$$\mu=\mathrm{e}^{\int p(x)\mathrm{d}x},$$

用此积分因子乘方程 (2.3.18) 的两边，得到恰当方程

$$e^{\int p(x)dx}dy + \left[ye^{\int p(x)dx}p(x)\right]dx - \left[q(x)e^{\int p(x)dx}\right]dx = 0,$$

即

$$d\left[ye^{\int p(x)dx}\right] - d\left[\int q(x)e^{\int p(x)dx}dx\right] = 0,$$

于是，方程的通解为

$$ye^{\int p(x)dx} - \int q(x)e^{\int p(x)dx}dx = C,$$

即

$$y = e^{-\int p(x)dx}\left[C + \int q(x)e^{\int p(x)dx}dx\right],$$

其中，$C$ 是任意常数.

**例 7** 求解方程 $\left(3x^3 + y\right)dx + \left(2x^2y - x\right)dy = 0$.

**解** 令 $M(x, y) = 3x^3 + y, N(x, y) = 2x^2y - x$，则

$$\frac{\partial M}{\partial y} = 1, \quad \frac{\partial N}{\partial x} = 4xy - 1$$

所以该方程不是全微分方程. 但注意到

$$\frac{\dfrac{\partial M}{\partial y} - \dfrac{\partial N}{\partial x}}{N} = \frac{1 - (4xy - 1)}{2x^2y - x} = -\frac{2}{x}$$

只与 $x$ 有关，由式 (2.3.17) 知，方程有积分因子

$$\mu(x) = e^{\int\left(-\frac{2}{x}\right)dx} = \frac{1}{x^2}$$

于是有

$$3xdx + 2ydy + \frac{ydx - xdy}{x^2} = 0$$

故原方程的通解为

$$\frac{3}{2}x^2 + y^2 - \frac{y}{x} = C.$$

## 习　题　2.3

1. 解下列方程.

(1) $\left[\dfrac{y^2}{(x-y)^2}-\dfrac{1}{x}\right]\mathrm{d}x+\left[\dfrac{1}{y}-\dfrac{x^2}{(x-y)^2}\right]\mathrm{d}y=0$;

(2) $\left(\dfrac{1}{y}\sin\dfrac{x}{y}-\dfrac{y}{x^2}\cos\dfrac{y}{x}+1\right)\mathrm{d}x+\left(\dfrac{1}{x}\cos\dfrac{y}{x}-\dfrac{x}{y^2}\sin\dfrac{x}{y}+\dfrac{1}{y^2}\right)\mathrm{d}y=0$;

(3) $[x\cos(x+y)+\sin(x+y)]\mathrm{d}x+x\cos(x+y)\mathrm{d}y=0$;

(4) $\left(xy^2+\dfrac{2}{3}x^3\right)\mathrm{d}x+\left(x^2y+\dfrac{1}{3}y^2\right)\mathrm{d}y=0$;

(5) $\left(\dfrac{y}{x^2+y^2}+y\right)\mathrm{d}x+\left(x-\dfrac{x}{x^2+y^2}\right)\mathrm{d}y=0$;

(6) $\left(\dfrac{1}{y}+\dfrac{2y}{x^2-y^2}\right)\mathrm{d}x+\left(\dfrac{x}{y^2}-\dfrac{2x}{x^2-y^2}\right)\mathrm{d}y=0$;

(7) $\left(x^3y+2x^2\right)\mathrm{d}x+4\left(xy^4+2y^3\right)\mathrm{d}y=0$;

(8) $y\mathrm{d}x-x\mathrm{d}y=\left(x^2+y^2\right)\mathrm{d}x$;

(9) $(x+2y)\mathrm{d}x+x\mathrm{d}y=0$;

(10) $\left(\mathrm{e}^x+3y^2\right)\mathrm{d}x+2xy\mathrm{d}y=0$;

(11) $\left(x-y^2\right)\mathrm{d}x+y(1+x)\mathrm{d}y=0$;

(12) $\left(y+2x^2\right)\mathrm{d}x+\left(x+8y^3\right)\mathrm{d}y=0$.

2. 已知微分方程 $\left(x^2+y\right)\mathrm{d}x+f(x)\mathrm{d}y=0$ 有积分因子 $\mu=x$，试求所有可能的函数 $f(x)$ .

3. 设函数 $f(u),g(u)$ 连续可微且 $f(u)\neq g(u)$，试证方程

$$[yf(xy)]\mathrm{d}x+[xg(xy)]\mathrm{d}y=0$$

有积分因子

$$\mu=\frac{1}{xy[f(xy)-g(xy)]}.$$

4. 证明方程 $M(x,y)\mathrm{d}x + N(x,y)\mathrm{d}y = 0$ 具有形如 $\mu = \mu[\varphi(x,y)]$ 的积分因子的充要条件为

$$\left(\frac{\partial M}{\partial y} - \frac{\partial N}{\partial x}\right)\left(N\frac{\partial \varphi}{\partial x} - M\frac{\partial \varphi}{\partial y}\right)^{-1} = f[\varphi(x,y)],$$

并求出这个积分因子.

## §2.4 一阶隐式微分方程

一阶微分方程的一般形式可表示为

$$F(x,y,y') = 0.$$

如果能从此方程中解出导数 $y'$，其表达式为 $y' = f(x,y)$，则可按照前面几节所介绍的方法进行求解. 但如果难以从方程中解出 $y'$，或者即使解出 $y'$，而其表达式相当复杂，这时，宜采用引进参数的方法，即通过引进参数，将方程变为显式方程，并给出其参数形式的解. 这正是本节所讨论的主要问题.

### 一、可解出 $y$ 或 $x$ 的隐式微分方程

1. 首先讨论形如

$$y = f(x,y') \tag{2.4.1}$$

的方程的解法，其中，函数 $f(u,v)$ 有连续的偏导数.

引进参数 $p = y'$，则方程 (2.4.1) 变为

$$y = f(x,p). \tag{2.4.2}$$

将方程 (2.4.2) 两边对 $x$ 求导数，并将 $p = y'$ 代入，得

$$p = \frac{\partial f}{\partial x} + \frac{\partial f}{\partial p}\frac{\mathrm{d}p}{\mathrm{d}x}. \tag{2.4.3}$$

方程 (2.4.3) 是关于 $x, p$ 的一阶微分方程，但它的导数已解出. 于是可按前面几节所介绍的方法求出它的解. 若已求得方程 (2.4.3) 的通解的形式为 $p = \varphi(x,C)$，将其代入方程 (2.4.2)，得其通解为

$$y = f(x,\varphi(x,C)),$$

其中，$C$ 是任意常数.

若已求得方程 (2.4.3) 的通解的形式为

$$x = \psi(p, C),$$

则得方程 (2.4.2) 的参数形式的通解为

$$\begin{cases} x = \psi(p, C), \\ y = f(\psi(p, C), p), \end{cases}$$

其中，$p$ 是参数，$C$ 是任意常数.

若已求得方程 (2.4.3) 的通解的形式为

$$\Phi(x, p, C) = 0,$$

则得方程 (2.4.1) 的参数形式的通解为

$$\begin{cases} \Phi(x, p, C) = 0, \\ y = f(x, p), \end{cases}$$

其中，$p$ 是参数，$C$ 是任意常数.

**例 1**　求解方程 $y = \left(\dfrac{\mathrm{d}y}{\mathrm{d}x}\right)^2 - x\dfrac{\mathrm{d}y}{\mathrm{d}x} + \dfrac{x^2}{2}$.

**解**　令 $\dfrac{\mathrm{d}y}{\mathrm{d}x} = p$，则原方程变为

$$y = p^2 - xp + \frac{x^2}{2}. \tag{2.4.4}$$

两边对 $x$ 求导，得

$$p = 2p\frac{\mathrm{d}p}{\mathrm{d}x} - x\frac{\mathrm{d}p}{\mathrm{d}x} - p + x$$

即

$$\left(\frac{\mathrm{d}p}{\mathrm{d}x} - 1\right)(2p - x) = 0.$$

从 $\dfrac{\mathrm{d}p}{\mathrm{d}x} - 1 = 0$ 解出 $p = x + C$，将它代入式 (2.4.4) 中，得原方程的通解为

$$y = C^2 + Cx + \frac{x^2}{2},$$

其中，$C$ 为任意常数.

又从 $2p-x=0$ 解出 $p=\dfrac{x}{2}$，将它代入式 (2.4.4) 中，得原方程的一个解为

$$y=\frac{x^2}{4}.$$

2. 形如

$$x=f(y,y') \tag{2.4.5}$$

的方程的求解方法与方程 (2.4.1) 的求解方法完全类似，其中，函数 $f(u,v)$ 有连续的偏导数.

引进参数 $p=y'$，则方程 (2.4.5) 变为

$$x=f(y,p), \tag{2.4.6}$$

将方程 (2.4.6) 两边对 $y$ 求导数，并将 $\dfrac{1}{p}=\dfrac{\mathrm{d}x}{\mathrm{d}y}$ 代入，得

$$\frac{1}{p}=\frac{\partial f}{\partial y}+\frac{\partial f}{\partial p}\frac{\mathrm{d}p}{\mathrm{d}y}. \tag{2.4.7}$$

方程 (2.4.7) 是关于 $y,p$ 的一阶微分方程，但它的导数已解出. 于是可按前面几节所介绍的方法求出它的解. 求得方程 (2.4.7) 的通解的形式亦有如方程 (2.4.2) 的通解的三种情况，那么方程 (2.4.1) 的通解亦有类似的形式.

例如，若已求得方程 (2.4.7) 的通解的形式为

$$\Phi(y,p,C)=0,$$

则得方程 (2.4.6) 的参数形式的通解为

$$\begin{cases}\Phi(y,p,C)=0\\ x=f(y,p).\end{cases}$$

其中，$p$ 是参数，$C$ 是任意常数.

## 二、不显含 $y$ 或 $x$ 的隐式微分方程

现在我们考虑不显含 $y$ 的隐式微分方程

$$F\left(x,\frac{\mathrm{d}y}{\mathrm{d}x}\right)=0. \tag{2.4.8}$$

令 $p=\dfrac{\mathrm{d}y}{\mathrm{d}x}$，则 $F(x,p)=0$ 在几何上表示 $xOp$ 平面上的一条曲线. 引入合适的参数方程

$$x=\varphi(t),\quad p=\psi(t), \tag{2.4.9}$$

其中 $t$ 是参变量. 因为恒有 $\mathrm{d}y = p\mathrm{d}x$，所以沿着参数方程 (2.4.9)，有

$$\mathrm{d}y = \psi(t)\varphi'(t)\mathrm{d}t,$$

积分可以得到

$$y = \int \psi(t)\varphi'(t)\mathrm{d}t + C,$$

所以原方程的参数形式的通解为

$$\begin{cases} x = \varphi(t), \\ y = \int \psi(t)\varphi'(t)\mathrm{d}t + C, \end{cases}$$

其中，$C$ 是任意常数.

对于不显含 $x$ 的隐式微分方程

$$F\left(y, \frac{\mathrm{d}y}{\mathrm{d}x}\right) = 0,$$

记 $p = \dfrac{\mathrm{d}y}{\mathrm{d}x}$，类似上述过程引入参数方程

$$y = \varphi(t), \quad p = \psi(t). \tag{2.4.10}$$

因为 $\dfrac{\mathrm{d}x}{\mathrm{d}y} = \dfrac{1}{p}$，所以 $\mathrm{d}x = \dfrac{1}{\psi(t)}\varphi'(t)\mathrm{d}t$，积分可以得到

$$x = \int \frac{\varphi'(t)}{\psi(t)}\mathrm{d}t,$$

这样原方程的通解为

$$\begin{cases} x = \int \dfrac{\varphi'(\mathrm{t})}{\psi(\mathrm{t})}\mathrm{dt} + C, \\ y = \varphi(t), \end{cases}$$

其中，$C$ 是任意常数.

**例 2**　求解方程 $y^2 + y'^2 = 1$ .

**解**　令 $y = \sin t$，则 $\mathrm{d}y = \cos t\mathrm{d}t$，由方程又有

$$y' = \frac{\mathrm{d}y}{\mathrm{d}x} = \cos t .$$

当 $\cos t \neq 0$ 时，有

$$\mathrm{d}x = \frac{\mathrm{d}y}{\cos t} = \frac{\cos t}{\cos t}\mathrm{d}t = \mathrm{d}t,$$

对上式两边积分得 $x = t + C$，得到方程的通解为

$$y = \sin(x - C).$$

当 $\cos t = 0$ 时，$y = \sin t = \pm 1$, $y = \pm 1$ 是原方程的两个特解，

**例 3** 解方程 $x^2 + y'^2 = 1$.

**解** 记 $y' = p$，则方程变为 $x^2 + p^2 = 1$. 将其写成参数方程的形式:

$$\begin{cases} x = \cos t, \\ p = \sin t, \end{cases}$$

于是有

$$dy = p dx = \sin t(-\sin t)dt,$$

两边积分，得

$$y = \int \frac{\cos 2t - 1}{2} dt = \frac{1}{4}\sin 2t - \frac{t}{2} + C,$$

于是方程的通解为

$$\begin{cases} x = \cos t, \\ y = \dfrac{1}{4}\sin 2t - \dfrac{t}{2} + C, \end{cases}$$

其中，$C$ 为任意函数.

**例 4** 求解方程 $y^2(1 - y') = (2 - y')^2$.

**解** 令 $2 - y' = yt$，代入方程，得

$$y^2(1 - y') = y^2t^2,$$

由此得 $y = t + \dfrac{1}{t}$，并且 $y' = 1 - t^2$，于是有

$$dx = \frac{dy}{y'} = \frac{1}{1 - t^2}\left(\frac{t^2 - 1}{t^2}\right)dt = -\frac{1}{t^2}\,dt,$$

两边积分得

$$x = \frac{1}{t} + C,$$

于是方程的通解为

$$\begin{cases} x = \dfrac{1}{t} + C, \\ y = t + \dfrac{1}{t}, \end{cases}$$

其中，$C$ 为任意常数.

另外，当 $y' = 0$ 时，方程变为 $y^2 = 4$，于是 $y = \pm 2$ 也是方程的解.

## 习　题　2.4

求解下列微分方程.

(1) $y = (y' - 1)e^{y'}$；

(2) $y = xy'\ln x + (xy')^2$；

(3) $y = x\left(y' + \sqrt{1 + (y')^2}\right)$；

(4) $y' = e^{\frac{x}{y}y'}$；

(5) $x^2 + (y')^2 = 1$；

(6) $\left(x^2 - 1\right) + (y')^2 + x^2 = 0$；

(7) $y = xy' + y' + (y')^2$；

(8) $xp^2 + 2xp - y = 0 \quad \left(p = \dfrac{dy}{dx}\right)$；

(9) $y = 2x\dfrac{dy}{dx} + \left(\dfrac{dy}{dx}\right)^2$.

# 第 3 章　常微分方程解的存在性和唯一性

在第二章介绍了能用初等解法的一阶微分方程的若干类型，但同时指出，大量的一阶微分方程一般是不能用初等解法求出它的通解的，而实际问题中所需要的往往是要求满足某种初值条件的解（包括数值形式的数值解）. 因此，对初值问题（又称为柯西问题）的研究被提到了重要的地位. 那么初值问题的解是否存在？如果存在是否唯一呢？

解存在而不唯一的例子容易举出. 例如方程

$$\frac{\mathrm{d}y}{\mathrm{d}x} = 2\sqrt{y}$$

过点 $(0,0)$ 的解就是不唯一的. 事实上，易知 $y = 0$ 是方程的过点 $(0,0)$ 的解. 此外，容易验证，$y = x^2$ 或更一般地，函数

$$y = \begin{cases} 0, & 0 \leqslant x \leqslant C, \\ (x-C)^2, & C < x \leqslant 1 \end{cases}$$

都是方程的过点 $(0,0)$ 而定义于区间 $0 \leqslant x \leqslant 1$ 上的解，这里 $c$ 是满足 $0 < C < 1$ 的任一数.

本章介绍的存在唯一性定理圆满地回答了上面提出的问题，它明确地肯定了方程的解在一定条件下的存在性和唯一性，它是常微分方程理论中最基本的定理，有重大的理论意义. 另外，由于能求得精确解的微分方程为数不多，微分方程的近似求解法（包括数值解法）具有十分重要的实际意义，而解的存在和唯一又是进行近似计算的前提. 因为如果解根本不存在，却要去近似地求它，问题本身是没有意义的；如果有解存在而不唯一，由于不知道要确定是哪一个解，却要去近似地确定它，问题也是不明确的.解的存在唯一性定理保证了所要求的解的存在和唯一，因此它也是近似求解法的前提和理论基础. 此外，我们将看到，在定理的证明过程中还具体地给出了求近似解的途径，这就更增添了存在唯一性定理的实用意义.

由于种种条件的限制，实际测出的初始数据往往是不精确的，它只能近似地反映初始状态. 因此用它作为初值条件所得到的解是否能用作真正的解呢？这就产生了解对初值的连续依赖性问题，即当初值微小变动时，方程的解的变化是

否也是很小呢? 如果不是，所求得的解就失去了实用的意义，因为它可能与实际情况产生很大的误差. 即使给出的初值问题能满足解的存在唯一性条件及相关性质，但往往很难或不能求得精确的解析解，又怎能求出其数值形式的数值解? 本章重点介绍和证明一阶微分方程的解的存在唯一性定理，并叙述一些解的一般性质，如解的延拓、解对初值的连续性和可微性等. 此外，还引进奇解的概念及求奇解的两个方法，并介绍两个最常用且最基础的数值解法.

# §3.1　常微分方程解的存在唯一性定理与逐步逼近法

## 一、微分方程解的存在唯一性定理

首先考虑导数已解出的一阶微分方程

$$\frac{\mathrm{d}y}{\mathrm{d}x}=f(x,y). \tag{3.1.1}$$

**定理 3.1**　如果 $f(x,y)$ 在矩形域

$$R:|x-x_0|\leqslant a,|y-y_0|\leqslant b \tag{3.1.2}$$

上连续，且关于 $y$ 满足利普希茨（Lipschitz）条件，即存在常数 $L>0$，对于所有 $(x,y_1),(x,y_1)\in R$，均有

$$|f(x,y_1)-f(x,y_2)|\leqslant L|y_1-y_2|, \tag{3.1.3}$$

其中 $L$ 称为利普希茨常数. 则方程 $\dfrac{\mathrm{d}y}{\mathrm{d}x}=f(x,y)$ 存在唯一解 $y=\varphi(x)$ 定义于区间 $|x-x_0|\leqslant h$ 上，连续且满足初始条件

$$\varphi(x_0)=y_0, \tag{3.1.4}$$

这里 $h=\min\left(a,\dfrac{b}{M}\right),M=\max\limits_{(x,y)\in\boldsymbol{R}^2}|f(x,y)|$.

采用皮卡（Picard）的逐步逼近法来证明这个定理. 简单起见，只就区间 $x_0\leqslant x\leqslant x_0+h$ 来讨论，对于 $x_0-h\leqslant x\leqslant x_0$ 的讨论也完全一样.

现在简单叙述一下运用逐步逼近法证明定理的主要思想.

1)　首先证明求微分方程的初值问题的解等价于求积分方程

$$y=y_0+\int_{x_0}^{x}f(x,y)\mathrm{d}x$$

的连续解. 然后去证明积分方程的解的存在唯一性.

2) 构造近似解函数列 $\{\varphi_n(x)\}$ 任取一个连续函数 $\varphi_0(x)$ 代入上面积分方程右端的 $y$，就得到函数

$$\varphi_1(x) \equiv y_0 + \int_{x_0}^{x} f(x, \varphi_0(x))\,\mathrm{d}x.$$

显然 $\varphi_1(x)$ 也是连续函数，如果 $\varphi_1(x) \equiv \varphi_0(x)$，那么 $\varphi_0(x)$ 就是积分方程的解. 否则，又把 $\varphi_1(x)$ 代入积分方程右端的 $y$，得到

$$\varphi_2(x) \equiv y_0 + \int_{x_0}^{x} f(x, \varphi_1(x))\,\mathrm{d}x,$$

如果 $\varphi_1(x) \equiv \varphi_2(x)$，那么 $\varphi_1(x)$ 就是积分方程的解，否则继续这个步骤.

一般地作函数

$$\varphi_n(x) \equiv y_0 + \int_{x_0}^{x} f(x, \varphi_{n-1}(x))\,\mathrm{d}x, \tag{3.1.5}$$

这样就得到连续函数序列：$\varphi_0(x), \varphi_1(x), \cdots, \varphi_n(x), \cdots$，如果 $\varphi_n(x) \equiv \varphi_{n-1}(x)$，那么 $\varphi_n(x)$ 就是积分方程的解.

3) 函数序列 $\{\varphi_n(x)\}$ 在区间 $[x_0 - h, x_0 + h]$ 上一致收敛于 $\varphi(x)$，即

$$\lim_{n\to\infty} \varphi_n(x) = \varphi(x)$$

存在，因而对方程 (3.1.5) 取极限时，就得到

$$\begin{aligned}\lim_{n\to\infty} \varphi_n(x) &= y_0 + \lim_{n\to\infty} \int_{x_0}^{x} f(x, \varphi_{n-1}(x))\,\mathrm{d}x \\ &= y_0 + \int_{x_0}^{x} \lim_{n\to\infty} f(x, \varphi_{n-1}(x))\,\mathrm{d}x \\ &= y_0 + \int_{x_0}^{x} f(x, \varphi(x))\mathrm{d}x,\end{aligned}$$

即

$$\varphi(x) = y_0 + \int_{x_0}^{x} f(x, \varphi(x))\mathrm{d}x.$$

这就是说 $\varphi(x)$ 是积分方程 $y = y_0 + \int_{x_0}^{x} f(x, \varphi(x))\mathrm{d}x$ 在区间 $[x_0 - h, x_0 + h]$ 的连续解.

这种一步一步地求出方程的解的方法就称为逐步逼近法. 由方程 (3.1.5) 确定的函数 $\varphi_n(x)$ 称为初值问题

$$\begin{cases} \dfrac{\mathrm{d}y}{\mathrm{d}x} = f(x, y) \\ \varphi(x_0) = y_0 \end{cases}$$

的第 $n$ 次近似解. 在定理的假设条件下，以上的步骤是可以实现的.

下面分 5 个命题来证明定理 3.1.

**命题 3.1**　设 $y=\varphi(x)$ 是方程 $\dfrac{\mathrm{d}y}{\mathrm{d}x}=f(x,y)$ 的定义于区间 $x_0\leqslant x\leqslant x_0+h$ 上，满足初始条件 $\varphi(x_0)=y_0$ 的解，则 $y=\varphi(x)$ 是积分方程

$$y=y_0+\int_{x_0}^{x}f(x,y)\mathrm{d}x,\ x_0\leqslant x\leqslant x_0+h \tag{3.1.6}$$

的定义于 $x_0\leqslant x\leqslant x_0+h$ 上的连续解. 反之亦然.

**证明**　因为 $y=\varphi(x)$ 是方程 $\dfrac{\mathrm{d}y}{\mathrm{d}x}=f(x,y)$ 的解，故有

$$\frac{\mathrm{d}\varphi(x)}{\mathrm{d}x}=f(x,\varphi(x)),$$

两边从 $x_0$ 到 $x$ 取定积分，得到

$$\varphi(x)-\varphi(x_0)=\int_{x_0}^{x}f(x,\varphi(x))\mathrm{d}x,\ x_0\leqslant x\leqslant x_0+h,$$

把 $\varphi(x_0)=y_0$ 代入上式，即有

$$\varphi(x)=y_0+\int_{x_0}^{x}f(x,\varphi(x))\mathrm{d}x,\ x_0\leqslant x\leqslant x_0+h.$$

因此，$y=\varphi(x)$ 是方程 (3.1.5) 定义于 $x_0\leqslant x\leqslant x_0+h$ 上的连续解. 反之，如果 $y=\varphi(x)$ 是方程 (3.1.6) 的连续解，则有

$$\varphi(x)=y_0+\int_{x_0}^{x}f(x,\varphi(x))\mathrm{d}x,\ x_0\leqslant x\leqslant x_0+h. \tag{3.1.7}$$

又把 $x=x_0$ 代入方程 (3.1.7)，得到

$$\varphi(x_0)=y_0.$$

因此 $y=\varphi(x)$ 是方程 $\dfrac{\mathrm{d}y}{\mathrm{d}x}=f(x,y)$ 定义于 $x_0\leqslant x\leqslant x_0+h$ 上，满足初始条件 $\varphi(x_0)=y_0$ 的解. 命题 3.1证毕.

现在取 $\varphi(x_0)=y_0$，构造皮卡逐步逼近函数序列如下：

$$\begin{cases}\varphi(x_0)=y_0,\\ \varphi_n(x)=y_0+\displaystyle\int_{x_1}^{x}f(\xi,\varphi_{n-1}(\xi))\,\mathrm{d}\xi,\quad x_0\leqslant x\leqslant x_0+h\,(n=1,2,\cdots).\end{cases} \tag{3.1.8}$$

**命题 3.2** 对于所有的 $n$，方程 (3.1.8) 中函数 $\varphi_n(x)$ 在 $x_0 \leqslant x \leqslant x_0 + h$ 上有定义、连续且满足不等式

$$|\varphi_n(x) - y_0| \leqslant b. \tag{3.1.9}$$

**证明** 当 $n = 1$ 时，$\varphi_1(x) = y_0 + \int_{x_0}^{x} f(\xi_1, y_0)\,\mathrm{d}\xi$, 显然 $\varphi_1(x)$ 在 $x_0 \leqslant x \leqslant x_0 + h$ 定义、连续且有

$$|\varphi_1(x) - y_0| = \left|\int_{x_0}^{x} f(\xi, y_0)\,\mathrm{d}\xi\right| \leqslant \int_{x_0}^{x} |f(\xi, y_0)|\,\mathrm{d}\xi \leqslant M(x - x_0) \leqslant Mh \leqslant b.$$

即当 $n = 1$ 时，命题 3.2 成立.

现在用数学归纳法证明对于任何正整数，命题 3.2 都成立. 为此，设当 $n = k$ 时，命题 3.2 成立，即 $\varphi_k(x)$ 在 $x_0 \leqslant x \leqslant x_0 + h$ 上有定义、连续且满足不等式 $|\varphi_k(x) - y_0| \leqslant b$.

这时，

$$\varphi_{k+1}(x) = y_0 + \int_{x_0}^{x} f(\xi, \varphi_k(\xi))\,\mathrm{d}\xi.$$

由假设，当 $n = k$ 时，命题 3.2 成立，知道 $\varphi_{k+1}(x)$ 在$x_0 \leqslant x \leqslant x_0 + h$ 上有定义、连续且有

$$|\varphi_{k+1}(x) - y_0| \leqslant \int_{x_0}^{x} |f(\xi, \varphi_0(\xi))|\,\mathrm{d}\xi \leqslant M(x - x_0) \leqslant Mh \leqslant b.$$

即当 $n = k + 1$ 时，命题 3.2 也成立. 由数学归纳法得知命题 3.2 对于所有 $n$ 均成立. 命题 3.2 证毕.

**命题 3.3** 函数序列 $\{\varphi_n(x)\}$ 在 $x_0 \leqslant x \leqslant x_0 + h$ 上是一致收敛的.

**证明** 考虑级数

$$\varphi_0(x) + \sum_{k=1}^{\infty} [\varphi_k(x) - \varphi_{k-1}(x)], x_0 \leqslant x \leqslant x_0 + h, \tag{3.1.10}$$

它的部分和为

$$\varphi_0(x) + \sum_{k=1}^{n} [\varphi_k(x) - \varphi_{k-1}(x)] = \varphi_n(x).$$

因此，要证明函数序列在 $x_0 \leqslant x \leqslant x_0 + h$ 上是一致收敛，只须证明级数(3.1.10)在 $x_0 \leqslant x \leqslant x_0 + h$ 上一致收敛. 为此，进行如下的估计.

由方程 (3.1.8)，函数序列 $\{\varphi_n(x)\}$ 有

$$|\varphi_1(x) - \varphi_0(x)| \leqslant \int_{x_0}^{x} |f(\xi, \varphi_0(\xi))|\,\mathrm{d}\xi \leqslant M(x - x_0) \tag{3.1.11}$$

及

$$|\varphi_2(x)-\varphi_1(x)|\leqslant\int_{x_0}^{x}|f(\xi,\varphi_1(\xi))-f(\xi,\varphi_0(\xi))|\,d\xi.$$

利用利普希茨条件及不等式 (3.1.11)，得到

$$\begin{aligned}|\varphi_2(x)-\varphi_1(x)| &\leqslant L\int_{x_0}^{x}|\varphi_1(\xi)-\varphi_0(\xi)|\,d\xi\\ &\leqslant L\int_{x_0}^{x}M(\xi-x_0)\,d\xi=\frac{ML}{2!}(x-x_0)^2.\end{aligned}$$

设对于正整数 $n$，不等式 $|\varphi_n(x)-\varphi_{n-1}(x)|\leqslant\dfrac{ML^{n-1}}{n!}(x-x_0)^n$ 成立，则由利普希茨条件，当 $x_0\leqslant x\leqslant x_0+h$ 时，有

$$\begin{aligned}|\varphi_{n+1}(x)-\varphi_n(x)| &\leqslant\int_{x_0}^{x}|f(\xi,\varphi_n(\xi))-f(\xi,\varphi_{n-1}(\xi))|\,d\xi\\ &\leqslant L\int_{x_0}^{x}|\varphi_n(\xi)-\varphi_{n-1}(\xi)|\,d\xi\\ &\leqslant\frac{ML^n}{n!}\int_{x_0}^{x}M(\xi-x_0)^n\,d\xi=\frac{ML^n}{(n+1)!}(x-x_0)^{n+1}.\end{aligned}$$

于是，由数学归纳法得知，对于所有的正整数 $k$，有如下估计

$$|\varphi_k(x)-\varphi_{k-1}(x)|\leqslant\frac{ML^{k-1}}{k!}(x-x_0)^k,\ x_0\leqslant x\leqslant x_0+h, \tag{3.1.12}$$

从而可知，当 $x_0\leqslant x\leqslant x_0+h$ 时，有

$$|\varphi_k(x)-\varphi_{k-1}(x)|\leqslant\frac{ML^{k-1}}{k!}h^k. \tag{3.1.13}$$

不等式 (3.1.13) 的右端是正项收敛级数 $\sum\limits_{k=1}^{\infty}ML^{k-1}\dfrac{h^k}{k!}$ 的一般项. 由维尔斯特拉斯（Weierstrass）判别法（简称维氏判别法）可知，级数 (3.1.10) 在 $x_0\leqslant x\leqslant x_0+h$ 上一致收敛，因而序列 $\{\varphi_n(x)\}$ 也在 $x_0\leqslant x\leqslant x_0+h$ 上一致收敛. 命题 3.3 证毕.

**命题 3.4**　现设 $\lim\limits_{n\to\infty}\varphi_n(x)=\varphi(x)$，则 $\varphi(x)$ 也在 $x_0\leqslant x\leqslant x_0+h$ 上连续，由不等式 (3.1.9) 可知

$$|\varphi(x)-y_0|\leqslant b,$$

且 $\varphi(x)$ 是积分方程 (3.1.6) 定义于 $x_0\leqslant x\leqslant x_0+h$ 上的连续解.

**证明** 由利普希茨条件

$$|f(x,\varphi_n(x))-f(x,\varphi(x))|\leqslant L\,|\varphi_n(x)\varphi(x)|,$$

以及 $\{\varphi_n(x)\}$ 在 $x_0\leqslant x\leqslant x_0+h$ 上一致收敛于 $\varphi(x)$，即知序列 $\{f_n(x)\}\equiv\{f\,(x,\varphi_n(x))\}$ 在 $x_0\leqslant x\leqslant x_0+h$ 上一致收敛于函数 $f(x,\varphi(x))$. 因而，对方程 (3.1.8) 两边取极限，得到

$$\lim_{n\to\infty}\varphi_n(x)=y_0+\lim_{n\to\infty}\int_{x_0}^{x}f\,(\xi,\varphi_{n-1}(\xi))\,\mathrm{d}\xi=y_0+\int_{x_0}^{x}\lim_{n\to\infty}f\,(\xi,\varphi_{n-1}(\xi))\,\mathrm{d}\xi.$$

即

$$\varphi(x)=y_0+\int_{x_0}^{x}f(\xi,\varphi(\xi))\mathrm{d}\xi.$$

这就是说，$\varphi(x)$ 是积分方程 (3.1.6) 的定义于 $x_0\leqslant x\leqslant x_0+h$ 上的连续解. 命题 3.4 证毕.

**命题 3.5** 设 $\psi(x)$ 是积分方程 (3.1.6) 的定义于 $x_0\leqslant x\leqslant x_0+h$ 上的一个连续解. 则

$$\varphi(x)=\psi(x),x_0\leqslant x\leqslant x_0+h.$$

**证明** 首先证明 $\psi(x)$ 也是序列 $\{\varphi_n(x)\}$ 的一致收敛极限函数. 为此, 从 $\varphi_0(x)=y_0,\varphi_n(x)=y_0+\int_{x_0}^{x}f\,(\xi,\varphi_{n-1}(\xi))\,\mathrm{d}\xi\ (n\geqslant 1),\psi(x)=y_0+\int_{x_0}^{x}f(\xi,\psi(\xi))\mathrm{d}\xi$, 可以进行如下估计

$$|\varphi_0(x)-\psi(x)|\leqslant\int_{x_0}^{x}|f(\xi,\psi(\xi))|\mathrm{d}\xi\leqslant M\,(x-x_0)\,.$$

$$\begin{aligned}|\varphi_1(x)-\psi(x)|&\leqslant\int_{x_0}^{x}|f\,(\xi,\varphi_0(\xi))-f(\xi,\psi(\xi))|\,\mathrm{d}\xi\leqslant L\int_{x_0}^{x}|\varphi_0(\xi)-\psi(\xi)|\,\mathrm{d}\xi\\&\leqslant L\int_{x_0}^{x}M\,(\xi-x_0)\,\mathrm{d}\xi=\frac{ML}{2!}\,(x-x_0)^2\,.\end{aligned}$$

现设 $|\varphi_{n-1}(x)-\psi(x)|\leqslant\dfrac{ML^{n-1}}{n!}\,(x-x_0)^n$，则有

$$\begin{aligned}|\varphi_n(x)-\psi(x)|&\leqslant\int_{x_0}^{x}|f\,(\xi,\varphi_{n-1}(\xi))-f(\xi,\psi(\xi))|\,\mathrm{d}\xi\leqslant L\int_{x_0}^{x}|\varphi_{n-1}(\xi)-\psi(\xi)|\,\mathrm{d}\xi\\&\leqslant\frac{ML^n}{n!}\int_{x_0}^{x}(\xi-x_0)^n\,\mathrm{d}\xi=\frac{ML^n}{(n+1)!}\,(x-x_0)^{n+1}\,.\end{aligned}$$

故由数学归纳法得知，对于所有的正整数 $n$，有下面的估计式

$$|\varphi_n(x)-\psi(x)|\leqslant\frac{ML^n}{(n+1)!}\,(x-x_0)^{n+1}\,.\qquad(3.1.14)$$

因此，在 $x_0 \leqslant x \leqslant x_0 + h$ 上有

$$|\varphi_n(x) - \psi(x)| \leqslant \frac{ML^n}{(n+1)!}h^{n+1}. \tag{3.1.15}$$

由于 $\frac{ML^n}{(n+1)!}h^{n+1}$ 是收敛级数的公项，故 $n \to \infty$ 时，$\frac{ML^n}{(n+1)!}h^{n+1} \to 0$. 因而 $\{\varphi_n(x)\}$ 在 $x_0 \leqslant x \leqslant x_0 + h$ 上一致收敛于 $\psi(x)$. 根据极限的唯一性，即得 $\varphi(x) = \psi(x), x_0 \leqslant x \leqslant x_0 + h$. 命题 3.5 证毕.

综合命题 3.1 ~ 命题 3.5，即得到存在唯一性定理的证明.

**附注1**　由于利普希茨条件比较难于检验，常用 $f(x,y)$ 在 $R$ 上有对 $y$ 的连续偏导数来代替. 事实上，如果在 $R$ 上 $\frac{\partial f}{\partial y}$ 存在且连续，则 $\frac{\partial f}{\partial y}$ 在 $R$ 上有界，设在 $R$ 上，$\left|\frac{\partial f}{\partial y}\right| \leqslant L$. 这时

$$|f(x,y_1) - f(x,y_2)| = \left|\frac{\partial f((x,y_2) + \theta(y_1 - y_2))}{\partial y}\right| |y_1 - y_2| \leqslant L|y_1 - y_2|.$$

这里，$(x,y_1),(x,y_2) \in R, 0 < \theta < 1$，但反过来满足利普希茨条件的函数 $f(x,y)$ 不一定有偏导数存在. 例如，函数 $f(x,y) = |y|$ 在任何区域都满足利普希茨条件，但它在 $y = 0$ 处没有导数.

**附注2**　设方程 (3.1.1) 是线性的，即方程为

$$\frac{\mathrm{d}y}{\mathrm{d}x} = P(x)y + Q(x),$$

容易知道，当 $P(x), Q(x)$ 在区间 $[\alpha,\beta]$ 上为连续时，定理 3.1 的条件就能满足. 不仅如此，这时由任一初值 $(x_0,y_0)$，所确定的解 $x_0 \in [\alpha,\beta]$ 在整个区间 $[\alpha,\beta]$ 上都有定义.

事实上，对于一般方程 (3.1.1)，由初始值所确定的解只能定义在 $|x + x_0| \leqslant h$ 上，这是因为在构造逐步逼近函数序列 $\{\varphi_n(x)\}$ 时，要求它不越出原来的矩形区域 $R$. 而现在，右端函数 $y$ 没有任何限制，为了证明我们的结论，比如取 $M = \max\limits_{x\in[\alpha,\beta]} |P(x)y_0 + Q(x)|$，而逐字重复定理的证明过程，即可证由方程 (3.1.7) 所作出的函数序列 $\{\varphi_n(x)\}$ 在整个区间 $[\alpha,\beta]$ 上都有定义且一致收敛.

现在考虑一阶隐函数微分方程

$$F(x,y,y') = 0, \tag{3.1.16}$$

希望将一阶隐函数微分方程从理论上转化为显函数微分方程，从而结合定理 3.1 的条件来给出方程 (3.1.16) 的解的存在唯一性的条件. 根据隐函数存在定理，若函数 $F(x,y,y')$ 在 $\left(x_0,y_0,y_0'\right)$ 的某邻域内连续且 $F\left(x_0,y_0,y_0'\right)=0$，而当 $\dfrac{\partial F}{\partial y}\neq 0$ 时，则可以把 $y'$ 唯一地表示为 $x,y$ 的函数

$$y'=f(x,y),$$

且 $f(x,y)$ 在 $(x_0,y_0)$ 某邻域内连续，以及

$$y_0'=f(x_0,y_0).$$

进一步，如果隐函数 $F(x,y,y')$ 关于所有变元存在连续偏导数，则函数 $f(x,y)$ 关于 $x,y$ 也存在连续偏导数. 如果满足上面所有条件，可以推断出方程 (3.1.16) 过点 $(x_0,y_0)$ 且切线斜率为 $y_0'$ 的积分曲线存在且唯一.

**定理 3.2** 如果在点 $\left(x_0,y_0,y_0'\right)$ 的某一邻域中：

(1) 隐函数 $F(x,y,y')$ 对所有变元$(x,y,y')$ 连续，且存在连续偏导数；

(2) $F\left(x_0,y_0,y_0'\right)=0$；

(3) $\dfrac{\partial F\left(x_0,y_0,y_0'\right)}{\partial y}\neq 0$；则方程 (3.1.16) 存在唯一解 $y=y(x),|x-x_0|\leqslant h$($h$ 为足够小的正数)，满足初值条件

$$y(x_0)=y_0,y'(x_0)=y_0'.$$

## 二、近似计算和误差估计

存在唯一性定理不仅肯定了解的存在唯一性，并且在证明中所采用的逐步逼近法在实用上也是求方程近似解的一种方法. 在估计式(3.1.14)中令 $\psi(x)=\varphi(x)$，就得到第 $n$ 次近似解 $\varphi_n(x)$ 和真正解 $\varphi(x)$ 在区间 $|x-x_0|\leqslant h$ 内的误差估计式

$$|\varphi_n(x)-\varphi(x)|\leqslant\frac{ML^n}{(n+1)!}h^{n+1}. \tag{3.1.17}$$

这样，在进行近似计算时，可以根据误差的要求，选取适当的逐步逼近函数 $\varphi_n(x)$.

**例 1** 方程 $\dfrac{dy}{dx}=x^2+y^2$ 定义在矩形域 $R:-1\leqslant x\leqslant 1,-1\leqslant y\leqslant 1$ 上，试利用存在唯一性定理确定经过点 (0,0) 的解的存在区间，并求在此区间上与真正解的误差不超过 0.05 的近似解的表达式.

**解**　这里 $M=\max\limits_{(x,y)\in R^2}|f(x,y)|=2,h$ 是 $a=1$ 及 $\dfrac{b}{M}=\dfrac{1}{2}$ 二数中的最小者，故 $h=\dfrac{1}{2}$，在 $R$ 上函数 $f(x,y)=x^2+y^2$ 的利普希茨常数可取为 $L=2$，因为

$$\left|\frac{\partial f}{\partial y}\right|=|2y|\leqslant 2=L.$$

根据式 (3.1.17)，

$$\begin{aligned}|\varphi_n(x)-\varphi(x)|&\leqslant\frac{ML^n}{(n+1)!}h^{n+1}=\frac{M}{L}\frac{1}{(n+1)!}(Lh)^{n+1}\\&=\frac{1}{(n+1)!}<0.05,\end{aligned}$$

因而可取 $n=3$. 事实上，有

$$\frac{1}{(n+1)!}=\frac{1}{4!}=\frac{1}{24}<\frac{1}{20}=0.05,$$

可以作出如下的近似表达式

$$\begin{aligned}\varphi_0(x)&=0\\ \varphi_1(x)&=\int_0^x\left[\xi^2+\varphi_0^2(\xi)\right]\mathrm{d}\xi=\frac{x^3}{3}\\ \varphi_2(x)&=\int_0^x\left[\xi^2+\varphi_1^2(\xi)\right]\mathrm{d}\xi=\frac{x^3}{3}+\frac{x^7}{63}\\ \varphi_3(x)&=\int_0^x\left[\xi^2+\varphi_2^2(\xi)\right]\mathrm{d}\xi\\ &=\int_0^x\left(\xi^2+\frac{\xi^6}{9}+\frac{2\xi^{10}}{189}+\frac{\xi^{14}}{3969}\right)\mathrm{d}\xi\\ &=\frac{x^3}{3}+\frac{x^7}{63}+\frac{2x^{11}}{2079}+\frac{x^{15}}{59535},\end{aligned}$$

$\varphi_3(x)$ 就是所求的近似解. 在区间 $-\dfrac{1}{2}\leqslant x\leqslant\dfrac{1}{2}$ 上，这个解与真正解的误差不会超过 0.05.

## 习　题　3.1

1. 讨论下列微分方程满足初值条件 $y(0)=0$ 的解的唯一性问题.

(1) $\dfrac{\mathrm{d}y}{\mathrm{d}x}=|y|^{\alpha}$，(常数$\alpha>0$)；

(2) $\dfrac{\mathrm{d}y}{\mathrm{d}x}=\begin{cases}0, & 当y=0,\\ y\ln|y|, & 当y\neq 0.\end{cases}$

2. 求

$$\frac{\mathrm{d}y}{\mathrm{d}x}=x+y+1, y(0)=0$$

的皮卡序列，并由此取极限求解.

3. 求方程

$$\frac{\mathrm{d}y}{\mathrm{d}x}=x+y^2$$

通过点 (0,0) 的第三次近似解.

4. 求方程

$$\frac{\mathrm{d}y}{\mathrm{d}x}=x-y^2$$

通过点 (1,0) 的第二次近似解.

5. 求初值问题

$$\begin{cases}\dfrac{\mathrm{d}y}{\mathrm{d}x}=x^2-y^2, R:|x+1|\leqslant 1, |y|\leqslant 1\\ y(-1)=0\end{cases}$$

的解的存在区间，并求第二次近似解，给出在解的存在区间上的误差估计.

6. 采用逐步逼近法求解初值问题 $\dfrac{\mathrm{d}y}{\mathrm{d}x}=x+y+1, y(0)=1$.

7. 验证方程 $\dfrac{\mathrm{d}y}{\mathrm{d}x}=y^4$ 的右端函数在条形区域：$|x|<+\infty, |y|\leqslant b$ ( $b$ 为正常数) 上满足利普希兹条件.

8. 验证方程 $\dfrac{\mathrm{d}y}{\mathrm{d}x}=\sqrt{y}$ 的右端函数在区域 $|x|<+\infty, \varepsilon\leqslant|y|\leqslant+\infty(\varepsilon>0)$ 上满足利普希兹条件.

9. 求初值问题 $\dfrac{\mathrm{d}y}{\mathrm{d}x}=x+y^3, y(0)=0$ 解的存在区间.

10. 证明 $\dfrac{\mathrm{d}y}{\mathrm{d}x}=\mathrm{e}^{-x^2}+y^2, y(0)=0$ 的解在区间 $-\dfrac{1}{2}\leqslant x\leqslant\dfrac{1}{2}$ 上存在.

## §3.2 解的延拓

3.1 节中微分方程解的存在唯一性定理是局部性的，只肯定了微分方程解至少在区间 $|x-x_0|\leqslant h, h=\min\left(a,\dfrac{b}{M}\right)$ 上存在. 这样的局部性很难满足实际要求，

我们希望函数 $f(x,y)$ 关于微分方程在其整个定义域内解的存在唯一区间能尽量地扩大. 根据经验，容易得出这样的结论，随着 $f(x,y)$ 的定义区域的增大，解的存在区间也会随着增大. 但下面的例题说明实际并不是这样的.

**例 1**　初值问题 $\begin{cases} \dfrac{dy}{dx} = x^2 + y^2, \\ y(0) = 0 . \end{cases}$

(1) 求当定义区域 $R = \{(x,y) \mid -1 \leqslant x \leqslant 1, -1 \leqslant y \leqslant 1\}$ 时，解的存在区间；

(2) 求当定义区域 $R = \{(x,y) \mid -2 \leqslant x \leqslant 2, -2 \leqslant y \leqslant 2\}$ 时，解的存在区间.

**解**　(1) 解的存在区间为 $|x| \leqslant h = \min\left\{1, \dfrac{1}{2}\right\} = \dfrac{1}{2}$ .

(2) 解的存在区间为 $|x| \leqslant h = \min\left\{2, \dfrac{2}{8}\right\} = \dfrac{1}{4}$ .

解的延拓就成为自然的事情了，按照以下的思路来解决这个问题. 如果过 $f(x,y)$ 的定义域内的每一点的解都存在且唯一，则过点 $(x_0,y_0)$ 的解有其存在区间，然后分别以区间的两个端点为初始条件结合解的存在区间分别向两个方向延拓，从而使得解的存在区间得到增大，然后再以增大后的区间的端点作为初始条件，依此逐次进行下去，直到两个方向都不能再延拓为止.

**定义 3.1**　（局部利普希兹条件）$f(x,y)$ 在其定义区域 $G$ 内连续，对于 $G$ 内的每一点，有以该点为中心的完全含于 $G$ 内的闭矩形 $R$ 存在，在 $R$ 上 $f(x,y)$ 关于 $y$ 满足利普希兹条件，则称 $f(x,y)$ 在区域 $G$ 内关于 $y$ 满足局部利普希兹条件.

**定理 3.3**　（解的延拓定理）如果方程 (3.1.1) 右端的函数 $f(x,y)$ 在有界区域 $G$ 内连续，且在 $G$ 内关于 $y$ 满足局部利普希兹条件，那么方程 (3.1.1) 通过 $G$ 内任何一点 $(x_0,y_0)$ 的解 $y=\varphi(x)$ 可以延拓，直到点 $(x,\varphi(x))$ 任意接近区域 $G$ 的边界. 以 $x$ 增大的一方而言，如果 $y=\varphi(x)$ 只能延拓到区间 $x_0 \leqslant x < d$，则当 $x \to d$ 时，$(x,\varphi(x))$ 趋于区域 $G$ 的边界.

对于定理 3.3 我们只是做几何上的解释，而不给出严格的证明.

设方程 (3.1.1) 的解 $y=\varphi(x)$ 定义在区间 $|x-x_0| \leqslant h$ 上，对于 $x$ 增大的方向，取 $x_1 = x_0 + h, y_1 = \varphi(x_0+h)$，以 $(x_1,y_1)$ 为中心，作一小矩形，使这个小矩形连同其边界含在区域 $G$ 内部. 再由解的存在唯一性定理知，存在 $h_1$，在区间 $|x-x_1| \leqslant h_1$ 上，方程 (3.1.1) 有过点 $(x_1,y_1)$ 的解 $y=\psi(x)$，且在 $x=x_1$ 处有 $\psi(x_1)=\varphi(x_1)$ . 由解的存在唯一性，$y=\varphi(x)$ 和 $y=\psi(x)$ 在它们的公共区间 $x_1-h_1<x<x_1$ 上是相等的. 现在定义

$$y = \begin{cases} \varphi(x), x_0 - h \leqslant x \leqslant x_0 + h, \\ \psi(x), x_0 + h < x \leqslant x_0 + h + h_1, \end{cases}$$

这个函数我们将其视为在区间 $|x-x_0|\leqslant h$ 内的解 $y=\varphi(x)$ 向右方的延拓，即将解延拓到较大的区间 $[x_0-h,x_0+h+h_1]$ 上. 再令 $x_2=x_0+h+h_1, y_2=\varphi(x_2)$，当 $(x_2,y_2)\in G$ 时，仿照前面的做法，作以点 $(x_2,y_2)$ 为中心的矩形，使得该点连同边界都含在 $G$ 内部，又可以将解延拓到更大的区间 $[x_0-h,x_0+h+h_1+h_2]$ . 对于 $x$ 减小的方向，可以同样处理，使解向左延拓. 上述解的延拓的办法可以继续进行，最后将得到一个解 $y=\overline{\varphi}(x)$，这个解已经不能向左、右方再延拓了. 这样的解称为方程 (3.1.1) 的饱和解. 很显然方程饱和解的存在区间为开区间，否则解还能延拓，与饱和解的定义矛盾.

**推论 3.1** 如果 $G$ 是无界区域，在解的延拓定理的条件下，方程 (3.1.1)通过点 $(x_0,y_0)$ 的解 $y=\varphi(x)$ 可以延拓，以向 $x$ 增大的一方的延拓为例，有下面两种情况：

(1) 解 $y=\varphi(x)$ 可以延拓到 $[x_0,\infty)$;

(2) 解 $y=\varphi(x)$ 只可以延拓到 $[x_0,d)$，其中 $d$ 为有限数，且当 $x\to d$ 时，或者 $y=\varphi(x)$ 无界，或者点 $(x,\varphi(x))$ 趋于区域 $G$ 的边界.

**例 2** 试讨论方程

$$\frac{\mathrm{d}y}{\mathrm{d}x}=\frac{y^2-1}{2} \tag{3.2.1}$$

分别通过点 $(0,0),(\ln 2,-3),(-\ln 2,3)$ 的解的存在区间.

**解** 因 $f(x,y)=\dfrac{y^2-1}{2}$ 及 $\dfrac{\partial f(x,y)}{\partial y}=y$ 均在整个平面 $xOy$ 上连续，故方程(3.2.1) 过点 $(0,0)$，$(\ln 2,-3)$ 及 $(-\ln 2,3)$ 的解存在且唯一，并且可以延拓.

解方程 (3.2.1)，得到它的通解为

$$y=\frac{1+C\mathrm{e}^x}{1-C\mathrm{e}^x},$$

其中，$C$为任意常数.

方程 (3.2.1) 过点 $(0,0)$ 的解为 $y=\dfrac{1-\mathrm{e}^x}{1+\mathrm{e}^x}$，显然，该解在区间 $(-\infty,+\infty)$ 有定义、连续，而且当 $x\to+\infty$ 时，$y\to-1$；当 $x\to-\infty$ 时，$y\to 1$，故 $y=\dfrac{1-\mathrm{e}^x}{1+\mathrm{e}^x}$ 在平面 $xOy$ 上有界，因而不存在其图形越出平面为 $(-\infty,+\infty)$ .

又因为方程 (3.2.1) 过点 $(\ln 2,-3)$ 的解为

$$y=\frac{1+\mathrm{e}^x}{1-\mathrm{e}^x}, \tag{3.2.2}$$

显然此解在区间 $(-\infty,0)$ 和 $(0,+\infty)$ 上有定义、连续，而且注意到初值点 $(\ln 2,-3)$ 位于右半平面 $(x>0)$ 上. 这时，当 $x\to+\infty$ 时，$y\to-1$，故解 (3.2.2) 向右方可以

延拓到 $+\infty$；当 $x \to 0^+$ 时，$y \to -\infty$，因而 $y = \dfrac{1+e^x}{1-e^x}$ 无界，故解 (3.2.2) 向左方只能延拓到间断点 $x = 0$ . 于是，方程 (3.2.1) 过点 $(\ln 2, -3)$ 的解 $y = \dfrac{1+e^x}{1-e^x}$ 的存在区间为$(0, +\infty)$ .

最后，方程 (3.2.1) 过点 $(-\ln 2, 3)$ 的解仍为式 (3.2.2)，不同的仅仅是初值点 $(-\ln 2, 3)$ 位于左半平面 $(x < 0)$ 上. 这时，当 $x \to -\infty$ 时，$y \to 1$，故解 (3.2.2) 向左方可以延拓到 $-\infty$；当 $x \to 0^-$ 时，$y \to +\infty$，因而 $y = \dfrac{1+e^x}{1-e^x}$ 无界，故解 (3.2.2) 向右方只能延拓到间断点 $x = 0$ . 于是，方程 (3.2.1) 过点 $(-\ln 2, 3)$ 的解 $y = \dfrac{1+e^x}{1-e^x}$ 的存在区间为 $(-\infty, 0)$ .

由本例可知，在进行初值问题解的延拓时，一是要注意解的定义、连续区间及初值点 $(x_0, y_0)$ 的位置；二是要注意考察解向左或向右延拓后其图形是否越出方程 (3.2.1) 右端函数 $f(x, y)$ 的连续.

**例 3**　设区域 $D$ 是 $(t, x)$ 平面，试讨论初值问题

$$\begin{cases} \dfrac{dx}{dt} = x^2 \\ x(0) = 1 \end{cases}$$

的解的延拓情况.

**解**　用我们在区域 $D$ 的任一子区域 $D_A = \{(t, x), -\infty < t < +\infty, -A \leqslant x \leqslant A\}$ 上考察问题，其中 $A$ 是任意正数. 问题的解是 $\varphi(t) = \dfrac{1}{1-t}$，它的存在区间是 $-\infty < t < 1 - \dfrac{1}{A}$. 由于 $A$ 的任意性，所以 $\varphi(t)$ 可以延拓到 $-\infty < t < 1$ 内，但不能延拓到 $-\infty < t \leqslant 1$ 上. 显然，当 $t \to 1 - 0$ 时，$\varphi(t) \to +\infty$.

## 习　题　3.2

1. 讨论下列初值问题的解的最大存在区间 $(\alpha, \beta)$，及当 $t \to \alpha^+$和 $t \to \beta^-$ 时解的性质：

(1) $\dfrac{dx}{dt} = -\dfrac{1}{2x}, x(0) = 1$；

(2) $\dfrac{dx}{dt} = \dfrac{(x+1)(x-2)}{1+t^2+x^2}, x(1) = \ln 2$.

2. 如果方程 $\dfrac{dy}{dx} = f(x, y)$ 右端的函数在全平面上有定义、连续和有界，同时存在关于 $y$ 的一阶连续偏导数，则方程过点 $(x_0, y_0)$ 的解均可延拓到区间 $(-\infty, +\infty)$.

3. 设 $G \subset \boldsymbol{R}^2$ 是由不等式：$T_0 < t < T_1, |x| < \infty$ 所确定的区域. 方程

$$\frac{\mathrm{d}x}{\mathrm{d}t} = f(t, x)$$

的任一饱和解 $x = \varphi(t)$ 均有界，其中，$f(t, x)$ 在区域 $G$ 上连续，则 $x = \varphi(t)$ 的存在区间必为整个区间 $(T_0, T_1)$.

4. 讨论方程 $y' = y^2$ 分别过点 $(1, 1), (3, -1)$ 的解的最大存在区间.

5. 证明：对于任意的 $x_0$ 及满足条件 $0 < y_0 < 1$ 的 $y_0$，方程

$$y' = \frac{y(1-y)}{1+x^2+y^2}$$

的满足条件 $y(x_0) = y_0$ 的解 $y = y(x)$ 在 $(-\infty，+\infty)$ 上存在.

6. 讨论方程 $\dfrac{\mathrm{d}y}{\mathrm{d}x} = \left(1-y^2\right)\mathrm{e}^{xy^2}$ 解的最大存在区间，及当 $x$ 趋于这区间的两端点时解的性状.

7. 试讨论方程 $\dfrac{\mathrm{d}y}{\mathrm{d}x} = 2y + \ln 2$ 过点 $(1, 0)$ 的解的存在区间.

8. 试讨论方程 $\dfrac{\mathrm{d}y}{\mathrm{d}x} = 1 + \ln x$ 过点 $(1, 0)$ 的解的存在区间.

9. 试讨论方程 $\dfrac{\mathrm{d}y}{\mathrm{d}x} = y^2 \cos x$ 分别过点 $(0, 1), \left(\dfrac{\pi}{2}, -1\right)$ 的解的存在区间.

## §3.3 解对初值的连续性和可微性定理

首先，考虑初值问题

$$\frac{\mathrm{d}y}{\mathrm{d}x} = f(x, y), y(x_0) = y_0, \tag{3.3.1}$$

其中，$f(x, y)$ 在某区域 $G$ 内连续. 当取定 $(x_0, y_0) \in G$ 之后，初值问题(3.3.1)就有一个解. 但当初值 $(x_0, y_0)$ 在 $G$ 内变动时，显然其解也跟着发生变化，即初值问题的解应该是 $x, x_0, y_0$ 的函数，一般记为 $y = \varphi(x, x_0, y_0)$ 且有 $y_0 = \varphi(x_0, x_0, y_0)$. 例如初值问题

$$\frac{\mathrm{d}y}{\mathrm{d}x} = \lambda y, y(x_0) = y_0$$

的解为 $y = y_0 \mathrm{e}^{\lambda(x-x_0)}$，其中，$\lambda$ 为常数，它是 3 个变量的连续函数.

其次，在应用上，有时还要考虑含参数 $\lambda$ 的初值问题

$$\frac{\mathrm{d}y}{\mathrm{d}x} = f(x, y, \lambda), y(x_0) = y_0, \tag{3.3.2}$$

其中，$f(x,y,\lambda)$ 在某区域 $G_\lambda$ 内连续，$G_\lambda$ 表示区域：

$$G_\lambda : (x,y) \in G \quad \alpha < \lambda < \beta,$$

显然，当参数 $\lambda$ 发生变化时，初值问题 (3.3.2) 的解也要发生变化. 因此，初值问题 (3.3.2) 的解应是 $x, x_0, y_0, \lambda$ 的函数，记为 $y = \varphi(x, x_0, y_0, \lambda)$. 如上例，初值问题的解 $y = y_0 e^{\lambda(x-x_0)}$ 是 $x, x_0$，$y_0, \lambda$ 的四元连续函数.

关于微分方程的解与初值或参数的关系，有如下定理.

**定理 3.4** （解对初值的连续性定理）若函数 $f(x,y)$ 在区域 $G$ 内连续，且关于 $y$ 满足局部利普希兹条件，则初值问题 (3.3.1)的解 $y = \varphi(x, x_0, y_0)$ 在其存在范围内是 $x, x_0, y_0$ 的三元连续函数.

**定理 3.5** （解对初值和参数的连续性定理）设 $f(x,y,\lambda)$ 在区域 $G$ 内连续，且关于 $y$ 一致地满足局部的利普希兹条件，即对 $G_\lambda$ 的每一点 $(x,y,\lambda)$ 都存在以 $(x,y,\lambda)$ 为中心的球 $D \subset G$，使得对任何 $(x,y_1;\lambda),(x,y_2;\lambda) \in D$，成立不等式

$$|f(x,y_1;\lambda) - f(x,y_2;\lambda)| \leqslant L|y_1 - y_2|$$

其中，$L$ 是与 $\lambda$ 无关的正数，则初值问题 (3.3.2) 的解 $y = \varphi(x, x_0, y_0; \lambda)$ 在其存在范围内是四元连续函数.

**定理 3.6** （解对初值的可微性定理）若函数 $f(x,y)$ 及 $\dfrac{\partial f}{\partial y}$ 都在 $G$ 内连续，则初值问题 (3.3.1) 的解 $y = \varphi(x, x_0, y_0)$ 在其存在范围内是连续可微的，且

$$\frac{\partial \varphi}{\partial x_0} = -f(x_0,y_0)\exp\left[\int_{x_0}^{x} \frac{\partial f}{\partial y}(x, \varphi(x, x_0, y_0))\,\mathrm{d}x\right]$$

$$\frac{\partial \varphi}{\partial y_0} = \exp\left[\int_{x_0}^{x} \frac{\partial f}{\partial y}(x, \varphi(x, x_0, y_0))\,\mathrm{d}x\right]$$

$$\frac{\partial \varphi}{\partial x} = f(x, \varphi(x, x_0, y_0))$$

**证明**　由于 $\dfrac{\partial f}{\partial y}$ 都在 $G$ 内连续，可知 $f(x,y)$ 在 $G$ 内关于 $y$ 满足局部李普希兹条件. 因此，在定理条件下初值 $(x_0,y_0)$ 确定的解 $y = \varphi(x, x_0, y_0)$ 在其存在范围内是 $x, x_0, y_0$ 的连续函数.

下面，仅证 $\dfrac{\partial \varphi}{\partial x_0}$ 存在且连续.

设初值问题 (3.3.1) 过初值 $(x_0,y_0)$ 及 $(x_0 + \Delta x_0, y_0)$ 的解分别为

$$y = \varphi(x, x_0, y_0) \equiv \varphi \text{ 和} y = \varphi(x, x_0 + \Delta x_0, y_0) \equiv \psi$$

利用与初值问题 (3.3.1) 等价的积分方程，可得

$$\varphi = y_0 + \int_{x_0}^{x} f(x,\varphi)\mathrm{d}x \text{ 和} \psi = y_0 + \int_{x_0+\Delta x_0}^{r} f(x,\psi)\mathrm{d}x,$$

从而

$$\begin{aligned}
\frac{\psi-\varphi}{\Delta x_0} &= \frac{1}{\Delta x_0}\left[\int_{x_0+\Delta x_0}^{x} f(x,\varphi)\mathrm{d}x - \int_{x_0}^{x} f(x,\varphi)\mathrm{d}x\right] \\
&= \frac{1}{\Delta x_0}\left[-\int_{x_0}^{x_0+\Delta x_0} f(x,\psi)\mathrm{d}x + \int_{x_0}^{x} [f(x,\psi)-f(x,\varphi)]\mathrm{d}x\right] \\
&= -\frac{1}{\Delta x_0}\int_{x_0}^{x_0+\Delta x_0} f(x,\psi)\mathrm{d}x + \frac{1}{\Delta x_0}\int_{x_0}^{x} \frac{\partial f(x,\varphi+\theta(\psi-\varphi))}{\partial y}(\psi-\varphi)\mathrm{d}x \\
&= -\frac{1}{\Delta x_0}\int_{x_0}^{x_0+\Delta x_0} f(x,\psi)\mathrm{d}x + \int_{x_0}^{x} \frac{\partial f(x,\varphi+\theta(\psi-\varphi))}{\partial y}\frac{\psi-\varphi}{\Delta x_0}\,\mathrm{d}x.
\end{aligned}$$

因 $\dfrac{\partial f}{\partial y}$ 及 $\varphi,\psi$ 的连续性，且

$$\lim_{\Delta x_0\to 0} -\frac{1}{\Delta x_0}\int_{x_0}^{x_0+\Delta x_0} f(x,\psi)\mathrm{d}x = -f(x_0,y_0),$$

故

$$-\frac{1}{\Delta x_0}\int_{x_0}^{x_0+\Delta x_0} f(x,\psi)\mathrm{d}x = -f(x_0,y_0) + r_1,$$

其中

$$\lim_{\Delta x_0\to 0} r_1 = 0.$$

同理，因

$$\lim_{\Delta x_0\to 0} \frac{\partial f(x,\varphi+\theta(\psi-\varphi))}{\partial y} = \frac{\partial f(x,\varphi)}{\partial y},$$

故

$$\frac{\partial f(x,\varphi+\theta(\psi-\varphi))}{\partial y} = \frac{\partial f(x,\varphi)}{\partial y} + r_2,$$

其中

$$\lim_{\Delta x_0\to 0} r_0 = 0,$$

即 $z = \dfrac{\psi-\varphi}{\Delta x_0}$ 满足积分方程

$$z = [-f(x_0,y_0)+r_1] + \int_{x_0}^{x}\left[\frac{\partial f(x,\varphi)}{\partial y} + r_2\right] z\,\mathrm{d}x,$$

亦即 $z=\dfrac{\psi-\varphi}{\Delta x_0}$ 满足其等价的微分方程

$$\frac{\mathrm{d}z}{\mathrm{d}x}=\left[\frac{\partial f(x,\varphi)}{\partial y}+r_2\right]z,z(x_0)=-f(x_0,y_0)+r_1=z_0.$$

由解对初值 $x_0,y_0$ 及参数 $\Delta x_0$ 的连续性定理知，$z=\dfrac{\psi-\varphi}{\Delta x_0}$ 是 $x,x_0,y_0,\Delta x_0$ 的连续函数. 从而

$$\lim_{\Delta x_0\to 0}\frac{\psi-\varphi}{\Delta x_0}=\frac{\partial\varphi}{\partial x_0}$$

存在，且 $\dfrac{\partial\varphi}{\partial x_0}$ 是初值问题

$$\frac{\mathrm{d}z}{\mathrm{d}x}=\frac{\partial f(x,\varphi)}{\partial y}z,z(x_0)=-f(x_0,y_0)$$

的解，不难求得

$$\frac{\partial\varphi}{\partial x_0}=-f(x_0,y_0)\exp\left[\int_{x_0}^{x}\frac{\partial f}{\partial y}(x,\varphi(x,x_0,y_0))\,\mathrm{d}x\right],$$

显然它是 $x,x_0,y_0$ 的连续函数.

**例 1**　已知

$$\frac{\mathrm{d}y}{\mathrm{d}x}=y+y^2+xy^3,\quad y(2)=y_0,$$

求 $\left.\dfrac{\partial y}{\partial y_0}\right|_{y_0=0}$.

**解**　函数 $f(x,y)=y+y^2+xy^3$ 及 $f_y=1+2y+3xy^2$ 在全平面连续，故所给初值问题满足皮卡存在唯一性定理及解对初值的可微性定理. 设 $y=\varphi(x)$ 是微分方程满足初始条件 $y(2)=0$ 的解，由于 $y=0$ 也是方程的解且满足同样的初始条件，故 $\varphi(x,2,0)\equiv 0$. 从而

$$\begin{aligned}\left.\frac{\partial y}{\partial y_0}\right|_{y_{00}}&=\exp\left[\int_{x_0}^{x}\frac{\partial f}{\partial y}(x,\varphi(x,x_0,y_0))\,\mathrm{d}x\right]\\&=\exp\left[\int_{2}^{x}\frac{\partial f}{\partial y}(x,\varphi(x,2,0))\mathrm{d}x\right]=\exp\int_2^x\mathrm{d}x=\mathrm{e}^{x-2}.\end{aligned}$$

## 习 题 3.3

1. 设方程 (3.1.1) 式右端的二元函数 $f(x,y)$ 及其对 $y$ 的偏导数 $\dfrac{\partial f(x,y)}{\partial y}$ 均在某区域 $G$ 内连续，$y=\varphi(x,x_0,y_0)$ 是初值问题 (3.1.1) 的解，试从此解所满足的积分方程出发，利用偏导数的定义证明：解 $y=\varphi(x,x_0,y_0)$ 作为 $x,x_0,y_0$ 的三元函数，在其存在域 $V$ 内是连续、可微的.

2. 设 $y=\varphi(x,x_0,y_0)$ 是一阶线性方程的初值问题

$$\begin{cases}\dfrac{\mathrm{d}y}{\mathrm{d}x}=p(x)y+q(x)\\ y(x)|_{x=x_0}=y_0\end{cases}$$

的解，且 $y_0=\varphi(x_0,x_0,y_0)$, $p(x)\in C, q(x)\in C$，试求:

$$\frac{\partial\varphi(x,x_0,y_0)}{\partial x_0},\frac{\partial\varphi(x,x_0,y_0)}{\partial y_0},\frac{\partial\varphi(x,x_0,y_0)}{\partial x}.$$

3. 设 $y=\varphi(x,x_0,y_0)$ 是初值问题

$$\begin{cases}\dfrac{\mathrm{d}y}{\mathrm{d}x}=\sin(2xy)\\ y(x)|_{x=x_0}=y_0\end{cases}$$

的解，试求：$\left.\dfrac{\partial\varphi(x,x_0,y_0)}{\partial x_0}\right|_{(x_0,y_0)=(0,0)}$, $\left.\dfrac{\partial\varphi(x,x_0,y_0)}{\partial y_0}\right|_{(x_0,y_0)=(0,0)}$.

# §3.4 包络和奇解

## 一、奇解

设一阶微分方程

$$F\left(x,y,\frac{\mathrm{d}y}{\mathrm{d}x}\right)=0 \tag{3.4.1}$$

有一特解

$$\Gamma:\quad y=\varphi(x),\quad (x\in J),$$

如果对每一点 $Q\in\Gamma$，在 $Q$ 点的任何邻域内方程 (3.4.1) 有一个不同于 $\Gamma$ 的解在 $Q$ 点与 $\Gamma$ 相切，则称 $\Gamma$ 是微分方程 (3.4.1) 的**奇解**. 下面的定理给出了奇解存在的必要条件.

**定理 3.7**　设函数 $F(x,y,p)$ 对 $(x,y,p)\in G$ 是连续的，而且对 $y$ 和 $p$ 有连续的偏微商 $F'_y$ 和 $F'_p$. 若函数 $y=\varphi(x)$ $(x\in J)$ 是微分方程 (3.4.1) 的一个奇解，并且

$$(x,\varphi(x),\varphi'(x))\in G,\quad (x\in J),$$

则奇解 $y=\varphi(x)$ 满足一个称为 $p$-**判别式**的联立方程

$$F(x,y,p)=0, F'_p(x,y,p)=0, \tag{3.4.2}$$

其中 $p=\dfrac{\mathrm{d}y}{\mathrm{d}x}$, 或(从中消去 $p$ ) 与其等价的方程

$$\Delta(x,y)=0 \tag{3.4.3}$$

在 $(x,y)$ 平面上决定的曲线称为 $p$-**判别曲线**.

**证明**　因为 $y=\varphi(x)$ 是微分方程 (3.4.1) 的解，所以它自然满足上述 $p$-判别式 (3.4.2) 的第一式. 现证它也满足第二式.

假设不然，则存在 $x_0\in J$，使得

$$F'_p(x_0,y_0,p_0)\neq 0,$$

其中 $y_0=\varphi(x_0)$ 和 $p_0=\varphi'(x_0)$. 注意到

$$F(x_0,y_0,p_0)=0$$

和 $(x_0,y_0,p_0)\in G$. 因此，可以利用隐函数定理推出，由方程 (3.4.1) 在 $(x_0,y_0)$ 附近唯一地确定了方程

$$\frac{\mathrm{d}y}{\mathrm{d}x}=f(x,y), \tag{3.4.4}$$

其中函数 $f(x,y)$ 满足:$f(x_0,y_0)=p_0$. 这就证明了微分方程 (3.4.1) 所有满足 $y(x_0)=y_0, y'(x_0)=p_0$ 的解必定是微分方程 (3.4.4) 的解.

另一方面，由于函数 $f(x,y)$ 在 $(x_0,y_0)$ 点的某邻域内是连续的，而且对 $y$ 有连续的偏微商

$$f'_y(x,y)=-\frac{F'y(x,y,f(x,y))}{F'_p(x,y,f(x,y))},$$

所以由毕卡定理可知，微分方程 (3.4.4) 满足初值条件 $y(x_0)=y_0$ 的解是存在而且唯一的. 由此可见，$y=\varphi(x)$ 在 $x=x_0$ 处的某一邻域内是微分方程 (3.4.4) 的唯一解. 这就证明了，在 $(x_0,y_0)$ 点附近不可能存在微分方程 (3.4.1) 的其他解在该点与 $y=\varphi(x)$ 相切.

这个结论与 $y = \varphi(x)$ 是奇解的假设矛盾. 因此，反证法的假设不能成立，亦即 $y = \varphi(x)$ 也满足上述 $p$-判别式的第二式. 定理 3.7 得证.

又如，微分方程

$$\left(\frac{\mathrm{d}y}{\mathrm{d}x}\right)^2 - y^2 = 0 \tag{3.4.5}$$

的 $p$-判别式为

$$p^2 - y^2 = 0, \quad 2p = 0;$$

消去 $p$，即得 $y = 0$, 它是微分方程 (3.4.5) 的解. 但是，容易求出方程 (3.4.5) 的通解为

$$y = C\mathrm{e}^{\pm x},$$

由此容易验证 $y = 0$ 不是奇解.

这就是说，定理 3.7 虽然把寻找微分方程 (3.4.1) 的奇解的范围缩小到它的 $p$-判别式 (3.4.2) 或式 (3.4.3)，但是由 $p$-判别式规定的函数 $y = \varphi(x)$ 仍需经过验证才能确认是否为奇解. 而在不知道通解的情况下就很难进行这种验证. 下面的定理在某种条件下克服了这一困难.

**定理 3.8** 设函数 $F(x, y, p)$ 对 $(x, y, p) \in G$ 是二阶连续可微的. 又设由微分方程 (3.4.1) 的 $p$-判别式

$$F(x, y, p) = 0, \quad F'_p(x, y, p) = 0, \tag{3.4.6}$$

（消去 $p$）得到的函数 $y = \psi(x)$ $(x \in J)$ 是微分方程 (3.4.1) 的解，而且设条件

$$F'_y(x, \psi(x), \psi'(x)) \neq 0, \quad F''_{pp}(x, \psi(x), \psi'(x)) \neq 0 \tag{3.4.7}$$

对 $x \in J$ 成立，则 $y = \psi(x)$ 是微分方程 (3.4.1) 的奇解.

下面举例说明定理 3.8 的一个应用.

考虑微分方程

$$\left[(y-1)\frac{\mathrm{d}y}{\mathrm{d}x}\right]^2 = y\mathrm{e}^{xy}. \tag{3.4.8}$$

它的 $p$-判别式为

$$(y-1)^2 p^2 - y\mathrm{e}^{xy} = 0, \quad 2p(y-1)^2 = 0.$$

消去 $p$ 即得 $y = 0$. 易知 $y = 0$ 是微分方程 (3.4.8) 的解. 而且相应于方程 (3.4.8) 的条件成立，即

$$F''(x, 0, 0) = -1, \quad F''_{pp}(x, 0, 0) = 2.$$

因此，由定理 3.8 可知，$y = 0$ 是微分方程 (3.4.8) 的奇解，且易知这是唯一的奇解.

## 二、包络

接下来将采用微分几何学中有关曲线族的包络的概念来阐明奇解与通解之间的联系，以及讨论寻求奇解的方法.

设单参数 $C$ 的曲线族

$$V(x,y,C)=0, \tag{3.4.9}$$

其中函数 $V(x,y,C)$ 对 $(x,y,C)\in D$ 是连续可微的.

例如，单参数 $C$ 的曲线族 (1) $x^2+y^2=C\ (C>0)$；(2) $y-(x-C)^2=1\ (-\infty<C<\infty)$，在平面上分别表示一个以原点为中心的圆族和一个顶点位于直线 $y=1$ 上的抛物线族.

设在平面上有一条连续可微的曲线 $\Gamma$. 如果对于任一点 $q\in\Gamma$，在曲线族 (3.4.9) 中都有一条曲线 $K(C^*)$ 通过 $q$ 点并在该点与 $I$ 相切，而且 $K(C^*)$ 在 $q$ 点的某一邻域内不同于 $I$，则称曲线 $\Gamma$ 为曲线族 (3.4.9) 的一支**包络**.

例如，直线 $y=1$ 是上面的抛物线族 (2) 的包络. 并不是每个曲线族都有包络，例如上面的同心圆族 (1) 就没有包络.

**附注1**　这里我们对包络所下的定义与一般微分几何学中所见到的定义稍有不同，在那里要求曲线族中的每一条曲线都与包络相切. 而所给的定义在微分方程的应用上比较方便.

**定理 3.9**　设微分方程

$$F\left(x,y,\frac{\mathrm{d}y}{\mathrm{d}x}\right)=0, \tag{3.4.10}$$

有通积分为

$$U(x,y,C)=0. \tag{3.4.11}$$

又设（积分）曲线族 (3.4.11) 有包络为

$$\Gamma:\quad y=\varphi(x),\quad (x\in J).$$

则包络 $y=\varphi(x)$ 是微分方程 (3.4.10) 的奇解.

**证明**　根据奇解和包络的定义，只需要证明 $\Gamma$ 是微分方程 (3.4.10) 的解.

在 $\Gamma$ 上任取一点 $(x_0,y_0)$，其中 $y_0=\varphi(x_0)$，则由包络的定义可知，曲线族 (3.4.11) 中有一条曲线 $y=u(x,C_0)$ 在 $(x_0,y_0)$ 点与 $y=\varphi(x)$ 相切，即

$$\varphi(x_0)=u(x_0,C_0),\quad \varphi'(x_0)=u'_x(x_0,C_0).$$

因为 $y=u(x,C_0)$ 是微分方程 (3.4.10) 的一个解，所以

$$F(x_0,u(x_0,C_0),u_{xx}(x_0,C_0))=0.$$

因此，$F(x_0,\varphi(x_0),\varphi'(x_0))=0$. 由于 $x_0\in J$ 是任意给定的，这后一等式就说明了 $y=\varphi(x)$ 是微分方程 (3.4.10) 的解. 定理 3.9 证毕.

注意，由奇解的定义可知，奇解是通解的包络. 因此，由定理 3.9 可知，求微分方程的奇解归结到求它的通积分的包络.

**定理 3.10** 设$\Gamma$ 是曲线族 (3.4.9) 的一支包络. 则它满足如下的 $C$-**判别式**

$$V(x,y,C)=0,\quad V'_C(x,y,C)=0; \tag{3.4.12}$$

或(消去 $C$，得到与其等价的关系式)

$$\Delta(x,y)=0. \tag{3.4.13}$$

**证明** 由包络的定义可见，可对包络 $\Gamma$ 给出如下的参数表达式

$$x=f(C),\quad y=g(C),\quad (C\in I)$$

其中 $C$ 为曲线族 (3.4.9) 的参数. 因此，推出

$$V(f(C),g(C),C)=0,\quad (C\in I). \tag{3.4.14}$$

因为包络是连续可微的，所以不妨设 $f(C)$ 和 $g(C)$ 对 $C$ 也是连续可微的. 由此推出

$$V'_x f'(C)+V'_y g'(C)+V'_C=0,\quad (C\in I), \tag{3.4.15}$$

其中 $V'_x=V'_x(f(C),g(C),C), V'_y=V'_y(f(C),g(C),C)$ 和 $V'_C=V'_C(f(C),g(C),C)$.

设对于任意给定的 $C\in I$，当

$$(f'(C),g'(C))=(0,0) \text{ 或} \left(V'_x,V'_y\right)=(0,0) \tag{3.4.16}$$

成立时，则由式 (3.4.15) 推出

$$V'_C(f(C),g(C),C)=0; \tag{3.4.17}$$

当式 (3.4.16) 不成立时，则有

$$(f'(C),g'(C))\neq(0,0) \text{ 和} \left(V'_x,V'_y\right)\neq(0,0).$$

这表示包络 $\Gamma$ 在点 $q(C)=(f(C),g(C))$ 的切向量 $(f'(C)，g'(C))$，以及通过 $q(C)$ 点的积分曲线 $V(x,y,C)=0$ 在$q(C)$ 点的切向量 $\left(-V'_y,V'{}_x\right)$ 都是非退化的. 由于这两个切向量在 $q(C)$ 点共线（相切性），所以有

$$f'(C)V'_x+g'(C)V'_y=0,$$

由它与式 (3.4.15) 也推出式 (3.4.17) 成立. 因此，对于任何 $C \in I$，式 (3.4.14) 和式 (3.4.17) 同时成立. 这就证明了包络 Γ 满足 $C$-判别式 (3.4.9). 定理 3.10 从而得证.

反之，满足 $C$-判别式的曲线未必是相应曲线族的包络(参看下面的例1)，而如下定理给出了它成为包络的一个充分条件.

**定理 3.11**　设由曲线族 (3.4.9) 的 $C$-判别式

$$V(x,y,C)=0,\quad V_C'(x,y,C)=0$$

确定一支连续可微的曲线

$$A:\quad x=\varphi(C),\quad y=\psi(C),\quad (C\in J),$$

而且它满足非退化性条件

$$(\varphi'(C),\psi'(C))\neq(0,0)\text{ 和 }\left(V'_x,V_y'\right)\neq(0,0),\tag{3.4.18}$$

其中 $V'_x=V'_x(\varphi(C),\psi(C),C)$ 与 $V_y'=V_y'(\varphi(C),\psi(C),C)$，则 Λ 是曲线族 (3.4.9) 的一支包络.

**证明**　在 Λ 上任取一点 $q(C)=(\varphi(C),\psi(C))$，则有

$$V(\varphi(C),\psi(C),C)=0,V_C'(\varphi(C),\psi(C),C)=0.\tag{3.4.19}$$

因为 $\left(V_x',V_y'\right)\neq(0,0)$，所以可对方程 (3.4.9) 在 $q(C)$ 点利用隐函数定理确定一条连续可微的曲线 $\Gamma_C: y=h(x)$[ 或$x=k(y)$]，它在 $q(C)$ 点的斜率为

$$m\,[\Gamma_C]=-\frac{V_x'(\varphi(C),\psi(C),C)}{V_y'(\varphi(C),\psi(C),C)};$$

或曲线 $\Gamma_C$ 在 $q(C)$ 有切向量为

$$\tau(C)=\left(-V_y',V_x'\right).$$

而 Λ 在 $q(C)$ 点的切向量为

$$v(C)=(\varphi'(C),\psi'(C)).$$

另外，由式 (3.4.19) 的第一式对 $C$ 求微分得到

$$\varphi'(C)V'_x+\psi'(C)V_y'+V_C'=0,$$

再利用式 (3.4.19) 的第二式推出

$$\varphi'(C)V'_x+\psi'(C)V'_y=0.$$

这就证明了切向量 $\tau(C)$ 和 $\nu(C)$ 在 $q(C)$ 点是共线的，亦即曲线族 (3.4.9) 中有曲线 $\Gamma_C$ 在 $q(C)$ 点与 $\Lambda$ 相切. 因此，$\Lambda$ 是曲线族 (3.4.9) 的一支包络. 定理 3.11 证毕.

**例 1** 求曲线族

$$(y-C)^2-\frac{2}{3}(x-C)^3=0 \tag{3.4.20}$$

的包络.

**解** 将式 (3.4.20) 对 $C$ 求导数，得到

$$2(y-C)-\frac{2}{3}\cdot 3(x-C)^2=0,$$

即

$$y-C-(x-C)^2=0, \tag{3.4.21}$$

为了从式 (3.4.20) 及式 (3.4.21) 消去 $C$，将式 (3.4.21) 代入式 (3.4.20)，得

$$(x-C)^4-\frac{2}{3}(x-C)^3=0,$$

即

$$(x-C)^3\left(x-C-\frac{2}{3}\right)=0\,.$$

从 $x-C=0$ 得到

$$y=x. \tag{3.4.22}$$

从 $x-C-\dfrac{2}{3}=0$ 得到

$$y=x-\frac{2}{9}. \tag{3.4.23}$$

因此，$C$-判别曲线包括两条曲线 (3.4.22) 及 (3.4.23)，容易检验直线 $y=x$ 不是包络，而直线 $y=x-\dfrac{2}{9}$ 是包络.

**例 2** 讨论方程

$$\left(\frac{\mathrm{d}y}{\mathrm{d}x}\right)^2-y^3=0 \tag{3.4.24}$$

是否有奇解.

**解**　从

$$\begin{cases} p^2 - y^3 = 0 \\ 2p = 0 \end{cases}$$

消去 $p$ 得到 $p$-判别曲线 $y = 0$，容易验证，$y = 0$ 是方程 (3.4.24) 的解. 可求得方程 (3.4.24) 的通解为

$$y = \frac{4}{(x + C)^2}.$$

显然，积分曲线族中任何一条曲线均不与积分曲线 $y = 0$ 相交，也即在 $y = 0$ 上任一点处，解的唯一性成立，故 $y = 0$ 是微分方程的解，但不是奇解，所以该方程无奇解.

**例 3**　讨论方程

$$\left(\frac{\mathrm{d}y}{\mathrm{d}x}\right)^2 + y^2 - 1 = 0 \tag{3.4.25}$$

是否有奇解.

**解**　从

$$\begin{cases} p^2 + y^2 - 1 = 0 \\ 2p = 0 \end{cases} \tag{3.4.26}$$

消去 $p$，得到 $p$-判别曲线 $y = \pm 1$，容易验证它们都是方程的解. 可求得方程的通解为

$$y = \sin(x + C)\,.$$

对于 $y = 1$ 上任一点 $(x_0, 1)$，方程 (3.4.26) 的积分曲线

$$y = \sin\left(x + \frac{\pi}{2} - x_0\right) = \cos(x - x_0)$$

与 $y = 1$ 相切于该点，故 $y = 1$ 是方程 (3.4.25) 的奇解.

同理可验证 $y = -1$ 也是方程 (3.4.25) 的奇解.

应该强调指出，上面介绍的两种方法，只是提供求奇解的途径，所得 $C$-判别曲线或 $p$-判别曲线是不是奇解，必须进行检验.

## 三、克莱罗微分方程

形如

$$y = x\frac{\mathrm{d}y}{\mathrm{d}x} + f\left(\frac{\mathrm{d}y}{\mathrm{d}x}\right) \tag{3.4.27}$$

的方程，称为**克莱罗(Clairaut) 微分方程**，这里 $f$ 是连续可微函数.

将式 (3.4.27) 两边对 $x$ 求导数，并令 $\frac{\mathrm{d}y}{\mathrm{d}x}=p$，得

$$p=x\frac{\mathrm{d}p}{\mathrm{d}x}+p+f'(p)\frac{\mathrm{d}p}{\mathrm{d}x},$$

即

$$\frac{\mathrm{d}p}{\mathrm{d}x}[x+f'(p)]=0 .$$

如果 $\frac{\mathrm{d}p}{\mathrm{d}x}=0$，则得到 $p=C$，将其代入式 (3.4.27)，得

$$y=Cx+f(C),$$

其中，$C$ 为任意常数，这就是方程 (3.4.27) 的通解.

如果$x+f'(p)=0$，将其和式 (3.4.27) 合起来，得方程组

$$\begin{cases} x+f'(p)=0, \\ y=xp+f(p), \end{cases}$$

消去 $p$ 则得到方程的一个解. 求此解的过程与求包络的过程是一致的. 不难验证，此解正是通解的包络. 由此，克莱罗微分方程的通解为一直线族，即在原方程中以 $C$ 代 $p$，且此直线族的包络是方程的奇解.

**例 4** 求解方程 $y=xp+\frac{1}{p}$，其中 $p=\frac{\mathrm{d}y}{\mathrm{d}x}$ .

**解** 这是克莱罗微分方程，因而其通解为 $y=Cx+\frac{1}{C}$ . 从方程组

$$\begin{cases} x-\dfrac{1}{C^2}=0 \\ y=Cx+\dfrac{1}{C} \end{cases}$$

中消去 $C$，得到奇解 $y^2=4x$ . 方程的通解是直线族，而奇解是通解的包络.

## 习 题 3.4

1. 求方程

$$\frac{\mathrm{d}y}{\mathrm{d}x}=x^2-y^2, R=\{(x,y)||x+1|\leqslant 1, |y|\leqslant 1\}$$

在初值条件 $y(-1)=0$ 的解的存在区间.

2. 讨论方程

$$\frac{\mathrm{d}y}{\mathrm{d}x}=\frac{3}{2}y^{\frac{1}{3}}$$

的定义区域 $R$，使得方程的解在区域 $R$ 内存在且唯一，并求过点 $(0,0)$ 的所有解.

3. 证明格朗沃尔(Gronwall) 不等式. 设 $K$ 为非负数，$f(t)$ 和 $g(t)$ 为区间 $[\alpha,\beta]$ 上的连续非负函数，且满足

$$f(t) \leqslant K + \int_a^t f(s)g(s)\mathrm{d}s, t \in [\alpha,\beta],$$

则有

$$f(t) \leqslant \mathrm{K}\exp\left(\int_a^t g(s)\mathrm{d}s\right), t \in [\alpha,\beta].$$

4. 假设函数 $f(x,y)$ 及 $\dfrac{\partial f}{\partial y}$ 都在区域 $G$ 内连续，$y = \varphi(x,x_0,y_0)$ 为方程

$$\frac{\mathrm{d}y}{\mathrm{d}x} = f(x,y)$$

过点 $(x_0,y_0)$ 的解，证明 $\dfrac{\partial \varphi}{\partial y_0}$ 存在且连续.

5. 解下列微分方程并求其奇解.

（1）$y = 2x\dfrac{\mathrm{d}y}{\mathrm{d}x} + x^2\left(\dfrac{\mathrm{d}y}{\mathrm{d}x}\right)^4$；

（2）$x = y - \left(\dfrac{\mathrm{d}y}{\mathrm{d}x}\right)^2$.

# 第 4 章　线性微分方程组

## §4.1　存在唯一性定理

在前几章里，介绍了只含有一个未知函数的一阶微分方程，但是在现实生活中有许多实际的问题，往往要考虑更复杂的情况，比如，在描述物理学、力学、几何学等问题的时候，经常会涉及多个未知函数和它们的导数，这时遇到的微分方程就是由几个方程联立起来构成的微分方程组. 一般地，包含 $n$ 个未知函数的 $n$ 个微分方程联立而成的方程组

$$F_k(t, x_1, x_1', \cdots, x_1^{(m_1)}, \cdots, x_n, x_n', \cdots, x_n^{(m_n)}) = 0$$

称为**常微分方程组**，这里 $k = 1, 2, \cdots, n$, $F_k$ 是 $m_1 + m_2 + \cdots + m_n + n + 1$ 个变量的已知函数，$m_1 + m_2 + \cdots + m_n$ 称为此方程的**阶**.

如下形式的方程组

$$\begin{cases} x_1' = a_{11}(t)x_1 + a_{12}(t)x_2 + \cdots + a_{1n}(t)x_n + f_1(t), \\ x_2' = a_{21}(t)x_1 + a_{22}(t)x_2 + \cdots + a_{2n}(t)x_n + f_2(t), \\ \qquad \cdots \\ x_n' = a_{n1}(t)x_1 + a_{n2}(t)x_2 + \cdots + a_{nn}(t)x_n + f_n(t) \end{cases} \tag{4.1.1}$$

称为**一阶线性微分方程组**，其中，$a_{ij}(t)$，$f_i(t)$ $(i, j = 1, 2, \cdots, n)$ 在 $[a, b]$ 上是已知的连续函数. 这是本章要研究的主要对象.

这种类型的方程组，不仅仅是因为它们在各种问题中经常出现，而且还因为高阶的微分方程组（包括单个的高阶微分方程）常常可以转化为这种方程组.

例如，对一般的 $n$ 阶常微分方程

$$y^{(n)}(x) = f\left(x, y, y', \cdots, y^{(n-1)}\right), \tag{4.1.2}$$

令

$$\begin{cases} y_1 = y, \\ y_2 = y', \\ \quad \cdots \\ y_n = y^{(n-1)}, \end{cases}$$

则方程 (4.1.2) 可化为

$$\begin{cases} y_1' = y_2, \\ y_2' = y_3, \\ \quad \cdots \\ y_{n-1}' = y_n, \\ y_n' = f(x, y_1, y_2, \cdots, y_n), \end{cases}$$

它是属于方程组 (4.1.1) 的类型.

我们引进下面的记号：

$$\boldsymbol{A}(t) = \begin{bmatrix} a_{11}(t) & a_{12}(t) & \cdots & a_{1n}(t) \\ a_{21}(t) & a_{22}(t) & \cdots & a_{2n}(t) \\ \vdots & \vdots & & \vdots \\ a_{n1}(t) & a_{n2}(t) & \cdots & a_{nn}(t) \end{bmatrix}, \ \boldsymbol{f}(t) = \begin{bmatrix} f_1(t) \\ f_2(t) \\ \vdots \\ f_n(t) \end{bmatrix}.$$

记 $\boldsymbol{x} = [x_1, x_2, \cdots, x_n]^T$ ，并记

$$\frac{\mathrm{d}\boldsymbol{x}}{\mathrm{d}t} = \frac{\mathrm{d}}{\mathrm{d}t}\begin{bmatrix} x_1 \\ x_2 \\ \vdots \\ x_n \end{bmatrix} = \begin{bmatrix} x_1' \\ x_2' \\ \vdots \\ x_n' \end{bmatrix}.$$

方程组 (4.1.1) 就可写成下面的形式

$$\frac{\mathrm{d}\boldsymbol{x}}{\mathrm{d}t} = \boldsymbol{A}(t)\boldsymbol{x} + \boldsymbol{f}(t).$$

当 $\boldsymbol{f}(t) \neq 0$ 时，此方程组就被称为**非齐次线性微分方程组**；当 $\boldsymbol{f}(t) \equiv 0$ 时，即

$$\frac{\mathrm{d}\boldsymbol{x}}{\mathrm{d}t} = \boldsymbol{A}(t)\boldsymbol{x} \tag{4.1.3}$$

称为**齐次线性微分方程组**.

**定理 4.1 ( 存在唯一性定理 )** 如果 $\boldsymbol{A}(t)$ 是 $n \times n$ 矩阵，$\boldsymbol{f}(t)$ 是 $n$ 维向量，它们在 $[a, b]$ 上连续，那么对于区间 $a \leqslant t \leqslant b$ 上的任何数 $t_0$ 以及任一常数向量 $\boldsymbol{x}_0 = (x_1^0, x_2^0, \cdots, x_n^0)^T$，方程组

$$\boldsymbol{x}' = \boldsymbol{A}(t)\boldsymbol{x} + \boldsymbol{f}(t)$$

在 $[a, b]$ 上存在唯一解 $\boldsymbol{x}(t)$，且满足初始条件 $\boldsymbol{x}(t_0) = \boldsymbol{x}_0$.

该定理的证明与第三章中一阶常微分方程解的存在唯一性定理的证明类似，这里省略证明过程.

## 习 题 4.1

1. 设 $x(t)$ 是定义在 $t_0 \leqslant t \leqslant t_1$ 上的连续函数，且当 $t_0 \leqslant t \leqslant t_1$ 时，

$$|x(t)| \leqslant M + K\int_{t_0}^{t} |x(\tau)|\mathrm{d}\tau,$$

其中，$M, K$ 都是非负常数. 试用皮卡逐步逼近法证明当 $t_0 \leqslant t \leqslant t_1$ 时，

$$|x(t)| \leqslant M\mathrm{e}^{K(t-t_0)}.$$

2. 试用皮卡逐步逼近法求方程组

$$x' = \begin{pmatrix} 0 & 1 \\ -1 & 0 \end{pmatrix} x, \quad x = \begin{pmatrix} x_1 \\ x_2 \end{pmatrix}$$

满足初始条件 $x(0) = (0, 1)^{\mathrm{T}}$ 的第三次近似解.

3. 设 $p(t)$, $q(t)$ 和 $f(t)$ 在开区间 $\alpha < t < \beta$ 内是连续的. 试证明初值问题

$$\begin{cases} \dfrac{\mathrm{d}^2 x}{\mathrm{d}t^2} + p(t)\dfrac{\mathrm{d}x}{\mathrm{d}t} + q(t)x = f(t), \\ x(t_0) = x_0, \\ x'(t_0) = x_0 \end{cases}$$

的解在 $\alpha < t < \beta$ 内存在且唯一.

4. 设 $f(t)$ 在 $t \geqslant 0$ 上连续，$K(t, s)$ 在 $0 \leqslant s \leqslant t$ 上连续，试用皮卡逐步逼近法证明 Volterra 积分方程

$$x(t) = f(t) + \int_0^t K(t, s)x(s)\mathrm{d}s$$

的解在 $t \geqslant 0$ 上存在且唯一.

## §4.2 齐次线性微分方程组的通解结构

本节给出齐次线性微分方程组的通解的结构和性质. 首先看如下定理.

**定理 4.2**（叠加原理） 设 $\boldsymbol{x}_1(t), \boldsymbol{x}_2(t), \cdots, \boldsymbol{x}_n(t)$ 是方程组 (4.1.3) 的 $n$ 个线性无关解，则 $\sum\limits_{k=1}^{n} c_k \boldsymbol{x}_k(t)$ 也是方程组 (4.1.3) 的解.

这个定理说明方程组 (4.1.3) 的所有解的集合构成一个线性空间. 自然就要问这个空间的维数是多少呢? 为此，我们引进向量函数组 $\boldsymbol{x}_1(t), \boldsymbol{x}_2(t), \cdots, \boldsymbol{x}_n(t)$ 线性相关与线性无关的概念.

设 $\boldsymbol{x}_1(t), \boldsymbol{x}_2(t), \cdots, \boldsymbol{x}_n(t)$ 是定义在区间 $a \leqslant t \leqslant b$ 上的向量函数组，如果存在不全为零的常数 $c_1, c_2, \cdots, c_n$，使得恒等式

$$c_1 x_1(t) + c_2 x_2(t) + \cdots + c_m x_n(t) \equiv 0, \ a \leqslant t \leqslant b,$$

成立，则称向量函数组 $\boldsymbol{x}_1(t), \boldsymbol{x}_2(t), \cdots, \boldsymbol{x}_n(t)$ 在区间 $a \leqslant t \leqslant b$ 上**线性相关**；否则，称 $\boldsymbol{x}_1(t), \boldsymbol{x}_2(t), \cdots, \boldsymbol{x}_n(t)$ 在区间 $a \leqslant t \leqslant b$ 上**线性无关**.

为了更容易判别向量函数的线性相关性，引入伏朗斯基 (Wronsky) 行列式的概念.

**定义 4.1**　已知在区间 $[a, b]$ 上有定义的 $n$ 个 $n$ 维向量函数

$$\boldsymbol{x}_1(t) = \begin{bmatrix} x_{11}(t) \\ x_{21}(t) \\ \vdots \\ x_{n1}(t) \end{bmatrix}, \boldsymbol{x}_2(t) = \begin{bmatrix} x_{12}(t) \\ x_{22}(t) \\ \vdots \\ x_{n2}(t) \end{bmatrix}, \cdots, \boldsymbol{x}_n(t) = \begin{bmatrix} x_{1n}(t) \\ x_{2n}(t) \\ \vdots \\ x_{nn}(t) \end{bmatrix}.$$

由这 $n$ 个 $n$ 维向量函数所构成的行列式

$$W(t) = W[\boldsymbol{x}_1(t), \boldsymbol{x}_2(t), \cdots, \boldsymbol{x}_n(t)] = \begin{vmatrix} x_{11}(t) & x_{12}(t) & \cdots & x_{1n}(t) \\ x_{21}(t) & x_{22}(t) & \cdots & x_{2n}(t) \\ \vdots & \vdots & & \vdots \\ x_{n1}(t) & x_{n2}(t) & \cdots & x_{nn}(t) \end{vmatrix}$$

称为向量函数组 $\boldsymbol{x}_1(t), \boldsymbol{x}_2(t), \cdots, \boldsymbol{x}_n(t)$ 在区间 $a \leqslant t \leqslant b$ 上的**伏朗斯基**行列式.

下面定理给出向量函数组线性相关性与伏朗斯基的值是否为零的关系.

**定理 4.3**　如果向量函数组 $\boldsymbol{x}_1(t), \boldsymbol{x}_2(t), \cdots, \boldsymbol{x}_n(t)$ 在区间 $[a, b]$ 上线性相关，则在 $[a, b]$ 上

$$W(t) = W[\boldsymbol{x}_1(t), \boldsymbol{x}_2(t), \cdots, \boldsymbol{x}_n(t)] \equiv 0.$$

**证明**　因为向量函数组 $\boldsymbol{x}_1(t), \boldsymbol{x}_2(t), \cdots, \boldsymbol{x}_n(t)$ 在区间 $[a, b]$ 上线性相关，所以存在不全为零的 $n$ 个常数 $c_1, c_2, \cdots, c_n$，使得

$$c_1 \boldsymbol{x}_1(t) + c_2 \boldsymbol{x}_2(t) + \cdots + c_n \boldsymbol{x}_n(t) \equiv 0,$$

将向量函数 $\boldsymbol{x}_i(t)$ 用分量写出来，则上式是一个以 $c_1, c_2, \cdots, c_n$ 为未知数的齐次线性代数方程组，该齐次线性代数方程组的系数行列式应等于零，即 $W(t) \equiv 0,\ t \in [a,b]$.

**定理 4.4** 方程组 (4.1.3) 的解组 $\boldsymbol{x}_1(t), \boldsymbol{x}_2(t), \cdots, \boldsymbol{x}_n(t)$ 在 $[a,b]$ 上线性无关的充要条件是它们的伏朗斯基行列式

$$W(t) = W[\boldsymbol{x}_1(t), \boldsymbol{x}_2(t), \cdots, \boldsymbol{x}_n(t)] \neq 0, \quad \forall t \in [a,b].$$

**证明** 对 $\forall t \in [a,b]$，当 $W(t) \neq 0$ 时，必有解组 $\boldsymbol{x}_1(t), \boldsymbol{x}_2(t), \cdots, \boldsymbol{x}_n(t)$ 在 $[a,b]$ 上线性无关. 否则，若线性相关，则必有 $W(t) \equiv 0$，与假设矛盾.

下证，当方程组 (4.1.3) 的解组 $\boldsymbol{x}_1(t), \boldsymbol{x}_2(t), \cdots, \boldsymbol{x}_n(t)$ 线性无关时，必有 $W(t) \neq 0, \forall t \in [a,b]$.

反证，设 $\exists t_0 \in [a,b]$ 使 $W(t_0) = 0$，考虑下列线性方程组

$$c_1\boldsymbol{x}_1(t_0) + c_2\boldsymbol{x}_2(t_0) + \cdots + c_n\boldsymbol{x}_n(t_0) = \boldsymbol{0}, \tag{4.2.1}$$

视 $c_1, c_2, \cdots, c_n$ 为未知数，其系数行列式即为伏朗斯基行列式 $W(t_0)$，由假设 $W(t_0) = 0$ 可知，方程组 (4.2.1) 有非零解 $\bar{c}_1, \bar{c}_2, \cdots, \bar{c}_n$，即

$$\bar{c}_1\boldsymbol{x}_1(t_0) + \bar{c}_2\boldsymbol{x}_2(t_0) + \cdots + \bar{c}_n\boldsymbol{x}_n(t_0) = \boldsymbol{0}.$$

用 $\bar{c}_1, \bar{c}_2, \cdots, \bar{c}_n$ 作为系数构造向量函数

$$\boldsymbol{x}(t) = \bar{c}_1\boldsymbol{x}_1(t) + \bar{c}_2\boldsymbol{x}_2(t) + \cdots + \bar{c}_n\boldsymbol{x}_n(t),$$

由解的叠加原理，可知 $\boldsymbol{x}(t)$ 是方程组 (4.1.3) 的解，且满足初始条件 $\boldsymbol{x}(t_0) = \boldsymbol{0}$. 由于方程组 (4.1.3) 恒有平凡解 $\boldsymbol{x}^*(t) = 0$，且满足同样的初始条件 $\boldsymbol{x}^*(t_0) = \boldsymbol{0}$，由解的唯一性定理可知 $\boldsymbol{x}(t) = \boldsymbol{x}^*(t) \equiv \boldsymbol{0}$，即找到了不全为零的常数 $\bar{c}_1, \bar{c}_2, \cdots, \bar{c}_n$ 使

$$\boldsymbol{x}(t) = \bar{c}_1\boldsymbol{x}_1(t) + \bar{c}_2\boldsymbol{x}_2(t) + \cdots + \bar{c}_n\boldsymbol{x}_n(t) = 0.$$

即向量组 $\boldsymbol{x}_1(t), \boldsymbol{x}_2(t), \cdots, \boldsymbol{x}_n(t)$ 线性相关，与已知矛盾.

**定理 4.5** 方程组 (4.1.3) 一定存在 $n$ 个线性无关的解 $\boldsymbol{x}_1(t), \boldsymbol{x}_2(t), \cdots, \boldsymbol{x}_n(t)$.

**证明** 对 $\forall t_0 \in [a,b]$，根据解的存在唯一性定理可知，方程组 (4.1.3) 分别满足初始条件

$$x_1(t_0) = \begin{pmatrix} 1 \\ 0 \\ 0 \\ \vdots \\ 0 \end{pmatrix}, x_2(t_0) = \begin{pmatrix} 0 \\ 1 \\ 0 \\ \vdots \\ 0 \end{pmatrix}, \cdots, x_n(t_0) = \begin{pmatrix} 0 \\ 0 \\ 0 \\ \vdots \\ 1 \end{pmatrix}$$

的解 $\boldsymbol{x}_1(t),\boldsymbol{x}_2(t),\cdots,\boldsymbol{x}_n(t)$ 一定存在. 又因为这 $n$ 个解 $\boldsymbol{x}_1(t),\boldsymbol{x}_2(t),\cdots,\boldsymbol{x}_n(t)$ 的伏朗斯基行列式 $W(t_0)=1\neq 0$，所以 $\boldsymbol{x}_1(t),\boldsymbol{x}_2(t),\cdots,\boldsymbol{x}_n(t)$ 是线性无关的.

**定理 4.6**　如果 $\boldsymbol{x}_1(t),\boldsymbol{x}_2(t),\cdots,\boldsymbol{x}_n(t)$ 是方程组 (4.1.3) 的 $n$ 个线性无关的解，则方程组 (4.1.3) 的任一解 $\boldsymbol{x}(t)$ 可表示为

$$\boldsymbol{x}(t)=c_1\boldsymbol{x}_1(t)+c_2\boldsymbol{x}_2(t)+\cdots+c_n\boldsymbol{x}_n(t),$$

其中，$c_1,c_2,\cdots,c_n$ 是确定的常数.

**证明**　对 $\forall t_0\in[a,b]$，考虑以 $c_1,c_2,\cdots,c_n$ 为未知数的线性代数方程组

$$c_1\boldsymbol{x}_1(t_0)+c_2\boldsymbol{x}_2(t_0)+\cdots+c_n\boldsymbol{x}_n(t_0)=\boldsymbol{x}(t_0),$$

其中，系数行列式为 $W(t_0)\neq 0$，因此这个线性代数方程组有唯一解，设为 $\bar{c}_1,\bar{c}_2,\cdots,\bar{c}_n$，以此作系数构造向量函数

$$\boldsymbol{\varphi}(t)=\bar{c}_1\boldsymbol{x}_1(t)+\bar{c}_2\boldsymbol{x}_2(t)+\cdots+\bar{c}_n\boldsymbol{x}_n(t).$$

由解的叠加原理可知，$\boldsymbol{\varphi}(t)$ 是方程组 (4.1.3) 的解，且满足初始条件 $\boldsymbol{\varphi}(t_0)=\boldsymbol{x}(t_0)$. 同时，$\boldsymbol{x}(t)$ 也是方程组 (4.1.3) 的解，且满足同样的初始条件. 由解的存在唯一性定理可知

$$\boldsymbol{x}(t)=\boldsymbol{\varphi}(t)=\bar{c}_1\boldsymbol{x}_1(t)+\bar{c}_2\boldsymbol{x}_2(t)+\cdots+\bar{c}_n\boldsymbol{x}_n(t).$$

即方程组的任一解 $\boldsymbol{x}(t)$ 均可表示为 $\boldsymbol{x}_1(t),\boldsymbol{x}_2(t),\cdots,\boldsymbol{x}_n(t)$ 的线性组合.

**推论 4.1**　方程组 (4.1.3) 的线性无关解的最大个数等于 $n$.

方程组 (4.1.3) 的 $n$ 个线性无关的解 $\boldsymbol{x}_1(t),\boldsymbol{x}_2(t),\cdots,\boldsymbol{x}_n(t)$ 称为这个方程组的一个**基本解组**. 显然，方程组 (4.1.3) 具有无穷多个不同的基本解组.

**定义 4.2**　如果一个 $n\times n$ 矩阵的每一列都是方程组 (4.1.3) 的解，称这个矩阵为此方程组的**解矩阵**. 如果解矩阵的列向量在区间 $a\leqslant t\leqslant b$ 上是线性无关的，称这个解矩阵为在区间 $a\leqslant t\leqslant b$ 上方程组 (4.1.3) 的**基解矩阵**.

用 $\boldsymbol{\Phi}(t)$ 表示由方程组 (4.1.3) 的 $n$ 个线性无关的解

$$\boldsymbol{\varphi}_1(t),\boldsymbol{\varphi}_2(t),\cdots,\boldsymbol{\varphi}_n(t)$$

作为列构成的基解矩阵. 上述定理可以表示为以下定理.

**定理 4.7**　方程组 (4.1.3) 一定存在一个基解矩阵 $\boldsymbol{\Phi}(t)$. 如果 $\boldsymbol{\psi}(t)$ 是这个方程组的任一解，那么

$$\boldsymbol{\psi}(t)=\boldsymbol{\Phi}(t)\boldsymbol{C},$$

这里 $\boldsymbol{C}$ 是确定的 $n$ 维常数列向量.

**定理 4.8** 方程组 (4.1.3) 的一个解矩阵 $\boldsymbol{\Phi}(t)$ 是基解矩阵的充要条件是

$$\det \boldsymbol{\Phi}(t) \neq 0 \ (a \leqslant t \leqslant b).$$

而且，如果对某一个 $t_0 \in [a,b], \det \boldsymbol{\Phi}(t_0) \neq 0$，则 $\det \boldsymbol{\Phi}(t) \neq 0, a \leqslant t \leqslant b$ ($\det \boldsymbol{\Phi}(t)$ 表示矩阵 $\boldsymbol{\Phi}(t)$ 的行列式).

**注**：行列式恒等于零的矩阵的列向量未必是线性相关的. 例如，矩阵

$$\begin{bmatrix} 1 & t & t^2 \\ 0 & 1 & t \\ 0 & 0 & 0 \end{bmatrix}$$

的行列式于任何区间上恒等于零，但它的列向量却是线性无关的. 由上面这个定理可知，这个矩阵不可能是任意一个齐次线性微分方程组的基解矩阵.

**例 1** 验证

$$\boldsymbol{\Phi}(t) = \begin{bmatrix} \mathrm{e}^t & t\mathrm{e}^t \\ 0 & \mathrm{e}^t \end{bmatrix}$$

是方程组

$$x' = \begin{pmatrix} 1 & 1 \\ 0 & 1 \end{pmatrix} x$$

的基解矩阵.

**解** 首先，我们证明 $\boldsymbol{\Phi}(t)$ 是解矩阵. 令 $\boldsymbol{\varphi}_1(t)$ 表示 $\boldsymbol{\Phi}(t)$ 的第一列，这时

$$\boldsymbol{\varphi}_1'(t) = \begin{pmatrix} \mathrm{e}^t \\ 0 \end{pmatrix} = \begin{pmatrix} 1 & 1 \\ 0 & 1 \end{pmatrix} \begin{pmatrix} \mathrm{e}^t \\ 0 \end{pmatrix} = \begin{pmatrix} 1 & 1 \\ 0 & 1 \end{pmatrix} \boldsymbol{\varphi}_1(t),$$

这表示 $\boldsymbol{\varphi}_1(t)$ 是原方程组的一个解. 同样，如果以 $\boldsymbol{\varphi}_2(t)$ 表示 $\boldsymbol{\Phi}(t)$ 的第二列，有

$$\boldsymbol{\varphi}_2'(t) = \begin{pmatrix} (t+1)\mathrm{e}^t \\ \mathrm{e}^t \end{pmatrix} = \begin{pmatrix} 1 & 1 \\ 0 & 1 \end{pmatrix} \begin{pmatrix} t\mathrm{e}^t \\ \mathrm{e}^t \end{pmatrix} = \begin{pmatrix} 1 & 1 \\ 0 & 1 \end{pmatrix} \boldsymbol{\varphi}_2(t),$$

这表示 $\boldsymbol{\varphi}_2(t)$ 也是原方程组的一个解. 因此，$\boldsymbol{\Phi}(t) = (\boldsymbol{\varphi}_1(t), \boldsymbol{\varphi}_2(t))$ 是解矩阵.

其次，根据上面定理，因为 $\det \boldsymbol{\Phi}(t) = \mathrm{e}^{2t} \neq 0$，所以 $\boldsymbol{\Phi}(t)$ 是基解矩阵.

**推论 4.2** 如果 $\boldsymbol{\Phi}(t)$ 是方程组 (4.1.3) 在区间 $a \leqslant t \leqslant b$ 上的基解矩阵，$\boldsymbol{C}$ 是非奇异的 $n \times n$ 的常数矩阵，那么 $\boldsymbol{\Phi}(t)\boldsymbol{C}$ 也是方程组 (4.1.3) 在区间 $a \leqslant t \leqslant b$ 上的基解矩阵.

**证明** 首先根据解矩阵的定义易知，方程组 (4.1.3) 的任一解矩阵 $\boldsymbol{X}(t)$ 必满足关系

$$\boldsymbol{X}'(t) = \boldsymbol{A}(t)\boldsymbol{X}(t) \quad (a \leqslant t \leqslant b),$$

反之亦然. 现令

$$\boldsymbol{\Psi}(t) \equiv \boldsymbol{\Phi}(t)\boldsymbol{C} \quad (a \leqslant t \leqslant b),$$

上式两边关于 $t$ 求导，并注意到 $\boldsymbol{\Phi}(t)$ 为方程组的基解矩阵，$\boldsymbol{C}$ 为常数矩阵，得

$$\boldsymbol{\Psi}'(t) \equiv \boldsymbol{\Phi}'(t)\boldsymbol{C} \equiv \boldsymbol{A}(t)\boldsymbol{\Phi}(t)\boldsymbol{C} \equiv \boldsymbol{A}(t)\boldsymbol{\Psi}(t),$$

即 $\boldsymbol{\Psi}(t)$ 是方程组 (4.1.3) 的解矩阵. 又由 $\boldsymbol{C}$ 的非奇异性，有

$$\det \boldsymbol{\Psi}(t) = \det \boldsymbol{\Phi}(t) \cdot \det \boldsymbol{C} \neq 0 \quad (a \leqslant t \leqslant b),$$

因此由上面定理可知，$\boldsymbol{\Phi}(t)$ 即 $\boldsymbol{\Phi}(t)\boldsymbol{C}$ 是方程组 (4.1.3) 的基解矩阵.

**定理 4.9** 如果 $\boldsymbol{\Phi}(t)$ 和 $\boldsymbol{\Psi}(t)$ 均为方程组 (4.1.3) 的基解矩阵，则必存在非奇异方阵 $\boldsymbol{C}$，使得

$$\boldsymbol{\Psi}(t) = \boldsymbol{\Phi}(t)\boldsymbol{C}, t \in [a, b]$$

成立.

**证明** 由已知

$$\boldsymbol{\Phi}'(t) = \boldsymbol{A}(t)\boldsymbol{\Phi}(t), \boldsymbol{\Psi}'(t) = \boldsymbol{A}(t)\boldsymbol{\Psi}(t).$$

令

$$\boldsymbol{\Phi}^{-1}(t)\boldsymbol{\Psi}(t) = \boldsymbol{X}(t),$$

则

$$\boldsymbol{\Psi}(t) = \boldsymbol{\Phi}(t)\boldsymbol{X}(t),$$

且 $\boldsymbol{X}(t)$ 是可微的，并且是非奇异的，故

$$\begin{aligned}\boldsymbol{A}(t)\boldsymbol{\Psi}(t) = \boldsymbol{\Psi}'(t) &= \boldsymbol{\Phi}'(t)\boldsymbol{X}(t) + \boldsymbol{\Phi}(t)\boldsymbol{X}'(t)\\ &= \boldsymbol{A}(t)\boldsymbol{\Phi}(t)\boldsymbol{X}(t) + \boldsymbol{\Phi}(t)\boldsymbol{X}'(t)\\ &= \boldsymbol{A}(t)\boldsymbol{\Psi}(t) + \boldsymbol{\Phi}(t)\boldsymbol{X}'(t).\end{aligned}$$

即有 $\boldsymbol{\Phi}(t)\boldsymbol{X}'(t) = \boldsymbol{0}$，亦即 $\boldsymbol{X}'(t) = \boldsymbol{0}$，故 $\boldsymbol{X}(t) = \boldsymbol{C}$，从而 $\boldsymbol{\Psi}(t) = \boldsymbol{\Phi}(t)\boldsymbol{C}$.

**例 2** 验证

$$\boldsymbol{\Phi}(t) = \begin{bmatrix} \mathrm{e}^t & (1+t)\mathrm{e}^t \\ 0 & \mathrm{e}^t \end{bmatrix}$$

为方程组

$$\frac{\mathrm{d}\boldsymbol{x}}{\mathrm{d}t} = \boldsymbol{A}\boldsymbol{x}, \quad \boldsymbol{A} = \begin{bmatrix} 1 & 1 \\ 0 & 1 \end{bmatrix}$$

的基解矩阵.

**解** 因

$$\boldsymbol{\Phi}'(t)=\begin{bmatrix} e^t & (2+t)e^t \\ 0 & e^t \end{bmatrix},\ \boldsymbol{A\Phi}(t)=\begin{bmatrix} e^t & (2+t)e^t \\ 0 & e^t \end{bmatrix},$$

所以 $\boldsymbol{\Phi}(t)$ 为方程组

$$\boldsymbol{x}'(t)=\boldsymbol{A}\boldsymbol{x}(t)$$

的解矩阵. 又 $\det\boldsymbol{\Phi}(t)=e^{2t}\neq 0$，所以 $\boldsymbol{\Phi}(t)$ 为方程组的基解矩阵.

## 习 题 4.2

1. 设

$$\Phi(t)=\begin{pmatrix} t^2 & t \\ 2t & 1 \end{pmatrix},$$

证明 $\Phi(t)$ 是齐次线性方程组

$$x'(t)=\begin{pmatrix} 0 & 1 \\ \dfrac{-2}{t^2} & \dfrac{2}{t} \end{pmatrix}x(t)$$

在任何不包含原点的区间 $a\leqslant t\leqslant b$ 上的基解矩阵.

2. 已知线性无关向量函数组

$$\varphi_1(t)=\begin{pmatrix} 1+t \\ 2 \end{pmatrix},\ \varphi_2(t)=\begin{pmatrix} t \\ t \end{pmatrix},$$

试作一个以它为基本解组的齐次线性方程组.

3. 证明矩阵

$$\Phi(t)=\begin{pmatrix} \cos t & \sin t \\ -\sin t & \cos t \end{pmatrix}$$

是一阶线性微分方程组

$$y'=Ay,\ A=\begin{pmatrix} 0 & 1 \\ -1 & 0 \end{pmatrix}$$

的基解矩阵.

4. (1) 验证

$$\boldsymbol{\Phi}(t)=\begin{pmatrix} \mathrm{e}^{-t} & \mathrm{e}^{2t} \\ -\mathrm{e}^{-t} & 2\mathrm{e}^{2t} \end{pmatrix}$$

是方程组

$$\begin{cases} x' = y, \\ y' = 2x + y \end{cases}$$

的基解矩阵；

(2) 求方程组

$$\begin{cases} x' = y - 5\cos t, \\ y' = 2x + y \end{cases}$$

的通解.

## §4.3　非齐次线性微分方程组的通解结构

在上一节中，已经讨论了方程组 (4.1.3) 通解结构，在这一节中，讨论非齐次线性微分方程组

$$\frac{\mathrm{d}\boldsymbol{x}}{\mathrm{d}t} = \boldsymbol{A}(t)\boldsymbol{x} + \boldsymbol{f}(t) \tag{4.3.1}$$

的解的结构问题，其中，$\boldsymbol{f}(t) \neq 0$ .

**引理 4.1**　若 $\boldsymbol{\varphi}(t)$ 是齐次线性微分方程组 (4.1.3) 的解，$\boldsymbol{\psi}(t)$ 是非齐次线性微分方程组 (4.3.1) 的解，则它们的和 $c\boldsymbol{\varphi}(t)+\boldsymbol{\psi}(t)$ 也是非齐次线性微分方程组 (4.3.1) 的解，其中，$c$ 为任意常数.

**证明**　根据微分方程组 (4.3.1) 和微分方程组 (4.1.3) 的定义，易验证这个结论是成立的.

利用这种关系以及齐次线性微分方程组 (4.1.3) 的通解结构定理就可以得到非齐次线性微分方程组 (4.3.1) 的通解结构.

**定理 4.10**　设 $\boldsymbol{x}^*(t)$ 是非齐次线性微分方程组 (4.3.1) 的一个特解，$\boldsymbol{\Phi}(t)$ 是区间 $I$ 上相应的齐次线性微分方程组 (4.1.3) 的一个基解矩阵，则含任意常数列向量 $\boldsymbol{c}$ 的表达式

$$\boldsymbol{x}(t) = \boldsymbol{\Phi}(t)\boldsymbol{c} + \boldsymbol{x}^*(t)\ (t \in I) \tag{4.3.2}$$

是微分方程组 (4.3.1) 的通解，即微分方程组 (4.3.1) 的任一解都可以写成式 (4.3.2) 的形式.

**证明** 首先，根据上面的引理可知，对任意 $n$ 维常向量 $\boldsymbol{c}$，式 (4.3.2) 是微分方程组 (4.3.1) 的解. 其次，若 $\boldsymbol{x}(t)$ 是方程组 (4.3.1) 的任意给定的解，易知 $\boldsymbol{x}(t)-\boldsymbol{x}^*(t)$ 是相应的微分方程组 (4.1.3) 的解. 再根据上一节齐次线性微分方程组的通解结构定理可知，存在 $n$ 维常向量 $\boldsymbol{c}^*$，使得

$$\boldsymbol{x}(t)-\boldsymbol{x}^*(t)=\boldsymbol{\Phi}(t)\boldsymbol{c}^* \ (t\in I),$$

这表明解 $\boldsymbol{x}(t)$ 可通过式 (4.3.2) 中选取适当的 $\boldsymbol{c}$ 得到. 定理证毕.

类似求一阶线性非齐次微分方程求解的常数变易公式，有下面的定理.

**定理 4.11** 设 $\boldsymbol{\Phi}(t)$ 是非齐次线性微分方程组 (4.3.1) 对应的齐次线性微分方程组 (4.1.3) 的一个基解矩阵，则微分方程组 (4.3.1) 的通解的共同表达式可以写成

$$\boldsymbol{x}(t)=\boldsymbol{\Phi}(t)\boldsymbol{c}+\boldsymbol{\Phi}(t)\int_{t_0}^{t}\boldsymbol{\Phi}^{-1}(s)\boldsymbol{f}(s)\mathrm{d}s \ (t\in I),$$

其中，$\boldsymbol{c}$ 为任意的 $n$ 维常数列向量，$t_0\in I$ 可任意取定.

**证明** 根据定理 4.6 可知，微分方程组 (4.1.3) 的通解可表示为

$$\boldsymbol{x}(t)=\boldsymbol{\Phi}(t)\boldsymbol{c},$$

其中，$\boldsymbol{c}$ 为任意的 $n$ 维常数列向量. 现将常数列向量 $\boldsymbol{c}$ 换为 $\boldsymbol{c}(t)$，考虑形如

$$\boldsymbol{x}(t)=\boldsymbol{\Phi}(t)\boldsymbol{c}(t)$$

的向量函数，代入式 (4.3.1) 中得

$$\boldsymbol{\Phi}'(t)\boldsymbol{c}(t)+\boldsymbol{\Phi}(t)\boldsymbol{c}'(t)=\boldsymbol{A}(t)\boldsymbol{\Phi}(t)\boldsymbol{c}(t)+\boldsymbol{f}(t). \tag{4.3.3}$$

又 $\boldsymbol{\Phi}(t)$ 是微分方程组 (4.3.1) 的基解矩阵，故

$$\boldsymbol{\Phi}'(t)=\boldsymbol{A}(t)\boldsymbol{\Phi}(t),$$

式 (4.3.3) 可简化为

$$\boldsymbol{\Phi}(t)\boldsymbol{c}'(t)=\boldsymbol{f}(t).$$

进一步

$$\boldsymbol{c}'(t)=\boldsymbol{\Phi}^{-1}(t)\boldsymbol{f}(t),$$

两端同时从 $t_0$ 到 $t$ 积分，可得

$$\boldsymbol{c}(t)=\boldsymbol{c}(t_0)+\int_{t_0}^{t}\boldsymbol{\Phi}^{-1}(s)\boldsymbol{f}(s)\mathrm{d}s,$$

故微分方程组 (4.3.1) 的通解可以表示为

$$\boldsymbol{x}(t)=\boldsymbol{\Phi}(t)\boldsymbol{c}+\boldsymbol{\Phi}(t)\int_{t_0}^{t}\boldsymbol{\Phi}^{-1}(s)\boldsymbol{f}(s)\mathrm{d}s\ \ (t\in I).$$

其中，$\boldsymbol{c}=\boldsymbol{c}(t_0)$ 为任意的 $n$ 维常向量，$t_0\in I$ 可任意取定. 定理证毕.

**例 1**　求初值问题

$$\frac{\mathrm{d}\boldsymbol{x}}{\mathrm{d}t}=\begin{bmatrix}1&1\\0&1\end{bmatrix}\boldsymbol{x}+\begin{bmatrix}\mathrm{e}^{-t}\\0\end{bmatrix},\boldsymbol{x}(0)=\begin{bmatrix}-1\\1\end{bmatrix}$$

的解.

**解**　由之前的内容可知方程组所对应的齐次方程组的基解矩阵为

$$\boldsymbol{\Phi}(t)=\begin{bmatrix}\mathrm{e}^t&t\mathrm{e}^t\\0&\mathrm{e}^t\end{bmatrix},$$

代入常数变易公式得初值问题的解为

$$\begin{aligned}\boldsymbol{\varphi}(t)&=\begin{bmatrix}\mathrm{e}^t&t\mathrm{e}^t\\0&\mathrm{e}^t\end{bmatrix}\begin{bmatrix}1&0\\0&1\end{bmatrix}\begin{bmatrix}-1\\1\end{bmatrix}+\begin{bmatrix}\mathrm{e}^t&t\mathrm{e}^t\\0&\mathrm{e}^t\end{bmatrix}\int_0^t\begin{bmatrix}\mathrm{e}^s&s\mathrm{e}^s\\0&\mathrm{e}^s\end{bmatrix}^{-1}\begin{bmatrix}\mathrm{e}^s\\0\end{bmatrix}\mathrm{d}s\\&=\begin{bmatrix}t\mathrm{e}^t-(\mathrm{e}^t+\mathrm{e}^{-t})/2\\\mathrm{e}^t\end{bmatrix}.\end{aligned}$$

## 习　题　4.3

1. 试求

$$\boldsymbol{x}'=A\boldsymbol{x}+\boldsymbol{f}(t),$$

满足初始条件

$$\boldsymbol{x}(0)=\begin{pmatrix}1\\-1\end{pmatrix}$$

的解 $\boldsymbol{x}(t)$，其中，

$$A=\begin{pmatrix}2&1\\0&2\end{pmatrix},\ \boldsymbol{x}=\begin{pmatrix}x_1\\x_2\end{pmatrix},\ \boldsymbol{f}(t)=\begin{pmatrix}0\\e^{-2t}\end{pmatrix}.$$

2. 求非齐次线性微分方程组 $x' = \boldsymbol{A}\boldsymbol{x}+\boldsymbol{f}(t)$ 的满足下列初始条件的解，其中：

(1) $\boldsymbol{\varphi}(0)=\begin{pmatrix}-1\\1\end{pmatrix}$，$\boldsymbol{A}=\begin{pmatrix}1&2\\4&3\end{pmatrix}$，$\boldsymbol{f}(t)=\begin{pmatrix}e^t\\1\end{pmatrix}$；

(2) $\boldsymbol{\varphi}(0)=\begin{pmatrix}\eta_1\\\eta_2\end{pmatrix}$，$\boldsymbol{A}=\begin{pmatrix}4&-3\\2&-1\end{pmatrix}$，$\boldsymbol{f}(t)=\begin{pmatrix}\sin t\\-2\cos t\end{pmatrix}$；

(3) $\boldsymbol{\varphi}(0)=0$，$\boldsymbol{A}=\begin{pmatrix}0&1&0\\0&0&1\\-6&-11&-6\end{pmatrix}$，$\boldsymbol{f}(t)=\begin{pmatrix}0\\0\\e^{-t}\end{pmatrix}$；

(4) $\boldsymbol{\varphi}(0)=\begin{pmatrix}0\\0\\1\end{pmatrix}$，$\boldsymbol{A}=\begin{pmatrix}1&0&0\\2&1&-2\\3&2&1\end{pmatrix}$，$\boldsymbol{f}(t)=\begin{pmatrix}0\\0\\e^{-t}\cos 2t\end{pmatrix}$.

3. 考虑方程组

$$\frac{d\boldsymbol{y}}{dt}=\boldsymbol{A}(t)\boldsymbol{y}+\boldsymbol{f}(t),$$

其中

$$\boldsymbol{A}=\begin{pmatrix}2&1\\0&2\end{pmatrix},\quad \boldsymbol{y}=\begin{pmatrix}y_1\\y_2\end{pmatrix},\quad \boldsymbol{f}(t)=\begin{pmatrix}\sin t\\\cos t\end{pmatrix}$$

(1) 验证

$$\boldsymbol{\Phi}(t)=\begin{pmatrix}e^{2t}&te^{2t}\\0&e^{2t}\end{pmatrix}$$

是

$$\frac{d\boldsymbol{y}}{dt}=\boldsymbol{A}(t)\boldsymbol{y}$$

的基解矩阵；

(2) 求方程组满足初始条件

$$\boldsymbol{y}(0)=\begin{pmatrix}1\\-1\end{pmatrix}$$

的解 $\boldsymbol{y}(t)$.

## §4.4 常系数齐次线性微分方程组

由上一节可知，无论求解齐次还是非齐次线性方程组的通解，都需要首先求出其次线性微分方程组的一个基解矩阵. 对于一般的变系数一阶线性方程组，目前还没有求解基解矩阵的统一方法. 但是对于特殊的系数矩阵是常数的一阶线性微分方程组，情况则要简单许多. 这一节将讨论系数矩阵是常数的一阶线性方程组的基解矩阵的通用求解方法.

首先考虑常系数齐次线性方程组

$$\frac{\mathrm{d}\boldsymbol{y}}{\mathrm{d}t}=\boldsymbol{A}\boldsymbol{y}, \tag{4.4.1}$$

这里 $\boldsymbol{y}$ 是 $n$ 维列向量，$\boldsymbol{A}$ 是 $n\times n$ 的常数矩阵.

**定理 4.12**　矩阵指数函数 $\boldsymbol{\Phi}(t)=\mathrm{e}^{\boldsymbol{A}t}$ 是方程组 (4.4.1) 的一个基解矩阵，且满足

$$\boldsymbol{\Phi}(0)=\mathrm{e}^{\boldsymbol{A}t}\big|_{t=0}=\boldsymbol{E}.$$

**证明**　由矩阵指数函数的定义

$$\boldsymbol{\Phi}(t)=\mathrm{e}^{\boldsymbol{A}t}=\boldsymbol{I}+t\boldsymbol{A}+\frac{t^2}{2!}A^2+\cdots+\frac{t^k}{k!}\boldsymbol{A}^k+\cdots\quad [t\in(a,b)],$$

上式两边逐项对 $t$ 求导，可得

$$\begin{aligned}\frac{\mathrm{d}\boldsymbol{\Phi}(t)}{\mathrm{d}t}=\frac{\mathrm{d}}{\mathrm{d}t}\mathrm{e}^{\boldsymbol{A}t}&=\boldsymbol{A}+t\boldsymbol{A}^2+\frac{t^2}{2!}\boldsymbol{A}^3+\cdots+\frac{t^{k-1}}{(k-1)!}\boldsymbol{A}^t+\cdots\\&=\boldsymbol{A}\left(\boldsymbol{I}+t\boldsymbol{A}+\frac{t^2}{2!}\boldsymbol{A}^2+\cdots+\frac{t^k}{k!}\boldsymbol{A}^k+\cdots\right)\\&=\boldsymbol{A}\mathrm{e}^{\boldsymbol{A}t}=\boldsymbol{A}\boldsymbol{\Phi}(t).\end{aligned}$$

因此，$\boldsymbol{\Phi}(t)$ 的每个列向量均为方程组的解，即 $\boldsymbol{\Phi}(t)$ 为基解矩阵. 由 $\boldsymbol{\Phi}(t)$ 的定义知 $\boldsymbol{\Phi}(0)=\boldsymbol{I}$，于是 $\det[\boldsymbol{\Phi}(0)]=1\neq 0$. 因此，$\boldsymbol{\Phi}(t)$ 各列向量线性无关，故 $\boldsymbol{\Phi}(t)$ 为方程组的基解矩阵.

为了求解常系数齐次线性方程组 (4.4.1) 的通解，只需要求出它的 $n$ 个线性无关的解 (即基解矩阵) 即可. 下面介绍求解方程组 (4.4.1) 基解矩阵的特征根法.

我们试图寻求 $\boldsymbol{x}'=\boldsymbol{A}\boldsymbol{x}$ 的形如

$$\boldsymbol{\varphi}(t)=\mathrm{e}^{\lambda t}\boldsymbol{c}\ \ (\boldsymbol{c}\neq\boldsymbol{0}) \tag{4.4.2}$$

的解，其中，常数 $\lambda$ 和向量 $\boldsymbol{c}$ 是待定的. 为此，将式 (4.4.2) 代入方程组 (4.4.1)，得到

$$\lambda\mathrm{e}^{\lambda t}\boldsymbol{c}=\boldsymbol{A}\mathrm{e}^{\lambda t}\boldsymbol{c}.$$

因为 $\mathrm{e}^{\lambda t}\neq 0$，上式变为

$$(\lambda\boldsymbol{E}-\boldsymbol{A})\boldsymbol{c}=\boldsymbol{0}, \tag{4.4.3}$$

这表示 $e^{\lambda t}\boldsymbol{c}$ 是方程组 (4.4.1) 的解的充要条件是常数 $\lambda$ 和向量 $\boldsymbol{c}$ 满足方程组 (4.4.3). 方程组 (4.4.3) 可以看作是向量 $\boldsymbol{c}$ 的 $n$ 个分量的一个齐次线性代数方程组，根据线性代数知识，这个方程组具有非零解的充要条件是 $\lambda$ 满足方程

$$\det(\lambda\boldsymbol{E}-\boldsymbol{A})=0,$$

从而给出下面的定义.

**定义 4.3** 假设 $\boldsymbol{A}$ 是一个 $n\times n$ 常数矩阵，使得关于 $\boldsymbol{u}$ 的线性代数方程组

$$(\lambda\boldsymbol{E}-\boldsymbol{A})\boldsymbol{u}=\boldsymbol{0} \tag{4.4.4}$$

具有非零解的常数 $\lambda$，称为 $\boldsymbol{A}$ 的一个**特征值**. 式 (4.4.4) 对应于任一特征值 $\lambda$ 的非零解 $\boldsymbol{u}$ 称为 $\boldsymbol{A}$ 的对应于特征值 $\lambda$ 的**特征向量**.

**定义 4.4** $n$ 次多项式

$$p(\lambda)\equiv\det(\lambda\boldsymbol{E}-\boldsymbol{A})$$

称为 $\boldsymbol{A}$ 的**特征多项式**，$n$ 次代数方程

$$p(\lambda)=0 \tag{4.4.5}$$

称为 $\boldsymbol{A}$ 的**特征方程**，也称式 (4.4.5) 为方程组 (4.4.1) 的特征方程.

**例 1** 试求矩阵

$$\boldsymbol{A}=\begin{pmatrix}3 & 5\\ -5 & 3\end{pmatrix}$$

的特征值和对应的特征向量.

**解** $\boldsymbol{A}$ 的特征值就是特征方程

$$\det(\boldsymbol{A}-\lambda\boldsymbol{E})=\begin{pmatrix}3-\lambda & 5\\ -5 & 3-\lambda\end{pmatrix}=\lambda^2-6\lambda+34=0$$

的根. 解之，得到 $\lambda_{1,2}=3\pm 5i$ . 对应于特征值 $\lambda_1=3+5i$ 的特征向量

$$\boldsymbol{u}=\begin{pmatrix}u_1\\ u_2\end{pmatrix}$$

必须满足线性代数方程组

$$(\boldsymbol{A}-\lambda_1\boldsymbol{E})\boldsymbol{u}=\begin{pmatrix}-5i & 5\\ -5 & -5i\end{pmatrix}\begin{pmatrix}u_1\\ u_2\end{pmatrix}=\boldsymbol{0}.$$

因此，$u_1, u_2$ 满足方程组

$$\begin{cases} -iu_1 + u_2 = 0, \\ -u_1 - iu_2 = 0, \end{cases}$$

所以，对于任意常数 $\alpha \neq 0$，

$$\boldsymbol{u} = \alpha \begin{pmatrix} 1 \\ \mathrm{i} \end{pmatrix}$$

是对应于 $\lambda_1 = 3 + 5i$ 的特征向量.

类似地，可以求得对应于 $\lambda_2 = 3 - 5i$ 的特征向量为

$$v = \beta \begin{pmatrix} i \\ 1 \end{pmatrix},$$

其中，$\beta \neq 0$ 是任意常数.

**定理 4.13**　若矩阵 $\boldsymbol{A}$ 有 $n$ 个线性无关的特征向量 $\boldsymbol{\eta}_1, \boldsymbol{\eta}_2, \cdots, \boldsymbol{\eta}_n$，它们对应的特征值分别为 $\lambda_1, \lambda_2, \cdots, \lambda_n$ (可有相同项)，则矩阵

$$\boldsymbol{\Phi}(t) = \left[ \mathrm{e}^{\lambda_1 t}\boldsymbol{\eta}_1, \mathrm{e}^{\lambda_2 t}\boldsymbol{\eta}_2, \cdots, \mathrm{e}^{\lambda_n t}\boldsymbol{\eta}_n \right]$$

是常系数齐次线性方程组 (4.4.1) 的一个基解矩阵.

**证明**　因为 $\boldsymbol{\eta}_1, \boldsymbol{\eta}_2, \cdots, \boldsymbol{\eta}_n$ 是矩阵 $\boldsymbol{A}$ 的 $n$ 个线性无关的特征向量，它们对应的特征值分别为 $\lambda_1, \lambda_2, \cdots, \lambda_n$，所以 $\mathrm{e}^{\lambda_k}\boldsymbol{\eta}_k$ $(k = 1, 2, \cdots, n)$ 是方程组 (4.4.1) 的解，因而矩阵

$$\boldsymbol{\Phi}(t) = \left[ \mathrm{e}^{\lambda_1 t}\boldsymbol{\eta}_1, \mathrm{e}^{\lambda_2 t}\boldsymbol{\eta}_2, \cdots, \mathrm{e}^{\lambda_n t}\boldsymbol{\eta}_n \right]$$

是方程组 (4.4.1) 的解矩阵. 又因为 $\boldsymbol{\eta}_1, \boldsymbol{\eta}_2, \cdots, \boldsymbol{\eta}_n$ 线性无关，所以

$$\det \boldsymbol{\Phi}(0) = [\boldsymbol{\eta}_1, \boldsymbol{\eta}_2, \cdots, \boldsymbol{\eta}_n] \neq 0,$$

故 $\det \boldsymbol{\Phi}(t) \neq 0$，因而 $\boldsymbol{\Phi}(t)$ 是 (4.4.1) 的一个基解矩阵. 定理证毕.

**例 2**　试求齐次线性微分方程组

$$\begin{pmatrix} x' \\ y' \end{pmatrix} = \begin{pmatrix} 3 & 2 \\ 1 & 2 \end{pmatrix} \begin{pmatrix} x \\ y \end{pmatrix}$$

的一个基解矩阵.

**解**　由

$$\det(\boldsymbol{A} - \lambda \boldsymbol{E}) = \begin{vmatrix} 3 - \lambda & 2 \\ 1 & 2 - \lambda \end{vmatrix} = 0$$

解得矩阵 $\boldsymbol{A}$ 的特征值为 $\lambda_1 = 1, \lambda_2 = 4$ . 进一步可求得特征值对应的特征向量分别为

$$\boldsymbol{\eta}_1 = \begin{pmatrix} 1 \\ -1 \end{pmatrix}, \boldsymbol{\eta}_2 = \begin{pmatrix} 2 \\ 1 \end{pmatrix},$$

由定理 4.13 可知，原方程组的一个基解矩阵为

$$\Phi(t) = \begin{pmatrix} \mathrm{e}^t & 2\mathrm{e}^{4t} \\ -\mathrm{e}^t & \mathrm{e}^{4t} \end{pmatrix}.$$

**例 3** 试求齐次线性微分方程组

$$\begin{pmatrix} x' \\ y' \end{pmatrix} = \begin{pmatrix} 3 & 5 \\ -5 & 3 \end{pmatrix} \begin{pmatrix} x \\ y \end{pmatrix}$$

的一个基解矩阵.

**解** 由

$$\det(\boldsymbol{A} - \lambda \boldsymbol{E}) = \begin{vmatrix} 3-\lambda & 5 \\ -5 & 3-\lambda \end{vmatrix} = 0$$

可知，矩阵 $\boldsymbol{A}$ 的特征值为 $\lambda_1 = 3 + 5i, \lambda_2 = 3 - 5i$，特征值所对应的特征向量分别为

$$\boldsymbol{\eta}_1 = \begin{pmatrix} 1 \\ i \end{pmatrix}, \ \boldsymbol{\eta}_2 = \begin{pmatrix} i \\ 1 \end{pmatrix}.$$

由定理 (4.13) 可知，原方程组的一个基解矩阵为

$$\boldsymbol{\Phi}(t) = \begin{pmatrix} \mathrm{e}^{(3+5i)t} & \mathrm{i}\mathrm{e}^{(3-5i)t} \\ \mathrm{i}\mathrm{e}^{(3+5i)t} & \mathrm{e}^{(3-5i)t} \end{pmatrix}.$$

该基解矩阵是复数形式. 事实上，我们也可以得到如下实数形式的基解矩阵

$$\mathrm{e}^{\mathrm{At}} = \boldsymbol{\Phi}(t)\boldsymbol{\Phi}^{-1}(0) = \begin{pmatrix} \mathrm{e}^{(3+5\ \mathrm{S})t} & i\mathrm{e}^{(3-5i)t} \\ i\mathrm{e}^{(3+5i)t} & \mathrm{e}^{(3-5i)t} \end{pmatrix} \begin{pmatrix} 1 & i \\ i & 1 \end{pmatrix}^{-1} = \mathrm{e}^{3t} \begin{pmatrix} \cos 5t & \sin 5t \\ -\sin 5t & \cos 5t \end{pmatrix}.$$

**定理 4.14** 若实系数齐次线性微分方程组 (4.4.1) 有复值解 $\boldsymbol{y}(t) = \boldsymbol{u}(t) + i\boldsymbol{v}(t)$，则其实部 $\boldsymbol{u}(t)$ 和虚部 $\boldsymbol{v}(t)$ 都是 (4.4.1) 的解.

**证明** 因为 $\boldsymbol{y}(t) = \boldsymbol{u}(t) + i\boldsymbol{v}(t)$ 是方程组 (4.4.1) 的解，所以有

$$\boldsymbol{y}'(t) = \boldsymbol{u}'(t) + i\boldsymbol{v}'(t) = \boldsymbol{A}\boldsymbol{u}(t) + i\boldsymbol{A}\boldsymbol{v}(t),$$

则

$$\boldsymbol{u}'(t) = \boldsymbol{A}\boldsymbol{u}(t), \boldsymbol{v}'(t) = \boldsymbol{A}\boldsymbol{v}(t),$$

即实部 $u(t)$ 和虚部 $v(t)$ 都是方程组 (4.4.1) 的解. 定理证毕.

在上例中，根据定理 4.14，只要将 $\boldsymbol{\Phi}(t)$ 的每一列取实部或者虚部，就可得到一个实数形式的基解矩阵.

有时候，对应某个 $k_i\,(k_i>1)$ 重特征值 $\lambda_i$，无法求出对应的 $k_i$ 个线性无关的特征向量，从而不能应用定理 4.13 的结果来给出基解矩阵，下面我们利用线性代数的知识来求解这一问题.

**定理 4.15**　设矩阵 $\boldsymbol{A}$ 的 $k$ 个不同的特征值为 $\lambda_1,\lambda_2,\cdots,\lambda_k$，其重数分别为 $n_1,n_2,\cdots,n_k$，且 $n_1+n_2+\cdots+n_k=n$，则方程组 (4.4.1) 的满足初始条件 $\boldsymbol{\varphi}(0)=\boldsymbol{\eta}$ 的解为

$$\boldsymbol{\varphi}(t)=\sum_{j=1}^{k}\mathrm{e}^{\lambda_j t}\left(\sum_{k=0}^{n_j-1}\frac{t^k}{k!}\left(\boldsymbol{A}-\lambda_j\boldsymbol{E}\right)^i\right)\boldsymbol{\eta}_j, \tag{4.4.6}$$

这里 $\eta_j$ 为特征值 $\lambda_j$ 对应的 $n_j$ 维子空间的解.

**证明**　由定理条件可知，$\boldsymbol{\eta}_j$ 满足

$$\left(\boldsymbol{A}-\lambda_j\boldsymbol{E}\right)^{n_j}\boldsymbol{\eta}_j=0,$$

当 $k\geqslant n_j$ 时, 有

$$(\boldsymbol{A}-\lambda_j\boldsymbol{E})^k\boldsymbol{\eta}_j=0.$$

方程组 (4.4.1) 的通解为

$$\boldsymbol{\varphi}(t)=\mathrm{e}^{\boldsymbol{A}t}c,$$

则满足初始条件 $\varphi(0)=\boldsymbol{\eta}$ 的解为

$$\boldsymbol{\varphi}(t)=\mathrm{e}^{\boldsymbol{A}t}\boldsymbol{\eta}=\sum_{j=1}^{k}\mathrm{e}^{\boldsymbol{A}t}\boldsymbol{\eta}_j.$$

因为

$$\mathrm{e}^{\lambda_j t}\left(\mathrm{e}^{-\lambda_j\boldsymbol{E}t}\right)=\boldsymbol{E},$$

所以

$$\mathrm{e}^{\boldsymbol{A}t}\boldsymbol{\eta}_j=\mathrm{e}^{\boldsymbol{A}t}\boldsymbol{E}\boldsymbol{\eta}_j=\mathrm{e}^{\boldsymbol{A}t}\mathrm{e}^{\lambda_j t}\mathrm{e}^{-\lambda_j\boldsymbol{E}t}\boldsymbol{\eta}_j=\mathrm{e}^{\lambda_j t}\mathrm{e}^{\boldsymbol{A}t}\mathrm{e}^{-\lambda_j\boldsymbol{E}t}\boldsymbol{\eta}_j.$$

由于数量矩阵与任意同型矩阵是可交换的，故有

$$\begin{aligned}\mathrm{e}^{\boldsymbol{A}t}\boldsymbol{\eta}_j=&\mathrm{e}^{\lambda_j t}\mathrm{e}^{\boldsymbol{A}t-\lambda_j\boldsymbol{E}t}\boldsymbol{\eta}_j\\=&\mathrm{e}^{\lambda_j t}\left(\boldsymbol{E}+t\left(\boldsymbol{A}-\lambda_j\boldsymbol{E}\right)+\frac{t^2}{2!}\left(\boldsymbol{A}-\lambda_j\boldsymbol{E}\right)^2+\cdots+\frac{t_j^{n_j-1}}{\left(n_j-1\right)!}\left(\boldsymbol{A}-\lambda_j\boldsymbol{E}\right)^{n_j-1}\right)\boldsymbol{\eta}_j.\end{aligned}$$

定理证毕.

**附注** 从定理 4.15 的证明过程可看出，当矩阵 $\boldsymbol{A}$ 只有一个特征值 $\lambda_0$ 时(即 $\lambda_0$ 为 $n$ 重根)，无须将初始向量 $\boldsymbol{\eta}$ 分解为式 (4.4.6). 这时，对任意的 $n$ 维向量 $\boldsymbol{u}$，都有

$$(\boldsymbol{A}-\lambda\boldsymbol{E})^n\boldsymbol{u}=0$$

成立，即 $(\boldsymbol{A}-\lambda\boldsymbol{E})^n$ 为零向量. 因此由 $e^{\boldsymbol{A}t}$ 的定义可得到

$$\mathrm{e}^{\boldsymbol{A}t}=\mathrm{e}^{\lambda t}\mathrm{e}^{(\boldsymbol{A}-\lambda\boldsymbol{E})t}=\mathrm{e}^{\lambda t}\sum_{i=0}^{n-1}\frac{t^i}{i!}(\boldsymbol{A}-\lambda\boldsymbol{E})^i. \tag{4.4.7}$$

**定理 4.16** 设矩阵 $\boldsymbol{A}$ 的 $k$ 个不同的特征值为 $\lambda_1,\lambda_2,\cdots,\lambda_k$，其重数分别为 $n_1,n_2,\cdots,n_k$ 且 $n_1+n_2+\cdots+n_k=n$，则方程组 (4.4.1) 的矩阵指数函数为：

$$\mathrm{e}^{\boldsymbol{A}t}=(\varphi_1(t),\varphi_2(t),\cdots,\varphi_n(t)),$$

其中 $\varphi_i(t)$ $(i=1,2,\cdots,n)$ 是方程组 (4.4.1) 满足初始条件 $\varphi_i(0)=\mathrm{e}_i$ 的形如 (4.4.6) 的解.

## 一、系数矩阵 A 有单特征根时的解

先研究一种简单情形，即矩阵 $\boldsymbol{A}$ 有 $n$ 个不同特征根的情况. 此时，由线性代数的知识可知，一定存在一个非奇异矩阵 $\boldsymbol{M}$，使 $\boldsymbol{D}=\boldsymbol{M}^{-1}\boldsymbol{A}\boldsymbol{M}$ 是对角矩阵，即

$$\boldsymbol{D}=\boldsymbol{M}^{-1}\boldsymbol{A}\boldsymbol{M}=\begin{bmatrix}\lambda_1 & 0 & \cdots & 0\\ 0 & \lambda_2 & \cdots & 0\\ \vdots & \vdots & & \vdots\\ 0 & 0 & \cdots & \lambda_n\end{bmatrix}, \tag{4.4.8}$$

其中，$\lambda_i$ $(i=1,2,\cdots,n)$ 是矩阵 $\boldsymbol{A}$ 的特征根. 作线性代换 $\boldsymbol{x}=\boldsymbol{M}\boldsymbol{y}$，并代入方程 (4.4.1), 则可得

$$\boldsymbol{y}'=\boldsymbol{M}^{-1}\boldsymbol{A}\boldsymbol{M}\boldsymbol{y}=\boldsymbol{D}\boldsymbol{y}. \tag{4.4.9}$$

写成纯量形式可得方程组

$$\frac{\mathrm{d}y_1}{\mathrm{d}t}=\lambda_1y_1,\ \frac{\mathrm{d}y_2}{\mathrm{d}t}=\lambda_2y_2,\cdots,\frac{\mathrm{d}y_n}{\mathrm{d}t}=\lambda_ny_n.$$

积分上面的各个方程，得方程组 (4.4.9) 的解为

$$y_1=c_1\mathrm{e}^{\lambda_1t},\ y_2=c_2\mathrm{e}^{\lambda_2t},\cdots,y_n=c_n\mathrm{e}^{\lambda_nt}.$$

因此，方程组 (4.4.9) 的通解为

$$y = c_1\begin{bmatrix}1\\0\\\vdots\\0\end{bmatrix}e^{\lambda_1 t} + c_2\begin{bmatrix}0\\1\\\vdots\\0\end{bmatrix}e^{\lambda_2 t} + \cdots + c_n\begin{bmatrix}0\\0\\\vdots\\1\end{bmatrix}e^{\lambda_n t}. \tag{4.4.10}$$

另外，由式 (4.4.8) 得

$$\boldsymbol{AM} = \boldsymbol{M}\begin{bmatrix}\lambda_1 & 0 & \cdots & 0\\0 & \lambda_2 & \cdots & 0\\\vdots & \vdots & & \vdots\\0 & 0 & \cdots & \lambda_n\end{bmatrix}.$$

记 $\boldsymbol{M} = \left(m_{ij}\right)_{n\times n}$，则

$$\boldsymbol{a}_1 = \begin{bmatrix}m_{11}\\m_{21}\\\vdots\\m_{n1}\end{bmatrix}, \boldsymbol{a}_2 = \begin{bmatrix}m_{12}\\m_{22}\\\vdots\\m_{n2}\end{bmatrix}, \cdots, \boldsymbol{a}_n = \begin{bmatrix}m_{1n}\\m_{2n}\\\vdots\\m_{nn}\end{bmatrix}$$

是矩阵 $\boldsymbol{A}$ 的特征根 $\lambda_1, \lambda_2, \cdots, \lambda_n$ 对应的特征向量，即

$$\boldsymbol{A}\boldsymbol{a}_i = \lambda_i \boldsymbol{a}_i.$$

把式 (4.4.10) 代入 $\boldsymbol{x} = \boldsymbol{My}$，可得方程组 (4.4.1) 的基解矩阵为

$$\boldsymbol{\Phi}(t) = \left(\boldsymbol{a}_1 e^{\lambda_1 t}, \boldsymbol{a}_2 e^{\lambda_2 t}, \cdots, \boldsymbol{a}_n e^{\lambda_n t}\right),$$

因此，式 (4.4.1) 的通解为

$$\boldsymbol{x} = c_1\boldsymbol{a}_1 e^{\lambda_1 t} + c_2\boldsymbol{a}_2 e^{\lambda_2 t} + \cdots + c_n\boldsymbol{a}_n e^{\lambda_n t}.$$

从上面的讨论可看出，求解方程组 (4.4.1) 通解的关键在于求解矩阵 $\boldsymbol{A}$ 的特征根 $\lambda_i$ 及其对应的特征向量 $\boldsymbol{a}_i$ .

由前面的讨论可得下面的定理.

**定理 4.17**　设矩阵 $\boldsymbol{A}$ 有 $n$ 个不同特征根 $\lambda_1, \lambda_2, \cdots, \lambda_n$，并且其对应的特征向量为 $\boldsymbol{\alpha}_1, \boldsymbol{\alpha}_2, \cdots, \boldsymbol{\alpha}_n$，则方程组 (4.4.1) 的通解为

$$\boldsymbol{x}(t) = c_1\boldsymbol{\alpha}_1 e^{\lambda_1 t} + c_2\boldsymbol{\alpha}_2 e^{\lambda_2 t} + \cdots + c_n\boldsymbol{\alpha}_n e^{\lambda_n t}.$$

**例 4** 求方程组

$$x' = \begin{bmatrix} 6 & -3 \\ 2 & 1 \end{bmatrix} x$$

的通解.

**解** 矩阵 $A$ 的特征方程为

$$\begin{bmatrix} \lambda - 6 & 3 \\ -2 & \lambda - 1 \end{bmatrix} = \lambda^2 - 7\lambda + 12 = 0.$$

因此，矩阵 $A$ 的特征根为 $\lambda_1 = 3, \lambda_2 = 4$. 对 $\lambda_1$ 可求得其特征向量 $\alpha_1 = (1,1)^T$. 对 $\lambda_2$ 也可求得其相应的特征向量为 $\alpha_2 = (3,2)^T$ . 因此，方程组的通解为

$$x = c_1 \begin{bmatrix} 1 \\ 1 \end{bmatrix} e^{3t} + c_2 \begin{bmatrix} 3 \\ 2 \end{bmatrix} e^{4t}.$$

**例 5** 求方程组

$$x' = \begin{bmatrix} 7 & -1 & 6 \\ -10 & 4 & -12 \\ -2 & 1 & -1 \end{bmatrix} x$$

的通解.

**解** 该方程组对应的系数矩阵 $A$ 的特征方程为

$$\begin{bmatrix} 7 - \lambda & -1 & 6 \\ -10 & 4 - \lambda & -12 \\ -2 & 1 & -1 - \lambda \end{bmatrix} = -(\lambda - 2)(\lambda - 3)(\lambda - 5) = 0.$$

因此，$A$ 的特征根为 $\lambda_1 = 2, \lambda_2 = 3, \lambda_3 = 5$. 对特征根 $\lambda_1 = 2$，其对应的特征向量 $\alpha_1$ 满足

$$\begin{bmatrix} 7 & -1 & 6 \\ -10 & 4 & -12 \\ -2 & 1 & -1 \end{bmatrix} \alpha_1 = \lambda_1 \alpha_1.$$

由上式可求得特征向量 $\alpha_1 = (1,-1,-1)^T$. 类似地，可求得特征根 $\lambda_2$ 和 $\lambda_3$ 对应的特征向量分别为 $\alpha_2 = (1,-2,-1)^T, \alpha_3 = (3,-6,-2)^T$. 因此，线性齐次方程组的通解为

$$x = c_1 \begin{bmatrix} 1 \\ -1 \\ -1 \end{bmatrix} e^{2t} + c_2 \begin{bmatrix} 1 \\ -2 \\ -1 \end{bmatrix} e^{3t} + c_3 \begin{bmatrix} 3 \\ -6 \\ -2 \end{bmatrix} e^{5t}.$$

**附注** 若矩阵 $A$ 具有复特征根的情形，这时方程 (4.4.1) 就会出现实变量复值解. 通常希望求出方程组 (4.4.1) 的 $n$ 个实的线性无关的实值解，这可由定理

4.14 实现. 实矩阵 $\boldsymbol{A}$ 的复特征根一定共轭成对出现，即如果 $\lambda = a + ib$ 是特征根，则共轭复数 $\bar{\lambda} = a - ib$ 也是特征根，$\bar{\lambda}$ 对应的特征向量也与 $\lambda$ 对应的特征向量共轭. 因此，方程组 (4.4.1) 是出现一对共轭的复值解.

**例 6**　求方程组

$$\boldsymbol{x}' = \begin{bmatrix} 1 & -5 \\ 2 & -1 \end{bmatrix} \boldsymbol{x}$$

的通解.

**解**　系数矩阵 $\boldsymbol{A}$ 的特征方程为

$$\begin{bmatrix} 1-\lambda & -5 \\ 2 & -1-\lambda \end{bmatrix} = \lambda^2 + 9 = 0.$$

故有特征根 $\lambda_1 = 3i, \lambda_2 = -3i$，并且是共轭的. $\lambda_1 = 3i$ 对应的特征向量 $\boldsymbol{\alpha} = (\alpha_1, \alpha_2)$ 满足方程

$$(1-3i)\alpha_1 - 5\alpha_2 = 0.$$

取 $\alpha_1 = 5$，得 $\alpha_2 = 1 - 3i$，则 $\boldsymbol{\alpha} = (5, 1-3i)^T$ 是 $\lambda_1$ 对应的特征向量. 因此，原微分方程组有解

$$\boldsymbol{x}(t) = \begin{bmatrix} 5 \\ 1-3i \end{bmatrix} \mathrm{e}^{3it} = \begin{bmatrix} 5\mathrm{e}^{3it} \\ (1-3i)\mathrm{e}^{3it} \end{bmatrix}$$

$$= \begin{bmatrix} 5\cos 3t + 5i\sin 3t \\ \cos 3t + 3\sin 3t + i(\sin 3t - 3\cos 3t) \end{bmatrix}$$

$$= \begin{bmatrix} 5\cos 3t \\ \cos 3t + 3\sin 3t \end{bmatrix} + i\begin{bmatrix} 5\sin 3t \\ \sin 3t - 3\cos 3t \end{bmatrix}.$$

故

$$\boldsymbol{u}(t) = \begin{bmatrix} 5\cos 3t \\ \cos 3t + 3\sin 3t \end{bmatrix}, \quad \boldsymbol{v}(t) = \begin{bmatrix} 5\sin 3t \\ \sin 3t - 3\cos 3t \end{bmatrix},$$

且 $\boldsymbol{u}(t)$ 和 $\boldsymbol{v}(t)$ 是原方程的两个线性无关解，故原方程组的通解为

$$\boldsymbol{x}(t) = c_1\begin{bmatrix} 5\cos 3t \\ \cos 3t + 3\sin 3t \end{bmatrix} + c_2\begin{bmatrix} 5\sin 3t \\ \sin 3t - 3\cos 3t \end{bmatrix},$$

其中，$c_1$, $c_2$ 是任意的常数.

## 二、系数矩阵 $A$ 有重特征根时的解

**定理 4.18** 设 $n\times n$ 矩阵 $\boldsymbol{A}$ 有一个重特征根 $\lambda_1$，重数 $k\geqslant 2$ 且 $\lambda_1$ 对应的特征子空间维数是 1. 设 $\boldsymbol{\alpha}_1$ 是 $\lambda_1$ 对应的特征子空间的一个基，则存在满足方程

$$(\boldsymbol{A}-\lambda_1\boldsymbol{E})\boldsymbol{\alpha}_2=\boldsymbol{\alpha}_1$$

的向量 $\boldsymbol{\alpha}_2$，使得 $\boldsymbol{x}_1(t)=\boldsymbol{\alpha}_1\mathrm{e}^{\lambda_1 t}$ 和 $\boldsymbol{x}_2(t)=\boldsymbol{\alpha}_2\mathrm{e}^{\lambda_1 t}+\boldsymbol{\alpha}_1 t\mathrm{e}^{\lambda_1 t}$ 是方程组 (4.4.1) 两个线性无关的解.

**证明** 需要证明 $\boldsymbol{x}_2(t)=\boldsymbol{\alpha}_2\mathrm{e}^{\lambda_1 t}+\boldsymbol{\alpha}_1 t\mathrm{e}^{\lambda_1 t}$ 是方程 (4.4.1) 的解，并且 $\boldsymbol{x}_2(t)$ 与 $\boldsymbol{x}_1(t)$ 线性无关. 把 $\boldsymbol{x}_2(t)=\boldsymbol{\alpha}_2\mathrm{e}^{\lambda_1 t}+\boldsymbol{\alpha}_1 t\mathrm{e}^{\lambda_1 t}$ 代入方程 $\boldsymbol{x}'(t)=\boldsymbol{A}\boldsymbol{x}(t)$，得

$$\begin{aligned}\boldsymbol{x}_2'-\boldsymbol{A}\boldsymbol{x}_2&=\lambda_1\boldsymbol{\alpha}_2\mathrm{e}^{\lambda_1 t}+\boldsymbol{\alpha}_1\mathrm{e}^{\lambda_1 t}+\lambda_1\boldsymbol{\alpha}_1 t\mathrm{e}^{\lambda_1 t}-\boldsymbol{A}\boldsymbol{\alpha}_2\mathrm{e}^{\lambda_1 t}-\boldsymbol{A}\boldsymbol{\alpha}_1 t\mathrm{e}^{\lambda_1 t}\\&=(\lambda_1\boldsymbol{\alpha}_2+\boldsymbol{\alpha}_1-\boldsymbol{A}\boldsymbol{\alpha}_2)\,\mathrm{e}^{\lambda_1 t}+(\lambda_1\boldsymbol{\alpha}_1-\boldsymbol{A}\boldsymbol{\alpha}_1)\,t\mathrm{e}^{\lambda_1 t}.\end{aligned}$$

因为 $\boldsymbol{\alpha}_1$ 是矩阵 $\boldsymbol{A}$ 的特征根 $\lambda_1$ 对应的特征向量，且 $\boldsymbol{\alpha}_2$ 满足 $(\boldsymbol{A}-\lambda_1\boldsymbol{E})\boldsymbol{\alpha}_2=\boldsymbol{\alpha}_1$，所以 $\boldsymbol{x}_2'-\boldsymbol{A}\boldsymbol{x}_2=0$. 这说明 $\boldsymbol{x}_2(t)$ 是方程 (4.4.1) 的解.

下面证明 $\boldsymbol{x}_1(t)$ 和 $\boldsymbol{x}_2(t)$ 线性无关. 事实上，若存在常数 $c_1$ 和 $c_2$ 满足

$$c_1\boldsymbol{x}_1+c_2\boldsymbol{x}_2=c_1\boldsymbol{\alpha}_1\mathrm{e}^{\lambda_1 t}+c_2(\boldsymbol{\alpha}_2\mathrm{e}^{\lambda_1 t}+\boldsymbol{\alpha}_1 t\mathrm{e}^{\lambda_1 t})=0,$$

对上式两边乘以 $\mathrm{e}^{-\lambda_1 t}$，得

$$c_1\boldsymbol{\alpha}_1+c_2\,(\boldsymbol{\alpha}_2+\boldsymbol{\alpha}_1 t)=0,$$

上式两边对 $t$ 求导，得 $c_2\boldsymbol{\alpha}_1=0$. 因为 $\boldsymbol{\alpha}_1\neq 0$，因而必有 $c_2=0$. 把 $c_2=0$ 代入上式得 $c_1\boldsymbol{\alpha}_1=0$，即有 $c_1=0$，这说明 $\boldsymbol{x}_1(t)$ 和 $\boldsymbol{x}_2(t)$ 线性无关.

**例 7**

(1) 试求矩阵

$$\boldsymbol{A}=\begin{bmatrix}2&1\\-1&4\end{bmatrix}$$

的特征根和对应的特征向量;

(2) 求解初值问题 $\boldsymbol{y}'=\boldsymbol{A}\boldsymbol{y}$, $\boldsymbol{\varphi}(0)=\boldsymbol{\eta}$，并求解 $\mathrm{e}^{\boldsymbol{A}t}$.

**解** (1) 特征方程为

$$\det(\lambda\boldsymbol{E}-\boldsymbol{A})=\begin{bmatrix}\lambda-2&-1\\1&\lambda-4\end{bmatrix}=(\lambda-3)^2=0.$$

因此，$\lambda = 3$ 是 $\boldsymbol{A}$ 的二重特征根. 对应的特征向量为 $\boldsymbol{\eta} = c\begin{bmatrix}1\\1\end{bmatrix}$，其中 $c$ 为任意非零常数.

(2) 将 $n = 2, \boldsymbol{\eta} = \begin{bmatrix}\eta_1\\\eta_2\end{bmatrix}$ 代入 (4.4.7)，可知

$$\boldsymbol{\varphi}(t) = \mathrm{e}^{3t}[\boldsymbol{E} + t(\boldsymbol{A} - 3\boldsymbol{E})]\boldsymbol{\eta} = \mathrm{e}^{3t}\begin{bmatrix}\eta_1 + t(-\eta_1 + \eta_2)\\\eta_2 + t(-\eta_1 + \eta_2)\end{bmatrix}.$$

取

$$\begin{bmatrix}\eta_1\\\eta_2\end{bmatrix} = \begin{bmatrix}1\\0\end{bmatrix} \text{ 和 } \begin{bmatrix}\eta_1\\\eta_2\end{bmatrix} = \begin{bmatrix}0\\1\end{bmatrix},$$

则有

$$\mathrm{e}^{\boldsymbol{A}t} = \mathrm{e}^{3t}[\boldsymbol{E} + t(\boldsymbol{A} - 3\boldsymbol{E})] = \mathrm{e}^{3t}\begin{bmatrix}1-t & t\\-t & 1+t\end{bmatrix}.$$

**例 8**　求方程组

$$\boldsymbol{x}' = \begin{bmatrix}3 & 4 & -10\\2 & 1 & -2\\2 & 2 & -5\end{bmatrix}\boldsymbol{x} \tag{4.4.11}$$

的通解.

**解**　方程组 (4.4.11) 的系数矩阵 $\boldsymbol{A}$ 的特征方程为

$$\begin{bmatrix}3-\lambda & 4 & -10\\2 & 1-\lambda & -2\\2 & 2 & -5-\lambda\end{bmatrix} = -(\lambda-1)(\lambda+1)^2 = 0.$$

因此，矩阵 $\boldsymbol{A}$ 有单特征根 $\lambda_1 = 1$ 和二重特征根 $\lambda_2 = -1$ .

对 $\lambda_1 = 1$，有特征向量 $\boldsymbol{\alpha}_1 = (\alpha_{11}, \alpha_{21}, \alpha_{31})^T$ 满足方程

$$\begin{cases}2\alpha_{11} + 4\alpha_{21} - 10\alpha_{31} = 0,\\2\alpha_{11} - 2\alpha_{31} = 0,\\2\alpha_{11} + 2\alpha_{21} - 6\alpha_{31} = 0,\end{cases}$$

因此，$\boldsymbol{\alpha}_1 = (1, 2, 1)^T$ 是 $\lambda_1 = 1$ 对应的特征向量.

$\lambda_2 = -1$ 对应的特征向量 $\boldsymbol{\alpha}_1 = (\alpha_{12}, \alpha_{22}, \alpha_{32})^T$ 满足方程组

$$\begin{cases}4\alpha_{12} + 4\alpha_{22} - 10\alpha_{32} = 0,\\2\alpha_{12} + 2\alpha_{22} - 2\alpha_{32} = 0,\\2\alpha_{12} + 2\alpha_{22} - 4\alpha_{32} = 0,\end{cases}$$

由上面的方程组，得 $\alpha_{32} = 0, \alpha_{12} = -\alpha_{22}$，$\alpha_{22}$ 是任意常数. 选取 $\alpha_{22} = 1$，得 $\boldsymbol{\alpha}_2 = (-1, 1, 0)^T$. 进而知

$$\boldsymbol{x}_2(t) = \begin{bmatrix} 1 \\ 1 \\ 0 \end{bmatrix} \mathrm{e}^{-t}$$

是方程组 (4.4.11) 的一个解.

因为 $\lambda_2 = -1$ 对应的特征子空间是一维的，所以必须根据定理 4.18 来寻找方程组 (4.4.11) 第三个解 $\boldsymbol{x}_3(t)$，其中，$\boldsymbol{\alpha}_3 = (\alpha_{13}, \alpha_{23}, \alpha_{33})^T$，并且满足方程

$$(\boldsymbol{A} + \boldsymbol{E})\boldsymbol{\alpha}_3 = \boldsymbol{\alpha}_2,$$

即 $\alpha_{13}, \alpha_{23}, \alpha_{33}$ 满足方程组

$$\begin{cases} 4\alpha_{13} + 4\alpha_{23} - 10\alpha_{33} = 1, \\ 2\alpha_{13} + 2\alpha_{23} - 2\alpha_{33} = 1, \\ 2\alpha_{13} + 2\alpha_{23} - 4\alpha_{33} = 0, \end{cases}$$

解该方程组，得 $\alpha_{33} = \dfrac{1}{2}, \alpha_{13} = 1 - \alpha_{23}$，其中，$\alpha_{23}$ 是任意常数. 选取 $\alpha_{23} = 0$，得 $\boldsymbol{\alpha}_3 = (1, 0, \dfrac{1}{2})^T$. 因此，方程组 (4.4.11) 有解

$$\boldsymbol{x}_3(t) = \begin{bmatrix} 1 \\ 0 \\ \dfrac{1}{2} \end{bmatrix} \mathrm{e}^{-t} + \begin{bmatrix} 1 \\ 1 \\ 0 \end{bmatrix} t\mathrm{e}^{-t}.$$

因为，$\boldsymbol{x}_1(t), \boldsymbol{x}_2(t), \boldsymbol{x}_3(t)$ 在 $t = 0$ 处的伏朗斯基行列式 $\boldsymbol{W}(t)$ 为

$$\boldsymbol{W}(t) = \begin{bmatrix} 1 & -1 & 1 \\ 2 & 1 & 0 \\ 1 & 0 & \dfrac{1}{2} \end{bmatrix} \neq 0.$$

因此，$\boldsymbol{x}_1(t), \boldsymbol{x}_2(t), \boldsymbol{x}_3(t)$ 线性无关，故方程组 (4.4.11) 的通解为

$$\boldsymbol{x}(t) = c_1 \begin{bmatrix} 1 \\ 2 \\ 1 \end{bmatrix} \mathrm{e}^{t} + c_2 \begin{bmatrix} 1 \\ 1 \\ 0 \end{bmatrix} \mathrm{e}^{-t} + c_3 \left\{ \begin{bmatrix} 1 \\ 0 \\ \dfrac{1}{2} \end{bmatrix} \mathrm{e}^{-t} + \begin{bmatrix} 1 \\ 1 \\ 0 \end{bmatrix} t\mathrm{e}^{-t} \right\},$$

其中, $c_1$, $c_2$, $c_3$ 是任意的常数.

## 习　题　4.4

1. 求下列常系数齐次线性组的通解.

(1) $\begin{cases} \dfrac{\mathrm{d}y}{\mathrm{d}x} = 5y + 4z, \\ \dfrac{\mathrm{d}z}{\mathrm{d}x} = 4y + 5z; \end{cases}$

(2) $\begin{cases} \dfrac{\mathrm{d}x}{\mathrm{d}t} = 3x + 4y, \\ \dfrac{\mathrm{d}y}{\mathrm{d}t} = 5x + 2y; \end{cases}$

(3) $\begin{cases} \dfrac{\mathrm{d}x}{\mathrm{d}t} = x + y, \\ \dfrac{\mathrm{d}y}{\mathrm{d}t} = 3y - 2x; \end{cases}$

(4) $\begin{cases} \dfrac{\mathrm{d}x}{\mathrm{d}t} = x - y, \\ \dfrac{\mathrm{d}y}{\mathrm{d}t} = x + y. \end{cases}$

2. 证明常系数齐次线性微分方程组

$$\frac{\mathrm{d}\boldsymbol{x}}{\mathrm{d}t} = \boldsymbol{A}\boldsymbol{x}$$

所有特征根具有负实部的充分必要条件是当 $t \to +\infty$ 时，其一切解都趋于零.

## §4.5　常系数非齐次线性微分方程组

考虑常系数非齐次线性微分方程组

$$\boldsymbol{x}' = \boldsymbol{A}\boldsymbol{x} + \boldsymbol{f}(t), \tag{4.5.1}$$

其对应的齐次线性微分方程组为

$$\boldsymbol{x}' = \boldsymbol{A}\boldsymbol{x}, \tag{4.5.2}$$

其中， $\boldsymbol{A}$ 是 $n \times n$ 实常数矩阵， $\boldsymbol{f}(t)$ 是 $n$ 维列向量函数. 根据非齐次线性微分方程组解的结构定理知，方程组 (4.5.1) 的通解为方程组 (4.5.2) 的通解与方程组 (4.5.1) 的一个特解之和. 而在上一节中已详细研究了方程组 (4.5.2) 的通解求法. 因此，只需给出方程组 (4.5.1) 的一个特解即可求得方程组 (4.5.1) 的通解.

利用定理 4.11 的常数变易法就可求出方程组 (4.5.1) 的通解或满足初始条件 $\boldsymbol{x}(t_0) = \boldsymbol{x}_0$ 的解. 只不过方程组 (4.5.1) 对应的齐次线性方程组 (4.5.2) 的基解矩阵为 $\boldsymbol{\Phi}(t) = \exp(\boldsymbol{A}t)$，而 $\boldsymbol{\Phi}^{-1}(t) = \exp(-\boldsymbol{A}t)$. 因此，常系数非齐次线性微分方程组 (4.5.1) 的通解为 $\boldsymbol{x}(t) = \exp(\boldsymbol{A}t)c + \int_0^t \exp(\boldsymbol{A}(t-s))\boldsymbol{f}(s)\mathrm{d}s$, 其中，$c$ 为任意常数列向量.

方程组 (4.5.1) 满足初始条件 $\boldsymbol{x}(t_0) = \boldsymbol{x}_0$ 的解为

$$\boldsymbol{x}(t) = \exp(\boldsymbol{A}(t-t_0))x_0 + \int_0^t \exp(\boldsymbol{A}(t-s))\boldsymbol{f}(s)\mathrm{d}s. \tag{4.5.3}$$

公式 (4.5.3) 称为方程组 (4.5.1) 的**常数变易公式**.

**例 1** 求解方程组

$$\boldsymbol{x}' = \begin{bmatrix} 0 & 1 \\ 2 & -1 \end{bmatrix}\boldsymbol{x} + \begin{bmatrix} 2-2t \\ 1 \end{bmatrix}. \tag{4.5.4}$$

**解** 方程组 (4.5.4) 的系数矩阵

$$\boldsymbol{A} = \begin{bmatrix} 0 & 1 \\ 2 & -1 \end{bmatrix}$$

的特征根为 $\lambda_1 = 1, \lambda_2 = -2$, 相应的特征向量分别为

$$\alpha_1 = \begin{bmatrix} 1 \\ 1 \end{bmatrix}, \quad \alpha_2 = \begin{bmatrix} 1 \\ -2 \end{bmatrix}.$$

因此，可求得方程组 (4.5.4) 对应的齐次线性微分方程组的基解矩阵及其逆矩阵为

$$\boldsymbol{\Phi}(t) = \begin{bmatrix} \mathrm{e}^t & \mathrm{e}^{-2t} \\ \mathrm{e}^t & -2\mathrm{e}^{-2t} \end{bmatrix}, \quad \boldsymbol{\Phi}^{-1}(t) = \begin{bmatrix} \frac{2}{3}\mathrm{e}^{-t} & \frac{1}{3}\mathrm{e}^{-t} \\ \frac{1}{3}\mathrm{e}^{2t}+ & -\frac{1}{3}\mathrm{e}^{2t} \end{bmatrix},$$

因而其通解为

$$\begin{aligned}
\boldsymbol{x}(t) &= \boldsymbol{\Phi}(t)c + \boldsymbol{\Phi}(t)\int \boldsymbol{\Phi}^{-1}(t)\begin{bmatrix} 2-2t \\ 1 \end{bmatrix}\mathrm{d}t \\
&= \boldsymbol{\Phi}(t)c + \boldsymbol{\Phi}(t)\int \begin{bmatrix} \frac{5}{3}\mathrm{e}^{-t} - \frac{4}{3}t\mathrm{e}^{-t} \\ \frac{1}{3}\mathrm{e}^{2t} - \frac{2}{3}t\mathrm{e}^{2t} \end{bmatrix}\mathrm{d}t \\
&= \boldsymbol{\Phi}(t)c + \boldsymbol{\Phi}(t)\begin{bmatrix} -\frac{1}{3}\mathrm{e}^{-t} + \frac{4}{3}t\mathrm{e}^{-t} \\ \frac{1}{3}\mathrm{e}^{2t} - \frac{1}{3}t\mathrm{e}^{2t} \end{bmatrix} \\
&= \begin{bmatrix} c_1\mathrm{e}^t + c_2\mathrm{e}^{-2t} + t \\ c_1\mathrm{e}^t - 2c_2\mathrm{e}^{-2t} + 2t - 1 \end{bmatrix}.
\end{aligned}$$

## 习 题 4.5

1. 给定微分方程组

$$\boldsymbol{x}' = \begin{bmatrix} 0 & 1 \\ -1 & 0 \end{bmatrix}\boldsymbol{x},\quad \boldsymbol{x} = \begin{bmatrix} x_1 \\ x_2 \end{bmatrix}.$$

(1) 验证

$$x_1(t) = \begin{bmatrix} \sin t \\ \cos t \end{bmatrix},\quad x_2(t) = \begin{bmatrix} \cos t \\ -\sin t \end{bmatrix}$$

分别是上述方程组满足初始条件

$$x_1(0) = \begin{bmatrix} 0 \\ 1 \end{bmatrix},\quad x_2(0) = \begin{bmatrix} 1 \\ 0 \end{bmatrix}$$

的解;

(2) 验证

$$\boldsymbol{x}(t) = c_1 x_1(t) + c_2 x_2(t)$$

是上述方程组满足初始条件

$$\boldsymbol{x}(0) = \begin{bmatrix} c_1 \\ c_2 \end{bmatrix}$$

的解.

2. 试求初值问题

$$\boldsymbol{y}' = \begin{bmatrix} 1 & 1 \\ 0 & 1 \end{bmatrix}\boldsymbol{y} + \begin{bmatrix} \mathrm{e}^{-t} \\ 0 \end{bmatrix},\quad \boldsymbol{y}(0) = \begin{bmatrix} -1 \\ 1 \end{bmatrix}$$

的解，其中, 对应齐次线性方程组的基解矩阵为

$$\boldsymbol{\Phi}(t) = \begin{bmatrix} \mathrm{e}^t & t\mathrm{e}^t \\ 0 & \mathrm{e}^t \end{bmatrix}.$$

3. 求解下列方程组.

(1) $\begin{cases} \dfrac{\mathrm{d}x}{\mathrm{d}t} = 2x + 3y, \\ \dfrac{\mathrm{d}y}{\mathrm{d}t} = 3x + 2y, \\ x(0) = 0, y(0) = 1; \end{cases}$

(2) $\begin{cases} \dfrac{\mathrm{d}x}{\mathrm{d}t} = x + 2y + z, \\ \dfrac{\mathrm{d}y}{\mathrm{d}t} = x - y + z, \\ \dfrac{\mathrm{d}z}{\mathrm{d}t} = 2x + z, \\ x(0) = 0, y(0) = 1. \end{cases}$

4. 用常数变易法求下列非齐次线性方程组的通解.

(1) $\boldsymbol{x}' = \begin{bmatrix} -2 & -4 \\ -1 & 1 \end{bmatrix} \boldsymbol{x} + \begin{bmatrix} 1 + 4t \\ \dfrac{3}{2}t^2 \end{bmatrix}$;

(2) $\boldsymbol{x}' = \begin{bmatrix} 3 & -\dfrac{1}{2} \\ 0 & 2 \end{bmatrix} \boldsymbol{x} + \begin{bmatrix} -3t^2 - \dfrac{1}{2}t + \dfrac{3}{2} \\ -2t + 1 \end{bmatrix}$;

(3) $\boldsymbol{x}' = \begin{bmatrix} 0 & -2 \\ 2 & 0 \end{bmatrix} \boldsymbol{x} + \begin{bmatrix} 3 \\ -2t \end{bmatrix}$;

(4) $\boldsymbol{x}' = \begin{bmatrix} 0 & 1 \\ 1 & 0 \end{bmatrix} \boldsymbol{x} + \begin{bmatrix} 0 \\ \mathrm{e}^t - \mathrm{e}^{-t} \end{bmatrix}$.

# 第 5 章　高阶微分方程

本章讨论二阶及二阶以上的微分方程，即高阶微分方程. 在微分方程的理论中，线性微分方程是非常值得重视的一部分，线性微分方程是研究非线性微分方程的基础，它在物理、力学和工程技术、自然科学中也有着广泛应用. 因此，本章着重讨论高阶线性微分方程的一般理论和高阶常系数线性微分方程的解法. 此外，本章还简单介绍变系数的二阶线性微分方程的幂级数解法、特殊高阶方程的降阶法及二阶线性齐次方程的边值问题和特征值问题.

## §5.1　高阶线性微分方程的一般理论

**定义 5.1**　含有自变量 $t$，未知函数 $x$ 以及 $x$ 的各阶导数 $\frac{\mathrm{d}x}{\mathrm{d}t},\cdots,\frac{\mathrm{d}^n x}{\mathrm{d}t^n}$ 均为一次的 $n$ 阶微分方程，称为 $n$ **阶线性微分方程**. 它的一般形式为

$$\frac{\mathrm{d}^n x}{\mathrm{d}t^n}+a_1(t)\frac{\mathrm{d}^{n-1}x}{\mathrm{d}t^{n-1}}+\cdots+a_{n-1}(t)\frac{\mathrm{d}x}{\mathrm{d}t}+a_n(t)x=f(t), \tag{5.1.1}$$

其中，$a_t\,(t)\,(i=1,2,3,\cdots,n)$ 及 $f(t)$ 都是区间 $a\leqslant t\leqslant b$ 上的连续函数. 例如，方程

$$t\frac{\mathrm{d}^4 x}{\mathrm{d}t^4}+\mathrm{e}^t\frac{\mathrm{d}^2 x}{\mathrm{d}t^2}-x=\sin t,$$

$$\frac{\mathrm{d}^2 x}{\mathrm{d}t^2}+t^2\frac{\mathrm{d}x}{\mathrm{d}t}+x=\mathrm{e}^t,$$

$$y'''+2y'+y-x=0$$

都是线性微分方程，它们分别是 4 阶、2 阶和 3 阶线性微分方程，而方程

$$y''+yy'=x,$$

$$y'''+y'+y^2=0$$

及

$$\frac{\mathrm{d}^2 x}{\mathrm{d}t^2}+\sin x=\mathrm{e}^t$$

都不是线性微分方程，它们是非线性的微分方程. 如果 $f(t) \equiv 0$，则方程 (5.1.1) 变为

$$\frac{\mathrm{d}^n x}{\mathrm{d}t^n}+a_1(t)\frac{\mathrm{d}^{n-1}}{\mathrm{d}t^{n-1}}+\cdots+a_{n-1}(t)\frac{\mathrm{d}x}{\mathrm{d}t}+a_n(t)x=0, \tag{5.1.2}$$

称为 $n$ **阶齐次线性微分方程**，简称**齐次线性方程**，相应地称方程 (5.1.1) 为 $n$ **阶非齐次线性微分方程**，简称**非齐次线性微分方程**，并且把方程 (5.1.2) 叫作对应于方程 (5.1.1) 的**齐次线性微分方程**. 例如，

$$t^2\frac{\mathrm{d}^2 x}{\mathrm{d}t^2}+t\frac{\mathrm{d}x}{\mathrm{d}t}+\left(t^2-n^2\right)x=0 \quad \left(n\ \text{是常数}\right),$$

$$\frac{\mathrm{d}^2 x}{\mathrm{d}t^2}+2\frac{\mathrm{d}x}{\mathrm{d}t}+3x=0$$

是二阶齐次线性微分方程，而

$$t^2\frac{\mathrm{d}^2 x}{\mathrm{d}t^2}+a_1t\frac{\mathrm{d}x}{\mathrm{d}t}+a_2x=f(t) \quad \left(a_1,a_2\ \text{是常数}\right),$$

$$\frac{\mathrm{d}^2 x}{\mathrm{d}t^2}+4x=\sin t$$

是二阶非齐次线性微分方程.

同一阶微分方程一样，高阶微分方程也有解是否存在且唯一的问题. 因此，作为讨论问题的基础，我们先给出高阶线性微分方程 (5.1.1) 的解的存在唯一性定理.

**定理 5.1**（**存在唯一性定理**） 如果 $a_i(t)$ $(i=1,2,3,\cdots,n)$ 及 $f(t)$ 都是区间 $a \leqslant t \leqslant b$ 上的连续函数，则对任意 $t_0 \in [a,b]$ 及任意 $x_0, x_0^{(1)},\cdots,x_0^{(n-1)}$，方程 (5.1.1) 存在唯一解 $x=\varphi(t)$ 定义于区间 $a \leqslant t \leqslant b$ 上，且满足初始条件：

$$\varphi(t_0)=x_0, \frac{\mathrm{d}\varphi(t_0)}{\mathrm{d}t}=x_0^{(1)},\cdots,\frac{\mathrm{d}^{n-1}\varphi(t_0)}{\mathrm{d}t^{n-1}}=x_0^{(n-1)}.$$

从这个定理可以看出，初始条件唯一地确定了方程 (5.1.1) 的解，而且这个解在所有 $a_i(t)$ $(i=1,2,3,\cdots,n)$ 及 $f(t)$ 连续的整个区间 $a \leqslant t \leqslant b$ 上有定义.

## 一、$n$ 阶齐次线性微分方程解的性质和结构

**定理 5.2**（**叠加原理**） 如果 $x_1(t),x_2(t),\cdots,x_k(t)$ 是微分方程 (5.1.2) 的 $k$ 个解，则这 $k$ 个解的线性组合

$$c_1x_1(t)+c_2x_2(t)+\cdots+c_kx_k(t)$$

也是方程 (5.1.2) 的解，这里 $c_1,c_2,\cdots,c_k$ 是任意常数.

**证明**　因为 $x_i(t)$ 是微分方程的解，故有

$$\frac{\mathrm{d}^n x_i(t)}{\mathrm{d}t^{n-1}}+a_1(t)\frac{\mathrm{d}^{n-1}x_i(t)}{\mathrm{d}t^{n-1}}+\cdots+a_n(t)x_i(t)=0\quad (i=1,2,\cdots,k).$$

将上面 $k$ 个等式分别乘 $c_1,c_2,\cdots,c_k$ 后相加，依据微分的性质有

$$\frac{\mathrm{d}^n x(t)}{\mathrm{d}t^{n-1}}+a_1(t)\frac{\mathrm{d}^{n-1}x(t)}{\mathrm{d}t^{n-1}}+\cdots+a_n(t)x=0,$$

其中,

$$x(t)=c_1x_1(t)+c_2x_2(t)+\cdots+c_kx_k(t),$$

故

$$c_1x_1(t)+c_2x_2(t)+\cdots+c_kx_k(t)$$

为方程 (5.1.2) 的解.

对于定义在区间 $[a,b]$ 上的函数组 $x_1(t),x_2(t),\cdots,x_k(t)$，若存在不全为零的常数 $c_1,c_2,\cdots,c_k$ 使得对 $\forall t\in[a,b]$ 有

$$c_1x_1(t)+c_2x_2(t)+\cdots+c_kx_k(t)\equiv 0,$$

则称函数组 $x_1(t),x_2(t),\cdots,x_k(t)$ 在区间 $[a,b]$ 上**线性相关**，否则就称为**线性无关**.

这里要注意的是纯量函数组 $x_1(t),x_2(t),\cdots,x_k(t)$ 与向量函数组

$$\begin{bmatrix}x_1(t)\\x_1'(t)\\\vdots\\x_1^{(k-1)}(t)\end{bmatrix},\begin{bmatrix}x_2(t)\\x_2'(t)\\\vdots\\x_2^{(k-1)}(t)\end{bmatrix},\cdots,\begin{bmatrix}x_n(t)\\x_n'(t)\\\vdots\\x_n^{(k-1)}(t)\end{bmatrix}$$

具有相同的线性相关性. 同样可引入函数组 $x_1(t),x_2(t),\cdots,x_k(t)$ 的**伏朗斯基**行列式

$$W(t)=W\left[x_1(t),x_2(t),\cdots,x_k(t)\right]=\begin{bmatrix}x_1(t)&x_2(t)&\cdots&x_k(t)\\x_1'(t)&x_2'(t)&\cdots&x_k'(t)\\\vdots&\vdots&&\vdots\\x_1^{(k-1)}(t)&x_2^{(k-1)}(t)&\cdots&x_k^{(k-1)}(t)\end{bmatrix}.$$

**定理 5.3**　若函数组 $x_1(t),x_2(t),\cdots,x_n(t)$ 在 $[a,b]$ 上线性相关，则在区间 $[a,b]$ 上它们的伏朗斯基行列式 $W(t)\equiv 0$ .

**证明** 由假设可知，存在一组不全为零的常数 $c_1, c_2, \cdots, c_n$，使得

$$c_1x_1(t) + c_2x_2(t) + \cdots + c_nx_n(t) \equiv 0, \quad t \in [a, b].$$

依次将此恒等式对 $t$ 微分，得到 $n$ 个恒等式

$$\begin{cases} c_1x_1(t) + c_2x_2(t) + \cdots + c_nx_n(t) \equiv 0, \\ c_1x_1'(t) + c_2x_2'(t) + \cdots + c_nx'_n(t) \equiv 0, \\ \cdots \\ c_1x_1^{(n-1)}(t) + c_2x_2^{(n-1)}(t) + \cdots + c_nx_n^{(n-1)}(t) \equiv 0. \end{cases}$$

上述方程组是关于 $c_1, c_2, \cdots, c_n$ 的齐次方程组，它的系数就是伏朗斯基行列式，由线性代数的理论知，要使方程组存在非零解，则它的系数行列式必为零，即

$$W(t) \equiv 0, \quad t \in [a, b].$$

**推论 5.1** 若函数组 $x_1(t), x_2(t), \cdots x_n(t)$ 的伏朗斯基行列式在区间 $a \leqslant t \leqslant b$ 上某点 $t_0$ 处不等于零，即 $W(t_0) \neq 0$，则该函数组在 $[a, b]$ 上线性无关.

但是，如果 $x_1(t), x_2(t), \cdots x_n(t)$ 是齐次线性方程 (5.1.2) 的解，那么就有下面的定理.

**定理 5.4** 如果方程 (5.1.2) 的解 $x_1(t), x_2(t), \cdots, x_n(t)$ 在区间 $a \leqslant t \leqslant b$ 上线性无关，则它们的伏朗斯基行列式在区间 $[a, b]$ 上任何点都不等于零，即

$$W(t) \neq 0, t \in [a, b].$$

**证明** 采用反证法.

设有某个 $t_0$，$a \leqslant t_0 \leqslant b$，使得 $W(t_0) = 0$. 考虑关于 $c_1, c_2, \cdots, c_n$ 的齐次线性代数方程组

$$\begin{cases} c_1x_1(t_0) + c_2x_2(t_0) + \cdots + c_nx_n(t_0) \equiv 0, \\ c_1x_1'(t_0) + c_2x_2'(t_0) + \cdots + c_nx_n'(t_0) \equiv 0, \\ \cdots \\ c_1x_1^{(n-1)}(t_0) + c_2x_2^{(n-1)}(t_0) + \cdots + c_nx_n^{(n-1)}(t_0) \equiv 0, \end{cases} \tag{5.1.3}$$

其中，系数行列式为 $W(t_0)$，故方程组 (5.1.3) 有非零解 $c_1, c_2, \cdots, c_n$，现以这组常数构造函数

$$x(t) \equiv c_1x_1(t) + c_2x_2(t) + \cdots + c_nx_n(t), \quad a \leqslant t \leqslant b.$$

根据叠加原理，$x(t)$ 是方程 (5.1.2) 的解. 注意到方程组 (5.1.3), 这个解满足初始条件

$$x(t_0) = x'(t_0) = \cdots = x^{(n-1)}(t_0) = 0.$$

另外，$x=0$ 显然也是方程 (5.1.2) 的满足这个初始条件的解，由解的唯一性即知 $x(t)=0\ (a\leqslant t\leqslant b)$，即

$$c_1x_1(t)+c_2x_2(t)+\cdots+c_nx_n(t)=0,\quad a\leqslant t\leqslant b.$$

因为 $c_1,c_2,\cdots,c_n$ 不全为零，这就与 $x_1(t),x_2(t),\cdots x_n(t)$ 线性无关的假设矛盾. 定理得证.

**推论 5.2** 设 $x_1(t),x_2(t),\cdots x_n(t)$ 是方程 (5.1.2) 在区间 $[a,b]$ 上的 $n$ 个解，如果存在 $t_0\in[a,b]$，使得 $W(t_0)=0$，则该组解在区间 $[a,b]$ 上线性相关.

**推论 5.3** 方程 (5.1.2) 的 $n$ 个解 $x_1(t),x_2(t),\cdots x_n(t)$ 在区间 $[a,b]$ 上线性无关的充要条件是存在 $t_0\in[a,b]$，使得 $W(t_0)\neq 0$.

**定理 5.5** 若 $n$ 阶齐次线性方程 (5.1.2) 的系数 $a_i(t),\ i=1,\cdots,n$ 在区间 $[a,b]$ 上连续，则它一定存在 $n$ 个线性无关的解.

**证明** 由存在唯一性定理知，方程 (5.1.2) 满足下列 $n$ 组初始条件

$$\begin{cases} x_1(t_0)=1,x_1'(t_0)=0,\cdots,x_1^{(n-1)}(t_0)=0,\\ x_2(t_0)=0,x_2'(t_0)=1,\cdots,x_2^{(n-1)}(t_0)=0,\\ \qquad\qquad\cdots\\ x_n(t_0)=0,x_n'(t_0)=0,\cdots,x_n^{(n-1)}(t_0)=0 \end{cases}$$

的 $n$ 个解 $x_1(t),x_2(t),\cdots,x_n(t)$ 均在区间 $[a,b]$ 上存在且唯一. 又因为

$$W(x_0)=\begin{bmatrix} x_1(t_0) & x_2(t_0) & \cdots & x_n(t_0)\\ x_1'(t_0) & x_2'(t_0) & \cdots & x_n'(t_0)\\ \vdots & \vdots & & \vdots\\ x_1^{(n-1)}(t_0) & x_2^{(n-1)}(t_0) & \cdots & x_n^{(n-1)}(t_0)\end{bmatrix}=\begin{bmatrix}1&0&\cdots&0\\0&1&\cdots&0\\ \vdots&\vdots&&\vdots\\0&0&\cdots&1\end{bmatrix}=1\neq 0$$

故由推论 5.1 知，$x_1(t),x_2(t),\cdots,x_n(t)$ 在区间 $[a,b]$ 上线性无关.

有了 $n$ 阶齐次线性方程解的性质及线性无关解的概念之后，我们进一步可得到 $n$ 阶齐次线性方程通解的结构定理.

**定理 5.6** 如果 $x_1(t),x_2(t),\cdots,x_n(t)$ 是微分方程 (5.1.2) 的 $n$ 个线性无关的解，则微分方程 (5.1.2) 的通解可以表示为

$$x(t)=c_1x_1(t)+c_2x_2(t)+\cdots+c_nx_n(t),\tag{5.1.4}$$

其中，$c_1,c_2,\cdots,c_n$ 是任意常数，且通解 (5.1.4) 包含了微分方程 (5.1.2) 的所有解.

**证明** 首先由叠加原理，知式 (5.1.4) 是微分方程 (5.1.2) 的解，它包含有 $n$ 个任意常数，由于

$$\begin{bmatrix} \dfrac{\partial x}{\partial c_1} & \dfrac{\partial x}{\partial c_2} & \cdots & \dfrac{\partial x}{\partial c_n} \\ \dfrac{\partial x'}{\partial c_1} & \dfrac{\partial x'}{\partial c_2} & \cdots & \dfrac{\partial x'}{\partial c_n} \\ \vdots & \vdots & \ddots & \vdots \\ \dfrac{\partial x^{(n-1)}}{\partial c_1} & \dfrac{\partial x^{(n-1)}}{\partial c_2} & \cdots & \dfrac{\partial x^{(n-1)}}{\partial c_n} \end{bmatrix} \equiv W\left[x_1(t), x_2(t), \cdots, x_n(t)\right] \neq 0,$$

其中，$a \leqslant t \leqslant b$. 因而这些常数 $c_1, c_2, \cdots, c_n$ 是彼此独立的，故 (5.1.4) 为微分方程 (5.1.2) 的通解. 对微分方程 (5.1.2) 的任一解 $x(t)$，设其满足初始条件

$$x(t_0) = x_0, x'(t_0) = x_0', \cdots, x^{(n-1)}(t_0) = x_0^{(n-1)}. \tag{5.1.5}$$

考虑方程组

$$\begin{cases} c_1 x_1(t_0) + c_2 x_2(t_0) + \cdots + c_n x_n(t_0) = x_0, \\ c_1 x_1'(t_0) + c_2 x_2'(t_0) + \cdots + c_n x_n'(t_0) = x_0', \\ \cdots \\ c_1 x_1^{(n-1)}(t_0) + c_2 x_2^{(n-1)}(t_0) + \cdots + c_n x_n^{(n-1)}(t_0) = x_0^{(n-1)}, \end{cases}$$

该方程组的系数行列式就是 $W(t_0)$，由定理 5.4，知 $W(t_0) \neq 0$，因而上面方程组有唯一解 $\widetilde{c}_1, \widetilde{c}_2, \cdots, \widetilde{c}_n$. 以这组常数构造 $\varphi(t) = \sum\limits_{i=1}^{n} \widetilde{c}_i x_i(t)$，则 $\varphi(t)$ 是微分方程 (5.1.2) 的解，且满足式 (5.1.5)，由解的存在唯一性定理得 $\varphi(t) = x(t)$，即

$$x(t) = \sum_{i=1}^{n} \widetilde{c}_i x_i(t),$$

只要式 (5.1.4) 中的常数取为 $\widetilde{c}_1, \widetilde{c}_2, \cdots, \widetilde{c}_n$. 这说明微分方程 (5.1.2) 所有的解都包含在式 (5.1.4) 中.

**推论 5.4** 齐次线性方程的线性无关解的最大个数等于齐次线性方程的阶数.

**推论 5.5** 齐次线性方程的所有解构成的集合组成解空间，它是一个线性空间，其维数等于齐次线性方程的阶数.

方便起见，我们引进下述概念：

**定义 5.2** 微分方程 (5.1.2) 的一组 $n$ 个线性无关解称为方程的一个**基本解组**. 显然基本解组不是唯一的. 特别地，当 $W(t_0) = 1$ 时称为**标准基本解组**.

**定义 5.3**　方程 (5.1.2) 的一个基本解组就是方程 (5.1.2) 的解空间的一个基.

**例 1**　(刘维尔公式) 设 $x_i(t)\ (i=1,2,\cdots,n)$ 是线性微分方程 (5.1.2) 的任意 $n$ 个解，这 $n$ 个解所构成的伏朗斯基行列式为 $W(t)$，试证明 $W(t)$ 满足一阶线性方程

$$W'(t)+a_1(t)W(t)=0,$$

且对定义区间 $I$ 上的任一 $t_0$ 有

$$W(t)=W(t_0)\,\mathrm{e}^{-\int_{t_0}^{t}a_1(s)\mathrm{d}s},\quad t\in I.$$

**解**　由于

$$W(t)=\begin{bmatrix} x_1(t) & x_2(t) & \cdots & x_n(t)\\ x_1'(t) & x_2'(t) & \cdots & x_n'(t)\\ \vdots & \vdots & \ddots & \vdots\\ x_1^{(n-1)}(t) & x_2^{(n-1)}(t) & \cdots & x_n^{(n-1)}(t)\end{bmatrix},$$

上式两边对 $t$ 求导，得

$$\frac{\mathrm{d}W(t)}{\mathrm{d}t}=\begin{bmatrix} x_1(t) & x_2(t) & \cdots & x_n(t)\\ \vdots & \vdots & \ddots & \vdots\\ x_1^{(n-2)}(t) & x_2^{(n-2)}(t) & \cdots & x_n^{(n-2)}(t)\\ x_1^{(n)}(t) & x_2^{(n)}(t) & \cdots & x_n^{(n)}(t)\end{bmatrix}.$$

分别用 $a_n(t), a_{n-1}(t),\cdots,a_2(t)$ 乘以上述行列式的第一行，第二行，…，第 $n-1$ 行元素，再将它们分别加到最后一行上去，这时行列式最后一行的元素是

$$x_k^{(n)}(t)+a_2(t)x_k^{(n-2)}(t)+\cdots+a_{n-1}(t)x_k''(t)+a_n(t)x_k(t),\quad k=1,2,\cdots,n,$$

由于 $x_1(t),x_2(t),\cdots,x_n(t)$ 均是微分方程 (5.1.2) 的解，故可得

$$x_k^{(n)}(t)+a_2(t)x_k^{(n-2)}(t)+\cdots+a_n(t)x_k(t)\equiv -a_1(t)x_k^{(n-1)}(t),\quad k=1,2,\cdots,n.$$

由行列式的性质，有

$$\begin{aligned}\frac{\mathrm{d}W(t)}{\mathrm{d}t}&=\begin{bmatrix} x_1(t) & x_2(t) & \cdots & x_k(t)\\ \vdots & \vdots & \ddots & \vdots\\ x_1^{(n-1)}(t) & x_2^{(n-1)}(t) & \cdots & x_n^{(n-1)}(t)\\ -a_1(t)x_1^{(n-2)}(t) & -a_1(t)x_2^{(n-2)}(t) & \cdots & -a_1(t)x_n^{(n-2)}(t)\end{bmatrix}\\ &=-a_1(t)W(t),\end{aligned}$$

即

$$W'(t)+a_1(t)W(t)\equiv 0.$$

解得

$$W(t)=c\mathrm{e}^{-\int_{t_0}^{t}a_1(t)\mathrm{d}t}.$$

当 $t=t_0$ 时，$c=W(t_0)$，所以

$$W(t)\equiv W(t_0)\,\mathrm{e}^{-\int_{t_0}^{t}a_1(t)\mathrm{d}t}.$$

## 二、$n$ 阶非齐次线性微分方程解的性质和结构

**定理 5.7** $n$ 阶非齐次线性微分方程 (5.1.1) 的通解等于它对应齐次线性微分方程 (5.1.2) 的通解与它本身的一个特解之和.

由此可见，求方程 (5.1.1) 的通解问题，就归结为求方程 (5.1.1) 的一个特解和对应齐次方程 (5.1.2) 的一个基本解组的问题了. 应用常数变易法，对于非齐次方程 (5.1.1)，能够由对应齐次方程 (5.1.2) 的一个基本解组求出它本身的一个特解. 具体做法如下.

设 $x_1,x_2,\cdots,x_n$ 是方程 (5.1.1) 的对应齐次方程 (5.1.2) 的 $n$ 个线性无关的解，则函数

$$x=c_1x_1+c_2x_2+\cdots+c_nx_n$$

是方程 (5.1.2) 的通解，其中，$c_1,c_2,\cdots,c_n$ 是任意常数. 现在设一组函数 $c_1(t)$, $c_2(t)$, $\cdots,c_n(t)$，使

$$\tilde{x}=c_1(t)x_1+c_2(t)x_2+\cdots+c_n(t)x_n \tag{5.1.6}$$

成为非齐次方程 (5.1.1) 的解. 解下面的非齐次方程组

$$\begin{bmatrix} x_1(t) & x_2(t) & \cdots & x_n(t) \\ x_1'(t) & x_2'(t) & \cdots & x_n'(t) \\ \vdots & \vdots & & \vdots \\ x_1^{(n-1)}(t) & x_2^{(n-1)}(t) & \cdots & x_n^{(n-1)}(t) \end{bmatrix}\begin{bmatrix} c_1'(t) \\ c_2'(t) \\ \vdots \\ c_n'(t) \end{bmatrix}=\begin{bmatrix} 0 \\ 0 \\ \vdots \\ f(t) \end{bmatrix}, \tag{5.1.7}$$

它是关于变量 $c_i'(t)\ (i=1,2,\cdots,n)$ 的线性代数方程组，由于它的系数行列式恰好是齐次方程的 $n$ 个线性无关解的伏朗斯基行列式，上述方程组关于 $c_i'(t)$ 有唯一解. 解出后再积分，并代入方程 (5.1.6) 中，便得到方程 (5.1.1) 的通解.

**例 2** 求非齐次方程

$$x''+x=\frac{1}{\cos t}$$

的通解.

**解**　可验证 $x_1=\cos t, x_2=\sin t$ 是对应齐次方程的基本解组，故它的通解为

$$x=c_1\cos t+c_2\sin t.$$

现在求已知方程形如

$$x=c_1(t)\cos t+c_2(t)\sin t$$

的一个特解. 由关系式 (5.1.7)，$c_1'(t)$, $c_2'(t)$ 满足方程组

$$\begin{bmatrix}\cos t & \sin t\\ -\sin t & \cos t\end{bmatrix}\begin{bmatrix}c_1'(t)\\ c_2'(t)\end{bmatrix}=\begin{bmatrix}1\\ \dfrac{1}{\cos t}\end{bmatrix}$$

或写成纯量方程组

$$\begin{cases}c_1'(t)\cos t+c_2'(t)\sin t=0,\\ -c_1'(t)\sin t+c_2'(t)\cos t=\dfrac{1}{\cos t},\end{cases}$$

解上述方程组，得

$$c_1'(t)=-\frac{\sin t}{\cos t},\quad c_2'(t)=1,$$

积分得

$$c_1(t)=\ln|\cos t|+\widetilde{c}_1,\ \ c_2(t)=t+\widetilde{c}_2.$$

故已知方程的通解为

$$x=\widetilde{c}_1\cos t+\widetilde{c}_2\sin t+\cos t\ln|\cos t|+t\sin t,$$

其中，$\widetilde{c}_1,\widetilde{c}_2$ 是任意常数.

## 习　题　5.1

1. 试讨论下列函数组在它们的定义区间上是线性相关的还是线性无关的.

(1) $\sin 2t,\cos t,\sin t$;

(2) $x,\tan x$ ;

(3) $x^2-x+3,\ 2x^2+x,\ 2x+4$;

(4) $\mathrm{e}^t,t\mathrm{e}^t,t^2\mathrm{e}^t$ .

2. 验证 $e^x$, $e^{-x}$ 是方程

$$\frac{d^2y}{dx^2}-y=0$$

的两个解，写出方程的通解.

3. 验证 $x, e^x$ 是方程

$$\frac{d^2y}{dx^2}+\frac{x}{1-x}\frac{dy}{dx}-\frac{1}{1-x}y=0$$

的两个解，写出方程的通解.

4. 设 $x=x_1(t)$, $x=x_2(t)$ 是方程

$$x''+x=0$$

分别满足初始条件

(1) $x_1(0)=0, x_1'(0)=1$;

(2) $x_2(0)=1, x_2'(0)=0$ 的解. 试不具体求出 $x=x_1(t), x=x_2(t)$ 而直接证明：

(2.1) $x_1'(t)=x_2(t)$, $x_2'(t)=-x_1(t)$;

(2.2) $x_1^2(t)+x_2^2(t)\equiv 1$.

5. 试验证

$$\frac{d^2x}{dt^2}-x=0$$

的基本解组为 $e^t$，$e^{-t}$，并求方程

$$\frac{d^2x}{dt^2}-x=\cos t$$

的通解.

6. 已知方程

$$(1-\ln x)y''+\frac{1}{x}y'-\frac{1}{x^2}y=0$$

的一个解 $y_1=\ln x$，试求其通解.

## §5.2 $n$ 阶常系数齐次线性微分方程的解法

由 § 5.1 可知，对于 $n$ 阶线性微分方程的求解，只要求解出齐次线性微分方程基本解组，就能得到齐次线性微分方程的所有解，进而通过常数变易法得到非

齐次线性方程的所有解. 因此解线性微分方程的关键是找相应齐次线性方程的 $n$ 个线性无关的解. 讨论常系数线性微分方程的解法时，需要涉及实变量的复值函数及复指数函数的问题，在本节中预先给予介绍.

## 一、复值函数与复值解

**定义 5.4** 如果对于区间 $a \leqslant t \leqslant b$ 上的每一个实数 $t$，有复数 $z(t)=\varphi(t)+i\psi(t)$ 与其对应，其中 $\varphi(t)$ 和 $\psi(t)$ 是区间 $a \leqslant t \leqslant b$ 上的实函数，$i$ 为虚数单位，则称 $z(t)=\varphi(t)+i\psi(t)$ 为定义在区间 $a \leqslant t \leqslant b$ 上的实变量的**复值函数**.

若 $\varphi(t),\psi(t)$ 在 $a \leqslant t \leqslant b$ 上连续，则称 $z(t)=\varphi(t)+i\psi(t)$ 在 $a \leqslant t \leqslant b$ 上连续.

若 $\varphi(t),\psi(t)$ 在 $a \leqslant t \leqslant b$ 上可微，则称 $z(t)=\varphi(t)+i\psi(t)$ 在 $a \leqslant t \leqslant b$ 上可微，且 $z(t)=\varphi(t)+i\psi(t)$ 的导数为

$$\frac{\mathrm{d}z}{\mathrm{d}t}=\frac{\mathrm{d}\varphi}{\mathrm{d}t}+i\frac{\mathrm{d}\psi}{\mathrm{d}t}.$$

对于高阶导数可以类似地定义. 设 $z_1(t),z_2(t)$ 是定义在 $a<t<b$ 上的可微复值函数，$c=\alpha+i\beta$ 是复值常数，容易验证下列等式成立：

$$[z_1(t)+z_2(t)]'=z_1'(t)+z_2'(t),[cz_1(t)]'=cz_1'(t),$$
$$[z_1(t)\cdot z_2(t)]'=z_1'(t)z_2(t)+z_1(t)z_2'(t).$$

**定义 5.5** 设 $k=\alpha+i\beta$ 是任一复数，这里 $\alpha,\beta$ 是实数，$t$ 为区间 $a \leqslant t \leqslant b$ 上的实变量，称

$$\mathrm{e}^{kt}=\mathrm{e}^{(\alpha+i\beta)t}=\mathrm{e}^{\alpha t}(\cos\beta t+i\sin\beta t)$$

为定义在区间 $a \leqslant t \leqslant b$ 上的实变量的**复指数函数**.

由定义可得

$$\cos\beta t=\frac{1}{2}\left(\mathrm{e}^{i\beta t}+\mathrm{e}^{-i\beta t}\right),\quad \sin\beta t=\frac{1}{2i}\left(\mathrm{e}^{i\beta t}-\mathrm{e}^{-i\beta t}\right).$$

故函数

$$\mathrm{e}^{kt}=\mathrm{e}^{(\alpha+i\beta)t}=\mathrm{e}^{\alpha t}(\cos\beta t+i\sin\beta t)$$

有以下性质：

(1) $\overline{\mathrm{e}^{kt}}=\mathrm{e}^{\overline{kt}}$；

(2) $\mathrm{e}^{(k_1+k_2)t}=\mathrm{e}^{k_1 t}\mathrm{e}^{k_2 t}$；

(3) $\dfrac{\mathrm{d}\mathrm{e}^{kt}}{\mathrm{d}t}=k\mathrm{e}^{kt}$；

(4) $\dfrac{d^n e^{kt}}{dt^n} = k^n e^{kt}$.

可以看到，实变量的复值函数的求导公式与实变量的实值函数的求导公式完全类似，而复指数函数具有与实指数函数完全类似的性质.

**定义 5.6** 定义于区间 $a \leqslant t \leqslant b$ 上的实变量复值函数 $x = z(t)$ 称为微分方程 (5.1.1) 的复值解，如果

$$\frac{d^n z(t)}{dt^n} + a_1(t)\frac{d^{n-1}z(t)}{dt^{n-1}} + \cdots + a_{n-1}(t)\frac{dz(t)}{dt} + a_n(t)z(t) \equiv f(t)$$

对于 $a \leqslant t \leqslant b$ 恒成立.

对于线性微分方程的复值解有下面的两个结论.

**定理 5.8** 如果微分方程 (5.1.2) 的所有系数 $a_i(t)$ $(i = 1, 2, \cdots, n)$ 都是实值函数，而 $x = z(t) = \varphi(t) + i\psi(t)$ 是微分方程 (5.1.2) 的复值解，则 $z(t)$ 的实部 $\varphi(t)$ 和虚部 $\psi(t)$ 及 $z(t)$ 的共轭复数 $\bar{z}(t)$ 也都是微分方程 (5.1.2) 的解.

**定理 5.9** 若微分方程

$$\frac{d^n x}{dt^n} + a_1(t)\frac{d^{n-1}x}{dt^{n-1}} + \cdots + a_{n-1}(t)\frac{dx}{dt} + a_n(t)x = u(t) + iv(t)$$

有复值解 $x = U(t) + iV(t)$，这里 $a_i(t)$ $(i = 1, 2, \cdots, n)$ 及 $u(t), v(t)$ 都是实函数，那么这个解的实部 $U(t)$ 和虚部 $V(t)$ 分别是方程

$$\frac{d^n x}{dt^n} + a_1(t)\frac{d^{n-1}x}{dt^{n-1}} + \cdots + a_{n-1}(t)\frac{dx}{dt} + a_n(t)x = u(t)$$

和

$$\frac{d^n x}{dt^n} + a_1(t)\frac{d^{n-1}x}{dt^{n-1}} + \cdots + a_{n-1}(t)\frac{dx}{dt} + a_n(t)x = v(t)$$

的解.

## 二、$n$ 阶常系数齐次线性微分方程与欧拉待定指数函数法

考虑所有系数都是常数的 $n$ 阶齐次线性微分方程

$$L[x] \equiv \frac{d^n x}{dt^n} + a_1\frac{d^{n-1}x}{dt^{n-1}} + \cdots + a_{n-1}\frac{dx}{dt} + a_n x = 0, \tag{5.2.1}$$

其中，$a_1, a_2, \cdots, a_n$ 为常数，称式 (5.2.1) 为 $n$ 阶常系数齐次线性微分方程.

由上节给出的结论，为了求式 (5.2.1) 的通解，只要求出式 (5.2.1) 的基本解组. 下面介绍求方程 (5.2.1) 基本解组的**欧拉 (Euler) 待定指数函数法** (又称为**特征根法**).

一阶常系数齐次线性微分方程

$$\frac{\mathrm{d}x}{\mathrm{d}t}+ax=0$$

有形如 $x=\mathrm{e}^{-at}$ 的解，且其通解就是 $x=c\mathrm{e}^{-at}$ .

因此，对于方程 (5.2.1)，我们也尝试求指数函数形式的解 $x=\mathrm{e}^{\lambda t}$, 其中，$\lambda$ 是待定常数，可以是实数，也可以是复数.

注意到

$$\begin{aligned}L\left[\mathrm{e}^{\lambda t}\right]&=\frac{\mathrm{d}^n\mathrm{e}^{\lambda t}}{\mathrm{d}t^n}+a_1\frac{\mathrm{d}^{n-1}\mathrm{e}^{\lambda t}}{\mathrm{d}t^{n-1}}+\cdots+a_{n-1}\frac{\mathrm{d}\mathrm{e}^{\lambda t}}{\mathrm{d}t}+a_n\mathrm{e}^{\lambda t}\\&=\left(\lambda^n+a_1\lambda^{n-1}+\cdots+a_n\right)\mathrm{e}^{\lambda t}=F(\lambda)\mathrm{e}^{\lambda t},\end{aligned}$$

其中，

$$F(\lambda)=\lambda^n+a_1\lambda^{n-1}+\cdots+a_n$$

是关于 $\lambda$ 的 $n$ 次多项式. 易知 $x=\mathrm{e}^{\lambda t}$ 为方程 (5.2.1) 的解的充要条件是 $\lambda$ 是代数方程

$$F(\lambda)\equiv\lambda^n+a_1\lambda^{n-1}+\cdots+a_n=0 \tag{5.2.2}$$

的根. 方程 (5.2.2) 称为微分方程 (5.2.1) 的**特征方程**，代数方程 (5.2.2) 的根称为微分方程 (5.2.1) 的**特征根**.

这样求微分方程 (5.2.1) 的解的问题，便归结为求方程 (5.2.1) 的特征根问题了.

下面根据特征根的不同情况分别加以讨论.

1. 特征根是单根的情形

设 $\lambda_1,\lambda_2,\cdots,\lambda_n$ 是特征方程 (5.2.2) 的 $n$ 个彼此不相等的特征根，则相应地，微分方程 (5.2.1) 有 $n$ 个解

$$\mathrm{e}^{\lambda_1 t},\mathrm{e}^{\lambda_2 t},\cdots,\mathrm{e}^{\lambda_n t}. \tag{5.2.3}$$

指出这 $n$ 个解在区间 $a\leqslant t\leqslant b$ 上线性无关，从而构成方程的基本解组.

事实上，由于

$$W\left[e^{\lambda_1 t},\cdots,e^{\lambda_n t}\right]=\begin{bmatrix} e^{\lambda_1 t} & e^{\lambda_2 t} & \cdots & e^{\lambda_n t} \\ \lambda_1 e^{\lambda_1 t} & \lambda_2 e^{\lambda_2 t} & \cdots & \lambda_n e^{\lambda_n t} \\ \vdots & \vdots & \ddots & \vdots \\ \lambda_1^{n-1} e^{\lambda_1 t} & \lambda_2^{n-1} e^{\lambda_2 t} & \cdots & \lambda_n^{n-1} e_n^{\lambda_n t} \end{bmatrix}$$

$$= e^{(\lambda_1+\cdots+\lambda_n)t}\begin{bmatrix} 1 & \cdots & 1 \\ \lambda_1 & \cdots & \lambda_n \\ \vdots & \ddots & \vdots \\ \lambda_1^{n-1} & \cdots & \lambda_n^{n-1} \end{bmatrix}$$

$$= e^{(\lambda_1+\cdots+\lambda_n)t}\prod_{1\leqslant j<i\leqslant n}\left(\lambda_i-\lambda_j\right)\neq 0,$$

故解组 (5.2.3) 线性无关.

若 $\lambda_i$ $(i=1,2,\cdots,n)$ 均为实数，则解组 (5.2.3) 是微分方程 (5.2.1) 的实的基本解组，从而微分方程 (5.2.1) 的通解可以表示为

$$x(t)=c_1 e^{\lambda_1 t}+c_2 e^{\lambda_2 t}+\cdots+c_n e^{\lambda_n t},$$

其中，$c_1,c_2,\cdots,c_n$ 为任意常数.

若 $\lambda_i$ $(i=1,2,\cdots,n)$ 中有复数，因方程的系数是实常数，复根将成对共轭出现，设 $\lambda_1=\alpha+i\beta$ 是特征根，则 $\lambda_2=\alpha-i\beta$ 也是特征根，相应的微分方程 (5.2.1) 有两个复值解

$$e^{(\alpha+i\beta)t}=e^{\alpha t}(\cos\beta t+i\sin\beta t),$$

$$e^{(\alpha-i\beta)t}=e^{\alpha t}(\cos\beta t-i\sin\beta t).$$

由定理 5.8 知，它们的实部和虚部也是方程的解，这样一来，对应于方程的一对共轭复根 $\lambda=\alpha\pm i\beta$，由此求得微分方程 (5.2.1) 的两个实值解为

$$e^{\alpha t}\cos\beta t,\quad e^{at}\sin\beta t.$$

此时可以用这两个实值解替换基本解组中的两个复值解从而得到实的基本解组.

2. 特征根有重根的情形

设特征方程有 $k$ 重根 $\lambda=\lambda_1$，则有

$$F(\lambda_1)=F'(\lambda_1)=\cdots=F^{(k-1)}(\lambda_1)=0, F^{(k)}(\lambda_1)\neq 0.$$

下面分两种情形加以讨论.

1) 若 $\lambda_1 = 0$，即特征方程有因子 $\lambda^k$，因此

$$a_n = a_{n-1} = \cdots = a_{n-k+1} = 0,\ a_{n-k} \neq 0,$$

也就是特征方程有以下形式

$$\lambda^n + a_1\lambda^{n-1} + \cdots + a_{n-k}\lambda^k = 0,$$

此时对应微分方程 (5.2.1) 变为

$$\frac{\mathrm{d}^n x}{\mathrm{d}t^n} + a_1\frac{\mathrm{d}^{n-1}x}{\mathrm{d}t^{n-1}} + \cdots + a_{n-k}\frac{\mathrm{d}^k x}{\mathrm{d}t^k} = 0,$$

显然该微分方程有 $k$ 个解 $1, t, t^2, \cdots, t^{k-1}$，而且它们是线性无关的，从而可得特征方程的 $k$ 重零根对应着微分方程 (5.2.1) 的 $k$ 个线性无关的解 $1, t, t^2, \cdots, t^{k-1}$.

2) 若 $\lambda_1 \neq 0$，作变换 $x = y\mathrm{e}^{\lambda_1 t}$，注意到

$$x^{(m)} = \left(y\mathrm{e}^{\lambda_1 t}\right)^{(m)} = \mathrm{e}^{\lambda_1 t}\left[y^{(m)} + m\lambda_1 y^{(m-1)} + \frac{m(m-1)}{2!}\lambda_1^2 y^{(m-2)} + \cdots + \lambda_1^m y\right],$$

代入微分方程 (5.2.1)，经整理得

$$L\left[y\mathrm{e}^{\lambda_1 t}\right] = \left(\frac{\mathrm{d}^n y}{\mathrm{d}t^n} + b_1\frac{\mathrm{d}^{n-1}y}{\mathrm{d}t^{n-1}} + \cdots + b_n y\right)\mathrm{e}^{\lambda_1 t} = L[y]\mathrm{e}^{\lambda_1 t},$$

于是微分方程 (5.2.1) 化为

$$L\left[y\mathrm{e}^{\lambda_1 t}\right] = \left(\frac{\mathrm{d}^n y}{\mathrm{d}t^n} + b_1\frac{\mathrm{d}^{n-1}y}{\mathrm{d}t^{n-1}} + \cdots + b_n y\right)\mathrm{e}^{\lambda_1 t} = 0, \tag{5.2.4}$$

其中，$b_1, b_2, \cdots, b_n$ 仍为常数. 微分方程 (5.2.4) 相应特征方程为

$$G(\mu) \equiv \mu^n + b_1\mu^{n-1} + \cdots + b_{n-1}\mu + b_n = 0. \tag{5.2.5}$$

直接计算，得

$$F(\mu + \lambda_1)\,\mathrm{e}^{(\mu+\lambda_1)t} = L\left[\mathrm{e}^{(\mu+\lambda_1)t}\right] = L\left[\mathrm{e}^{\mu t}\right]\mathrm{e}^{\lambda_1 t} = G(\mu)\mathrm{e}^{(\mu+\lambda_1)t},$$

因此

$$F(\mu + \lambda_1) = G(\mu),$$

从而有

$$F^{(j)}(\mu + \lambda_1) = G^{(j)}(\mu), \quad j = 1, 2, \cdots, k.$$

可见式 (5.2.2) 的根 $\lambda=\lambda_1$ 对应着式 (5.2.5) 的零根 $\mu=\mu_1=0$，而且重数相同，这样就把问题转化为前面讨论过的情形.

由前面的讨论可知，方程 (5.2.5) 的 $k$ 重零根 $\mu_1=0$ 对应着微分方程 (5.2.4) 的 $k$ 个解 $1,t,t^2,\cdots,t^{k-1}$，因而对应于特征方程 (5.2.2) 的 $k$ 重根 $\lambda_1$，方程 (5.2.1) 有 $k$ 个解

$$\mathrm{e}^{\lambda_1 t},t\mathrm{e}^{\lambda_1 t},\cdots,t^{k-1}\mathrm{e}^{\lambda_1 t}.$$

对于特征方程有复根的情况，例如有 $k$ 重复根 $\lambda=\alpha+i\beta$，则 $\bar{\lambda}=\alpha-i\beta$ 也是 $k$ 重复根，如同单复根对那样，也可以把方程 (5.2.1) 的 $2k$ 个复值解换成 $2k$ 个实值解

$$\mathrm{e}^{\alpha t}\cos\beta t,t\mathrm{e}^{\alpha t}\cos\beta t,\cdots,t^{k-1}\mathrm{e}^{\alpha t}\cos\beta t,$$
$$\mathrm{e}^{\alpha t}\sin\beta t,t\mathrm{e}^{\alpha t}\sin\beta t,\cdots,t^{k-1}\mathrm{e}^{\alpha t}\sin\beta t.$$

**定理 5.10** 如果方程 (5.2.2) 有互异的特征根 $\lambda_1,\lambda_2,\cdots,\lambda_p$，它们的重数分别为 $m_1,m_2,\cdots,m_p,m_i\geqslant 1(i=1,\cdots,p)$，且 $m_1+m_2+\cdots+m_p=n$，则与它们对应的方程 (5.2.1) 的特解是

$$\begin{aligned}&\mathrm{e}^{\lambda_1 t},t\mathrm{e}^{\lambda_1 t},\cdots,t^{m_1-1}\mathrm{e}^{\lambda_1 t},\\&\mathrm{e}^{\lambda_2 t},t\mathrm{e}^{\lambda_2 t},\cdots,t^{m_2-1}\mathrm{e}^{\lambda_2 t},\\&\cdots\\&\mathrm{e}^{\lambda_p t},t\mathrm{e}^{\lambda_p t},\cdots,t^{m_p-1}\mathrm{e}^{\lambda_p t},\end{aligned}\tag{5.2.6}$$

且方程 (5.2.6) 构成方程 (5.2.1) 在区间 $(-\infty,+\infty)$ 上的基本解组.

求微分方程 (5.2.1) 通解的步骤：

第一步，求微分方程 (5.2.1) 的特征方程及特征根 $\lambda_1,\lambda_2,\cdots,\lambda_n$；

第二步，计算微分方程相应的解：

(1) 对每一个单实根 $\lambda_k$，微分方程有解 $\mathrm{e}^{\lambda_k t}$；

(2) 对每一个 $m>1$ 重实根 $\lambda_k$，微分方程有 $m$ 个解 $\mathrm{e}^{\lambda_k t},t\mathrm{e}^{\lambda_k t},\cdots,t^{m-1}\mathrm{e}^{\lambda t}t$；

(3) 对每一对单的共轭复数根 $\alpha\pm i\beta$，微分方程有 2 个解 $\mathrm{e}^{\alpha t}\cos\beta t$, $\mathrm{e}^{\alpha t}\sin\beta t$;

(4) 对每一对重数是 $m>1$ 的共轭复根 $\alpha\pm i\beta$，微分方程有 $2m$ 个解:

$$\mathrm{e}^{\alpha t}\cos\beta t,\ \ t\mathrm{e}^{\alpha t}\cos\beta t,\cdots,t^{m-1}\mathrm{e}^{\alpha t}\cos\beta t,$$
$$\mathrm{e}^{\alpha t}\sin\beta t,\ \ t\mathrm{e}^{\alpha t}\sin\beta t,\cdots,t^{m-1}\mathrm{e}^{\alpha t}\sin\beta t;$$

第三步，根据第二步中的 (1) ～(4)，写出微分方程 (5.2.1) 的基本解组及通解.

**例 1** 求方程

$$x^{(4)}-x=0$$

的通解.

**解**　特征方程为

$$\lambda^4 - 1 = 0,$$

特征根为

$$\lambda_1 = -1, \lambda_2 = 1, \lambda_3 = i, \lambda_4 = -i,$$

它们对应的四个实值解为

$$e^{-t},\quad e^t,\quad \cos t,\quad \sin t.$$

因此原方程的通解为

$$x = c_1 e^{-t} + c_2 e^t + c_3 \cos t + c_4 \sin t,$$

其中，$c_1, c_2, c_3, c_4$ 为任意常数.

**例 2**　试讨论 $\lambda$ 为何值时，方程

$$x'' + \lambda x = 0$$

存在满足 $x(0) = x(1) = 0$ 的非零解.

**解**　当 $\lambda = 0$ 时，方程的通解是 $x = c_1 + c_2 t$. 要使 $x(0) = x(1) = 0$，必须 $c_1 = c_2 = 0$. 于是 $x(t) \equiv 0$ .

当 $\lambda < 0$ 时，方程的通解是

$$x = c_1 e^{\sqrt{-\lambda} t} + c_2 e^{-\sqrt{-\lambda} t},$$

要使 $x(0) = 0$，必须 $c_1 + c_2 = 0$，即 $c_2 = -c_1$. 因此，要使 $x(1) = 0$，即

$$0 = c_1 e^{\sqrt{-\lambda}} + c_2 e^{-\sqrt{-\lambda}}.$$

将 $c_2 = -c_1$ 代入上式，有

$$c_1\left(e^{\sqrt{-\lambda}} - e^{-\sqrt{-\lambda}}\right) = 0,$$

必须有 $c_1 = 0$，从而 $c_2 = 0$. 于是 $x(t) \equiv 0$.

当 $\lambda > 0$ 时，方程的通解是

$$x = c_1 \cos \sqrt{\lambda} t + c_2 \sin \sqrt{\lambda} t.$$

要使 $x(0)=0$，必须有 $c_1=0$，于是

$$x = c_2 \sin \sqrt{\lambda} t.$$

要使 $x(1)=0$，只要 $\sin\sqrt{\lambda}=0$ 即可. 要使 $\sin\sqrt{\lambda}=0$，当且仅当 $\lambda=n^2\pi^2$，从而 $\lambda_n=n^2\pi^2$，方程有非零解 $x_n(t)=c_2\sin n\pi t \quad (c_2\neq 0, n=\pm1,\pm2,\cdots)$.

一些变系数齐次线性微分方程可以通过变量代换化为常系数齐次线性微分方程来求解. 下面就介绍一种特殊的变系数方程——欧拉方程的解法.

形如

$$x^n\frac{\mathrm{d}^n y}{\mathrm{d}x^n}+a_1x^{n-1}\frac{\mathrm{d}^{n-1}y}{\mathrm{d}x^{n-1}}+\cdots+a_{n-1}x\frac{\mathrm{d}y}{\mathrm{d}x}+a_ny=0 \tag{5.2.7}$$

的方程称为**欧拉方程**，这里 $a_i\ (i=1,2,\cdots,n)$ 为常数.

作自变量的变换

$$x=\mathrm{e}^t,\quad t=\ln x,$$

(如果 $x<0$，用 $x=-\mathrm{e}^t$ 结果一样，为简单起见，认定 $x>0$，但最后结果以 $t=\ln|x|$ 代回. ) 直接计算得到

$$\frac{\mathrm{d}y}{\mathrm{d}x}=\frac{\mathrm{d}y}{\mathrm{d}t}\frac{\mathrm{d}t}{\mathrm{d}x}=\mathrm{e}^{-t}\frac{\mathrm{d}y}{\mathrm{d}t}=\frac{1}{x}\frac{\mathrm{d}y}{\mathrm{d}t},$$

$$\frac{\mathrm{d}^2y}{\mathrm{d}x^2}=\frac{\mathrm{d}}{\mathrm{d}x}\left(\frac{\mathrm{d}y}{\mathrm{d}x}\right)=\mathrm{e}^{-t}\frac{\mathrm{d}}{\mathrm{d}t}\left(\mathrm{e}^{-t}\frac{\mathrm{d}y}{\mathrm{d}t}\right)=\mathrm{e}^{-2t}\left(\frac{\mathrm{d}^2y}{\mathrm{d}t^2}-\frac{\mathrm{d}y}{\mathrm{d}t}\right).$$

由数学归纳法不难证明：对一切自然数 $k$ 均有关系式

$$\frac{\mathrm{d}^ky}{\mathrm{d}t^k}=\mathrm{e}^{-kt}\left(\frac{\mathrm{d}^ky}{\mathrm{d}t^k}+\beta_1\frac{\mathrm{d}^{k-1}y}{\mathrm{d}t^{k-1}}+\cdots+\beta_{k-1}\frac{\mathrm{d}y}{\mathrm{d}t}\right),$$

其中，$\beta_1,\beta_2,\cdots,\beta_{k-1}$ 都是常数，于是

$$\mathrm{e}^{kt}\frac{\mathrm{d}^ky}{\mathrm{d}t^k}=\frac{\mathrm{d}^ky}{\mathrm{d}t^k}+\beta_1\frac{\mathrm{d}^{k-1}y}{\mathrm{d}t^{k-1}}+\cdots+\beta_{k-1}\frac{\mathrm{d}y}{\mathrm{d}t}.$$

将上述关系式代入方程 (5.2.7)，就得到常系数齐次线性微分方程

$$\frac{\mathrm{d}^ny}{\mathrm{d}t^n}+b_1\frac{\mathrm{d}^{n-1}y}{\mathrm{d}t^{n-1}}+\cdots+b_{n-1}\frac{\mathrm{d}y}{\mathrm{d}t}+b_ny=0, \tag{5.2.8}$$

其中，$b_1,b_2,\cdots,b_n$ 为常数，因而可以用上述方法求出微分方程 (5.2.8) 的通解，再代回原来的变量 ( 注意：$t=\ln|x|$ )，就可以得到微分方程 (5.2.7) 的解.

由上述推演过程, 我们知道方程 (5.2.8) 有形如 $y = e^t$ 的解，从而方程 (5.2.7) 有形如 $y = x^\lambda$ 的解, 因此可以直接求欧拉方程的形如 $y = x^K$ 的解，以 $y = x^K$ 代入方程 (5.2.7), 并约去因子 $x^K$, 就得到确定 $K$ 的代数方程

$$\begin{aligned} &K(K-1)\cdots(K-n+1)+a_1K(K-1)\cdots(K-n+2)\\ &\quad+\cdots+a_n=0, \end{aligned} \tag{5.2.9}$$

可以证明这正是方程 (5.2.8) 的特征方程，因此，方程 (5.2.9) 的 $m$ 重实根 $K = K_0$，对应于方程 (5.2.7) 的 $m$ 个解为

$$x^{K_0}, x^{K_0}\ln|x|,\ \ x^{K^0}\ln^2|x|,\ \cdots,\ x^{K_0}\ln^{m-1}|x|,$$

而方程 (5.2.9) 的 $m$ 重复根 $K = \alpha + i\beta$，对应于方程 (5.2.7) 的 $2m$ 个实值解为

$$x^a\cos(\beta\ln|x|),\ \ x^\alpha\ln|x|\cos(\beta\ln|x|),\cdots,x^\alpha\ln^{m-1}|x|\cos(\beta\ln|x|),$$

$$x^a\sin(\beta\ln|x|),\ \ x^\alpha\ln|x|\sin(\beta\ln|x|),\cdots,x^\alpha\ln^{m-1}|x|\sin(\beta\ln|x|).$$

**例 3**　求解方程

$$t^2x'' + 3tx' + 5x = 0.$$

**解**　这是欧拉方程，其特征方程为

$$\lambda(\lambda-1)+3\lambda+5=0,$$

即

$$\lambda^2+2\lambda+5=0,$$

其特征根为 $\lambda_{1,2} = -1 \pm 2i$. 因此原方程的通解为

$$x = t^{-1}\left[c_1\cos(2\ln|t|)+c_2\sin(2\ln|t|)\right],$$

其中，$c_1, c_2$ 为任意常数.

**例 4**　求解方程

$$x^2y'' - xy' - 3y = 0.$$

**解**　令 $x = e^t$，则

$$\frac{d^2y}{dt^2}-2\frac{dy}{dt}-3y=0,$$

特征方程为

$$\lambda^2-2\lambda-3=0,$$

通解为

$$y = c_1 e^{-t} + c_2 e^{3t},$$

代回原自变量，得通解为

$$y = c_1 \frac{1}{x} + c_2 x^3,$$

其中，$c_1, c_2$ 为任意常数.

## 习　题　5.2

1.求下列方程的通解.

(1) $s'' + 2as' + a^2 s = e^t$;

(2) $y'' + 4y = 8$;

(3) $y'' + y' + y = 3e^{2x}$;

(4) $y'' - 6y' + 9y = 4e^{3x}$;

(5) $x'' - 4x' + 4x = e^t + e^{2t} + 1$;

(6) $y'' - 2y' + 4y = (x + 2)e^{3x}$;

(7) $x'' - 2x' + 2x = te^t \cos t$;

(8) $y'' + y = 5 \sin 2x$;

(9) $y'' - 2y' + 10y = x \cos 2x$;

(10) $y'' + 9y = 18 \cos 3x - 30 \sin 3x$.

2. 求下列方程的通解.

(1) $y'' + y' - 2y = 0$;

(2) $y'' + y = 0$;

(3) $y'' - 5y' + 6y = 0$;

(4) $y^{(6)} + 2y^{(5)} + y^{(4)} = 0$;

(5) $y''' - 8y = 0$.

3. 求下列方程的特解.

(1) $y'' - 4y' + 3y = 0,\ y(0) = 6,\ y'(0) = 10$；

(2) $y'' - 3y' - 4y = 0,\ y(0) = 0,\ y'(0) = -5$；

(3) $y'' + 4y' + 29y = 0,\ y(0) = 0,\ y'(0) = 15$；

(4) $4y'' + 3y' + y = 0,\ y(0) = 2,\ y'(0) = 0$.

## §5.3　$n$ 阶常系数非齐次线性微分方程的解法

现在讨论 $n$ 阶常系数非齐次线性微分方程

$$L[x] \equiv \frac{\mathrm{d}^n x}{\mathrm{d}t^n} + a_n \frac{\mathrm{d}^{n-1} x}{\mathrm{d}t^{n-1}} + \cdots + a_{n-1}\frac{\mathrm{d}x}{\mathrm{d}t} + a_n x = f(t) \tag{5.3.1}$$

的解法，这里 $a_1, a_2, \cdots, a_n$ 是常数，$f(t)$ 是连续函数.

根据之前的讨论我们已经知道，为求非齐次线性微分方程的通解，只需要先求出该方程对应的齐次线性微分方程的通解，再求出该方程的一个特解就可以了. 更进一步，只要知道对应的齐次线性微分方程的基本解组或通解，可以利用常数变易法求得非齐次线性微分方程的一个解或通解.

上面给出了 $n$ 阶常系数齐次线性微分方程 (5.2.1) 基本解组或通解的求法，应该说 $n$ 阶常系数非齐次线性微分方程 (5.3.1) 可以用常数变易法求出该方程的通解，但是常数变易法求解比较烦琐，而且必须经过积分运算. 本节将介绍当微分方程 (5.3.1) 的右端函数 $f(t)$ 具有某些特殊形式时，求该方程的一个特解的方法——比较系数法，此方法的特点是将微分方程的求解问题转化为代数问题来求微分方程的一个特解，而不需要通过积分运算，简化了运算过程. 当 $f(t)$ 为一般形式时仍然采用常数变易法来求解. 当微分方程 (5.3.1) 右端函数 $f(t)$ 是以下两种类型时，方程具有某种特殊形式的特解.

1. 类型 I

$$L[x] = f(t) = \left(p_0 t^m + p_1 t^{m-1} + \cdots + p_{m-1} t + p_m\right) \mathrm{e}^{at} = P_m(t)\mathrm{e}^{at},$$

其中，$p_i\ (i = 0, 1, \cdots, m)$ 为实常系数，$P_m(t)$ 表示关于 $t$ 的 $m$ 次多项式.

考虑如下简单的例子

$$\frac{\mathrm{d}^2 x}{\mathrm{d}t^2} + p\frac{\mathrm{d}x}{\mathrm{d}t} + qx = \mathrm{e}^{at},$$

这里 $p, q$ 为实常数.

为求出上述方程的一个特解，现分析该方程的解可能具有的形式. 由于函数 $\mathrm{e}^{at}$ 经过求导及线性运算后始终含有 $\mathrm{e}^{at}$ 这个因子，因此该方程的解中一定含有 $\mathrm{e}^{at}$，猜测该方程有形如 $x^*(t) = A\mathrm{e}^{at}$ 的特解.

将 $x^*(t) = A\mathrm{e}^{at}$ 代入上述方程，化简整理，可得

$$A\left(a^2 + pa + q\right)\mathrm{e}^{at} = \mathrm{e}^{at}.$$

因此，当 $a^2 + pa + q \neq 0$，即 $a$ 不是特征根时，上述方程有特解

$$x^*(t) = A\mathrm{e}^{at} = \frac{1}{a^2 + pa + q}\mathrm{e}^{at}.$$

当 $a^2 + pa + q = 0$，即 $a$ 是特征根时，上述方程没有形如 $A\mathrm{e}^{at}$ 的特解，受多重特征根对应解的启发，可以猜测方程有形如 $x^*(t) = At\mathrm{e}^{at}$ 的特解. 将 $x^*(t) = At\mathrm{e}^{at}$ 代入方程，化简整理，可得

$$A(2a + p)\mathrm{e}^{at} = \mathrm{e}^{at}.$$

因此，当 $a^2 + pa + q = 0$ 且 $2a + p \neq 0$ 时，即 $a$ 是单特征根时，上述方程有特解

$$x^*(t) = \frac{1}{2a + p}t\mathrm{e}^{at}.$$

当 $a^2 + pa + q = 0$ 且 $2a + p = 0$ 时，即 $a$ 是二重特征根时，可以猜测上述方程有形如 $x^*(t) = At^2\mathrm{e}^{at}$ 的特解. 将 $x^*(t) = At^2\mathrm{e}^{at}$ 代入方程，化简整理可得 $2A\mathrm{e}^{at} = \mathrm{e}^{at}$，即方程有特解

$$x^*(t) = At^2\mathrm{e}^{at} = \frac{1}{2}t^2\mathrm{e}^{at}.$$

这样的结果完全可以推广到当方程 (5.3.1) 右端函数 $f(t)$ 为类型 I 时的情形.

若方程 (5.3.1) 的右端函数形如

$$f(t) = P_m(t)\mathrm{e}^{at} = \left(p_0t^m + p_1t^{m-1} + \cdots + p_{m-1}t + p_m\right)\mathrm{e}^{at},$$

则该方程有特解形如

$$\tilde{x}(t) = t^kR_m(t)\mathrm{e}^{at} = t^k\left(r_0t^m + r_1t^{m-1} + \cdots + r_{m-1}t + r_m\right)\mathrm{e}^{at}. \tag{5.3.2}$$

这里 $k$ 的取值根据 $a$ 是否为特征根来决定，当 $a$ 不是特征根时，$k$ 取为 0，当 $a$ 是几重根时，$k$ 就取几. $R_m(t)$ 是系数 $r_0, r_1, \cdots, r_m$ 待定的 $t$ 的 $m$ 次多项式(与 $P_m(t)$ 的次数相同).

可以将 $\tilde{x}(t) = t^k R_m(t)e^{at}$ 代入原方程，化简整理，通过比较方程左右两边 $t$ 的同次幂的系数来确定 $r_0, r_1, \cdots, r_m$ 的值，从而确定特解 $\tilde{x}(t)$ 的具体形式，这种方法称为**比较系数法**.

1) 如果 $a = 0$，则此时

$$L[x] = f(t) = p_0 t^m + p_1 t^{m-1} + \cdots + p_{m-1} t + p_m,$$

其中，$p_i \ (i = 0, 1, \cdots, m)$ 为实常系数.

如果 $a = 0$ 不是特征根，则有 $F(0) \neq 0, a_n \neq 0$，取

$$\tilde{x}(t) = r_0 t^m + r_1 t^{m-1} + \cdots + r_{m-1} t + r_m,$$

这里 $r_0, r_1, \cdots, r_m$ 为待定常数. 代入方程 (5.3.1)，并比较方程左右两边 $t$ 的同次幂系数，得到常数 $r_0, r_1, \cdots, r_m$ 应满足的方程

$$\begin{cases} r_0 a_n = p_0, \\ r_1 a_n + m r_0 a_{n-1} = p_1, \\ r_2 a_n + (m-1) r_1 a_{n-1} + m(m-1) r_0 a_{n-2} = p_2, \\ \qquad \cdots \\ r_m a_n + r_{m-1} a_{n-1} + \cdots = p_m, \end{cases} \tag{5.3.3}$$

注意到 $a_n \neq 0$，这些待定系数 $r_i \ (i = 0, 1, 2, \cdots, m)$，可以从方程组 (5.3.3) 唯一地确定下来，因此微分方程有形如式 (5.3.2) 的特解.

如果 $a = 0$ 是 $k$ 重特征根，则有

$$F(0) = F'(0) = \cdots = F^{(k-1)}(0) = 0,$$

而 $F^{(k)}(0) \neq 0$，也即

$$a_n = a_{n-1} = \cdots = a_{n-k+1} = 0, a_{n-k} \neq 0,$$

这时相应的方程 (5.3.1) 将为

$$\frac{d^n x}{dt^n} + a_1 \frac{d^{n-1} x}{d^{n-1} t} + \cdots + a_{n-k} \frac{d^k x}{dt^k} = f(t). \tag{5.3.4}$$

令 $\dfrac{d^k x}{dt^k} = z$，则方程 (5.3.4) 化为

$$\frac{d^{n-k} z}{dt^{n-k}} + a_1 \frac{d^{n-k-1} z}{d^{n-k-1} t} + \cdots + a_{n-k} z = f(t). \tag{5.3.5}$$

对上面的方程，由于 $a_{n-k} \neq 0, a = 0$ 已不是其特征根，因而方程 (5.3.5) 有形如

$$\tilde{z}(t) = \tilde{r}_0 t^m + \tilde{r}_1 t^{m-1} + \cdots + \tilde{r}_{m-1} t + \tilde{r}_m$$

的特解，方程 (5.3.4) 有特解 $\tilde{x}$ 满足

$$\frac{\mathrm{d}^k \tilde{x}}{\mathrm{d}t^k} = \tilde{z}(t) = \tilde{r}_0 t^m + \tilde{r}_1 t^{m-1} + \cdots + \tilde{r}_{m-1} t + \tilde{r}_m.$$

这说明 $\tilde{x}$ 是 $t$ 的 $m+k$ 次多项式. 因此方程 (5.3.4) 或方程 (5.3.1) 有特解形如

$$\tilde{x}(t) = t^k \left( r_0 t^m + r_1 t^{m-1} + \cdots + r_m \right),$$

这里 $r_0, r_1, \cdots, r_m$ 是确定的常数.

2) 如果 $a \neq 0$，则此时

$$L[x] = f(t) = \left( p_0 t^m + p_1 t^{m-1} + \cdots + p_{m-1} t + p_m \right) \mathrm{e}^{at} = P_m(t) \mathrm{e}^{at},$$

其中，$a,\ p_i\ (i = 0, 1, \cdots, n)$ 为实常数.

上述方程的右端多了一个因子 $\mathrm{e}^{at}$，为了利用前面的有关结论，我们希望方程右端因子 $\mathrm{e}^{at}$ 消去，为此作变换 $x(t) = \mathrm{e}^{at} y(t)$，则方程 (5.3.1) 变为

$$\frac{\mathrm{d}^n y}{\mathrm{d}t^n} + A_1 \frac{\mathrm{d}^{n-1} y}{\mathrm{d}t^{n-1}} + \cdots + A_{n-1} \frac{\mathrm{d}y}{\mathrm{d}t} + A_n y = p_0 t^m + \cdots + p_m, \tag{5.3.6}$$

其中，$A_1, A_2, \cdots, A_n$ 是常数. 而且方程 (5.3.1) 对应齐次线性微分方程的特征方程的根 $\lambda$ 对应于方程 (5.3.6) 的特征方程的根，且重数相同.

根据前面有关结论，可得方程 (5.3.1) 有以下形式的特解：

若 $a$ 不是方程 (5.3.1) 的特征根，方程 (5.3.6) 有如下形式的特解

$$\bar{y} = r_0 t^m + r_1 t^{m-1} + \cdots + r_m,$$

从而方程 (5.3.1) 有特解形如

$$\tilde{x} = \left( r_0 t^m + r_1 t^{m-1} + \cdots + r_m \right) \mathrm{e}^{at}.$$

若 $a$ 是方程 (5.3.1) 的 $k$ 重特征根，方程 (5.3.6) 有特解形如

$$\tilde{y} = t^k \left( r_0 t^m + r_1 t^{m-1} + \cdots + r_m \right),$$

从而方程 (5.3.1) 有特解形如

$$\tilde{x} = t^k\left(r_0t^m + r_1t^{m-1} + \cdots + r_m\right)e^{at}.$$

**例 1**　求方程

$$\frac{d^2x}{dt^2} - 2\frac{dx}{dt} - 3x = 3t + 1$$

的通解.

**解**　先求对应的齐次线性方程

$$\frac{d^2x}{dt^2} - 2\frac{dx}{dt} - 3x = 0$$

的通解. 这里特征方程 $\lambda^2 - 2\lambda - 3 = 0$ 有两个根 $\lambda_1 = 3, \lambda_2 = -1$. 因此通解为

$$x = c_1e^{3t} + c_2e^{-t},$$

其中，$c_1, c_2$ 为任意常数.

再求非齐次线性方程的一个特解. 这里 $f(t) = 3t + 1, \lambda = 0$. 又因为 $\lambda = 0$ 不是特征根，故可取特解形如 $\tilde{x} = Bt + A$，其中 $A, B$ 为待定常数. 为了确定 $A, B$，将 $\tilde{x} = A + Bt$ 代入原方程得到

$$-2B - 3A - 3Bt = 3t + 1.$$

比较系数，得

$$\begin{cases} -3B = 3 \\ -2B - 3A = 1 \end{cases}$$

由此，得 $A = \frac{1}{3}$, $B = -1$. 因此，原方程的通解为

$$x = c_1e^{3t} + c_2e^{-t} - t + \frac{1}{3},$$

其中，$c_1, c_2$ 为任意常数.

**例 2**　求微分方程

$$\frac{d^2x}{dt^2} - 6\frac{dx}{dt} + 9x = 4e^{3t}$$

的通解.

**解**　特征方程

$$\lambda^2 - 6\lambda + 9 = 0 = (\lambda - 3)^2 = 0,$$

特征根为 $\lambda_1 = \lambda_2 = 3$，对应齐次线性微分方程的通解为

$$x = c_1 e^{3t} + c_2 t e^{3t},$$

因为 3 是二重特征根，故原方程的特解形如

$$\tilde{x}(t) = t^2 A e^{3t},$$

代入原方程解，得 $A = 2$，故原方程的通解为

$$x = c_1 e^{3t} + c_2 t e^{3t} + 2t^2 e^{3t},$$

其中，$c_1, c_2$ 为任意常数.

**例 3** 求方程

$$\frac{d^3 x}{dt^3} + 3\frac{d^2 x}{dt^2} + 3\frac{dx}{dt} + x = e^{-t}(t-5)$$

的通解.

**解** 先求对应的齐次线性方程

$$\frac{d^3 x}{dt^3} + 3\frac{d^2 x}{dt^2} + 3\frac{dx}{dt} + x = 0$$

的通解，这里特征方程

$$\lambda^3 + 3\lambda^2 + 3\lambda + 1 = (\lambda + 1)^3 = 0$$

有三重根 $\lambda_{1,2,3} = -1$，因此通解为

$$x = \left(c_1 + c_2 t + c_3 t^2\right) e^{-t},$$

其中，$c_1, c_2, c_3$ 为任意常数.

再求非齐次线性方程的一个特解，这里 $f(t) = e^{-t}(t-5)$. 因为 $\lambda = -1$ 是特征方程的三重根，故有形为

$$\tilde{x} = t^3(A + Bt)e^{-t}$$

的特解，将它代入原方程，整理得到

$$(6A + 24Bt)e^{-t}(t-5),$$

比较系数，可得

$$A = -\frac{5}{6}, B = \frac{1}{24},$$

于是

$$\tilde{x} = -\frac{1}{24}t^3(t-20)e^{-t},$$

故原方程的通解为

$$x = \left(c_1 + c_2 t + c_3 t^2\right)e^{-t} + \frac{1}{24}t^3(t-20)e^{-t},$$

其中，$c_1, c_2, c_3$ 为任意常数.

2. 类型 Ⅱ

$$L[x] = f(t) = [A(t)\cos\beta t + B(t)\sin\beta t]e^{at},$$

其中，$\alpha$, $\beta$ 为实常数. $A(t), B(t)$ 表示关于 $t$ 的多项式，其中，一个次数是 $m$，另一个次数不超过 $m$.

若微分方程 (5.3.1) 的右端函数形如

$$f(t) = [A(t)\cos\beta t + B(t)\sin\beta t]e^{\alpha t},$$

则该方程有特解形如

$$\tilde{x}(t) = t^k[P(t)\cos\beta t + Q(t)\sin\beta t]e^{\alpha t},$$

这里 $k$ 的取值根据 $\alpha \pm i\beta$ 是否为特征根来决定，当 $\alpha \pm i\beta$ 不是特征根时，$k$ 取 0，当 $\alpha \pm i\beta$ 是几重根时，$k$ 就取几，$P(t), Q(t)$ 分别是系数待定的 $t$ 的 $m$ 次多项式 ($m$ 是 $A(t), B(t)$ 中 $t$ 的最高次数).

可以将

$$\tilde{x}(t) = t^k[P(t)\cos\beta t + Q(t)\sin\beta t]e^{\alpha t}$$

代入原方程，化简整理，通过比较方程左右两边 $t$ 的同次幂的系数来确定 $P(t), Q(t)$ 的系数，从而确定特解 $\tilde{x}(t)$ 的具体形式.

事实上，由公式

$$\cos\beta t = \frac{1}{2}\left(e^{i\beta t} + e^{-i\beta t}\right), \quad \sin\beta t = \frac{1}{2i}\left(e^{i\beta t} - e^{-i\beta t}\right),$$

可得

$$[A(t)\cos\beta t + B(t)\sin\beta t]e^{\alpha t} = \frac{A(t) - iB(t)}{2}e^{(\alpha+i\beta)t} + \frac{A(t) + iB(t)}{2}e^{(\alpha-i\beta)t}.$$

根据非齐次线性微分方程的叠加原理，可知方程

$$L[x] = f_1(t) \equiv \frac{A(t) + iB(t)}{2}e^{(\alpha-i\beta)t}$$

和

$$L[x]=f_2(t)\equiv\frac{A(t)-iB(t)}{2}\mathrm{e}^{(\alpha+i\beta)t}$$

的解之和必为方程 (5.3.1) 的解.

注意到 $\overline{f_1(t)}=f_2(t)$，若 $x_1$ 为 $L[x]=f_1(t)$ 的解，则 $\bar{x}_1$ 必为 $L[x]=f_2(t)$ 的解，因此，直接利用类型 I 的结果，可知方程有特解形如

$$\tilde{x}(t)=t^kD(t)\mathrm{e}^{(\alpha-i\beta)t}+t^k\overline{D(t)}\mathrm{e}^{(\alpha+i\beta)t}=t^k[P(t)\cos\beta t+Q(t)\sin\beta t]\mathrm{e}^{\alpha t},$$

其中，$D(t)$ 为 $t$ 的 $m$ 次多项式，而

$$P(t)=2\,\mathrm{Re}\,D(t),\quad Q(t)=2\,\mathrm{Im}\,D(t).$$

显然 $P(t),Q(t)$ 是系数为实数 $t$ 的 $m$ 次多项式，其次数不超过 $m$ .

用待定系数法求方程 (5.3.1) 特解的关键是正确写出特解的形式.

**例 4** 求方程

$$\frac{\mathrm{d}^2x}{\mathrm{d}t^2}+4\frac{\mathrm{d}x}{\mathrm{d}t}+4x=\cos 2t$$

的通解.

**解** 特征方程 $\lambda^2+4\lambda+4=0$ 有重根 $\lambda_{1,2}=-2$ ，
因此对应的齐次线性微分方程的通解为

$$x(t)=(c_1+c_2t)\,\mathrm{e}^{-2t},$$

其中, $c_1,c_2$ 为任意常数. 现求非齐次线性微分方程的一个特解，因为 $\pm 2i$ 不是特征根，我们求形如

$$\tilde{x}=A\cos 2t+B\sin 2t$$

的特解，将它代入原方程并化简，得到

$$8B\cos 2t-8A\sin 2t=\cos 2t,$$

比较同类系数得 $A=0,B=\frac{1}{8}$，从而

$$\tilde{x}=\frac{1}{8}\sin 2t,$$

因此原方程的通解为

$$x=(c_1+c_2t)\,\mathrm{e}^{-2t}+\frac{1}{8}\sin 2t,$$

其中, $c_1, c_2$ 为任意常数.

**例 5**　求微分方程

$$\frac{d^2x}{dt^2}-\frac{dx}{dt}-2x=e^{-t}(\cos t-7\sin t)$$

的通解.

**解**　特征方程为 $\lambda^2-\lambda-2=0$，特征根为 $\lambda_1=-1, \lambda_2=2$.

因为 $\alpha+i\beta=-1+i$ 不是特征根，故原方程有特解形如

$$\tilde{x}(t)=e^{-t}(A\cos t+B\sin t),$$

将此特解代入原方程，化简得到

$$(-3B-A)\cos t-(B-3A)\sin t=\cos t-7\sin t,$$

比较上式两端 $\cos t, \sin t$ 的系数，可得

$$A=-\frac{11}{5}, B=\frac{2}{5},$$

即原方程的特解为

$$\tilde{x}(t)=e^{-t}\left(-\frac{11}{5}\cos t+\frac{2}{5}\sin t\right).$$

于是原方程的通解为

$$x=c_1e^{t}+c_2e^{-2t}+e^{-t}\left(-\frac{11}{5}\cos t+\frac{2}{5}\sin t\right),$$

其中，$c_1, c_2$ 为任意常数.

常系数线性微分方程还可以应用拉普拉斯 (Laplace) 变换法进行求解，这往往比较简便. 用拉普拉斯变换法首先将线性微分方程转换成复变数的代数方程，再由拉普拉斯变换表或反变换公式求出微分方程的解.

1) 拉普拉斯变换的定义

**定义 5.7**　设函数 $f(t)$ 当 $t \geqslant 0$ 时有定义，而且积分 $\int_0^{+\infty} e^{-st}f(t)dt$ ($s$ 是一个复参量) 在 $s$ 的某一域内收敛，则此积分所确定的函数可写为

$$F(x)=\int_0^{+\infty} e^{-st}f(t)dt,$$

我们称上式为函数 $f(t)$ 的**拉普拉斯变换**，记为 $F(s)=L[f(t)]$. $F(s)$ 称 $f(s)$ 的拉普拉斯变换 (或称为象函数).

若 $F(s)$ 是 $f(t)$ 的拉普拉斯变换，则称 $f(t)$ 为 $F(s)$ 的拉普拉斯逆变换 (或称为象原函数)，记为 $f(t)=L^{-1}[F(s)]$ .

2) 拉普拉斯变换的存在定理

**定理 5.11** 设函数 $f(t)$ 满足下列条件:

(1) 在 $t\geqslant 0$ 的任一有限区间上分段连续;

(2) 当 $t\to+\infty$ 时，$f(t)$ 的增长速度不超过某一指数函数，亦即存在常数 $M>0, C\geqslant 0$，使得

$$|f(t)|\leqslant M\mathrm{e}^{Ct}, (0\leqslant t\leqslant+\infty)$$

成立, 则 $f(t)$ 的拉普拉斯变换 $F(s)=\int_0^{+\infty}\mathrm{e}^{-st}f(t)\mathrm{d}t$ 在半平面 $\mathrm{Re}(s)>C$ 上一定存在，右端的积分在 $\mathrm{Re}(s)\geqslant C_1>C$ 的半平面内，$F(s)$ 为解析函数.

3) 拉普拉斯变换的性质

**性质1** 线性性质

若 $\alpha,\beta$ 是常数，

$$L[f_1(t)]=F_1(s), L[f_2(t)]=F_2(s),$$

则有

$$L[\alpha f_1(t)+\beta f_2(t)]=\alpha L[f_1(t)]+\beta L[f_2(t)]=\alpha F_1(s)+\beta F_2(s),$$
$$L^{-1}[\alpha F_1(s)+\beta F_2(s)]=\alpha L^{-1}[F_1(s)]+\beta L^{-1}[F_2(s)].$$

**性质2** 微分性质

若 $L[f(t)]=F(s)$，则有 $L[f'(t)]=sF(s)-f(0)$.

高阶推广，若 $L[f(t)]=F(s)$，则有

$$L[f''(t)]=s^2F(s)-sf(0)-f'(0).$$

一般地，

$$L\left[f^{(n)}(t)\right]=s^nF(s)-s^{n-1}f(0)-s^{n-2}f'(0)-\cdots-sf^{(n-2)}(0)-f^{(n-1)}(0).$$

**性质3** 积分性质

若 $L[f(t)]=F(s)$，则有

$$L\left[\int_0^t f(t)\mathrm{d}t\right]=\frac{1}{s}L[F(s)].$$

**性质4**　位移性质

若 $L[f(t)]=F(s)$，则有

$$L\left[\mathrm{e}^{at}f(t)\right]=F(s-a)\ \ (\mathrm{Re}(s-a)>c).$$

**性质5**　延迟性质

若 $L[f(t)]=F(s)$，又 $t<0$ 时，$f(t)=0$，则对于任意非负实数 $\tau$，有

$$L[f(t-\tau)]\mathrm{e}^{-s\tau}F(s),\text{或 } L^{-1}\left[\mathrm{e}^{-s\tau}F(s)\right]=f(t-\tau).$$

**性质6**　相似性性质

若 $L[f(t)]=F(s)$，则

$$L[f(at)]=\frac{1}{a}F\left(\frac{s}{a}\right).$$

**性质7**　卷积性质

若 $L\left[f_1(t)\right]=F_1(s),L\left[f_2(t)\right]=F_2(s)$，则 $L\left[f_1(t)*f_2(t)\right]=F_1(s)\cdot F_2(s)$，其中，

$$f_1(t)*f_2(t)=\int_0^t f_1(\tau)f_2(t-\tau)\mathrm{d}\tau$$

称为 $f_1(t)$ 与 $f_2(t)$ 的**卷积**.

由于从定义及性质求拉普拉斯变换或拉普拉斯逆变换困难且复杂，在控制工程中常常通过查阅已编好的“拉普拉斯变换表”来实现(表 5.3.1). 拉普拉斯变换对照表列出来工程上常用的时间函数及其对应的拉普拉斯变换，可以根据该表查找原函数的象函数，或者从象函数查找原函数. 对于表中不能找到的形式，可以把它展开成部分分式，再求拉普拉斯变换或拉普拉斯逆变换，以下是本文将用到的几种常用的拉普拉斯变换函数对.

**例 6**　求方程

$$x''+9x=6\mathrm{e}^{3t}$$

满足初值条件 $x(0)=x'(0)=0$ 的解.

**解**　对方程两端进行拉普拉斯变换，得

$$s^2X(s)-sx(0)-x'(0)+9X(s)=\frac{6}{s-3},$$

**表5.3.1 拉普拉斯变换表**

| 序号 | 原函数$f(x)$ | 像函数$F(s)=\int_0^{+\infty} e^{-st}f(x)dt$ | $F(s)$的定义域 |
|---|---|---|---|
| 1 | 1 | $\frac{1}{s}$ | $s>0$ |
| 2 | $t$ | $\frac{1}{s^2}$ | $s>0$ |
| 3 | $t^n$($n$是正常数) | $\frac{n!}{s^{n+1}}$ | $s>0$ |
| 4 | $e^{at}$ | $\frac{1}{s-a}$ | $s>a$ |
| 5 | $te^{at}$ | $\frac{1}{(s-a)^2}$ | $s>a$ |
| 6 | $t^n e^{at}$($n$是正常数) | $\frac{n!}{(s-a)^{n+1}}$ | $s>a$ |
| 7 | $\sin\omega t$ | $\frac{\omega}{s^2+\omega^2}$ | $s>0$ |
| 8 | $\cos\omega t$ | $\frac{s}{s^2+\omega^2}$ | $s>0$ |
| 9 | $\sinh\omega t$ | $\frac{\omega}{s^2-\omega^2}$ | $s>\omega$ |
| 10 | $\cosh\omega t$ | $\frac{s}{s^2-\omega^2}$ | $s>\omega$ |
| 11 | $t\sin\omega t$ | $\frac{2s\omega}{(s^2+(\omega)^2)^2}$ | $s>0$ |
| 12 | $t\cos\omega t$ | $\frac{s^2-\omega^2}{(s^2+(\omega)^2)^2}$ | $s>0$ |
| 13 | $e^{at}\sin\omega t$ | $\frac{\omega}{(s-a)^2+\omega^2}$ | $s>a$ |
| 14 | $e^{at}\cos\omega t$ | $\frac{s-a}{(s-a)^2+\omega^2}$ | $s>a$ |
| 15 | $te^{at}\sin\omega t$ | $\frac{2\omega(s-a)}{[(s-a)^2+\omega^2]^2}$ | $s>a$ |
| 16 | $te^{at}\cos\omega t$ | $\frac{(s-a)^2-\omega^2}{[(s-a)^2+\omega^2]^2}$ | $s>a$ |

即

$$\left(s^2+9\right)X(s)=\frac{6}{s-3},$$

$$X(s)=\frac{6}{(s-3)\left(s^2+9\right)}=\frac{1}{3}\left(\frac{1}{s-3}-\frac{s}{s^2+9}-\frac{3}{s^2+9}\right).$$

查拉普拉斯变换表，可得所求解为

$$x(t)=\frac{1}{3}\left(\mathrm{e}^{3t}-\cos 3t-3\sin t\right).$$

**例 7**　求解初值问题

$$x''+2x'+x=\mathrm{e}^{-t},\ x(1)=x'(1)=0.$$

**解**　首先进行线性变换，将在 $t=1$ 点给出的初值条件化为在 $t=0$ 处的初值条件. 令 $\tau=t-1$，则问题化为

$$x''+2x'+x=\mathrm{e}^{-(\tau+1)},\ x(0)=x'(0)=0.$$

对方程两边同时进行拉普拉斯变换，得到

$$s^2X(s)+2sX(s)+X(s)=\frac{1}{\mathrm{e}}\cdot\frac{1}{s+1},$$

整理可得

$$X(s)=\frac{1}{\mathrm{e}}\cdot\frac{1}{(s+1)^3},$$

取拉普拉斯逆变换，得

$$x(\tau)=\frac{1}{\mathrm{e}}\cdot\frac{1}{2}\cdot\tau^2\mathrm{e}^{-\tau}=\frac{1}{\mathrm{e}}\cdot\frac{1}{2}\cdot(t-1)^2\mathrm{e}^{-(t-1)}=\frac{1}{2}(t-1)^2\mathrm{e}^{-t}.$$

**例 8**　求解变系数微分方程

$$ty''+2y'+ty=0, y(0)=1, y'(0)=C_0,$$

其中，$C_0$ 为常数.

**解**　设 $Y(s)=L[y(t)]$，对方程两边同时取拉普拉斯变换

$$L[ty'']+2L[y']+L[ty]=0,$$

即

$$-\frac{\mathrm{d}}{\mathrm{d}s}\left[s^2Y(s)-sy(0)-y'(0)\right]+2[sY(s)-y(0)]+\frac{\mathrm{d}}{\mathrm{d}s}Y(s)=0,$$

计算可得

$$\left[-2sY(s)-s^2\frac{\mathrm{d}}{\mathrm{d}s}Y(s)+y(0)\right]+2[sY(s)-y(0)]-\frac{\mathrm{d}}{\mathrm{d}s}Y(s)=0,$$

结合初始条件，有

$$\left[-2sY(s)-s^2\frac{\mathrm{d}}{\mathrm{d}s}Y(s)+1\right]+2[sY(s)-1]-\frac{\mathrm{d}}{\mathrm{d}s}Y(s)=0,$$

整理可得

$$\frac{\mathrm{d}}{\mathrm{d}s}Y(s)=-\frac{1}{s^2+1},$$

两边积分可得

$$Y(s)=-\arctan s+c,$$

利用 $\lim_{s\to\infty}Y(s)=0$，可得 $c=\frac{\pi}{2}$. 故

$$Y(s)=\frac{\pi}{2}-\arctan s=\arctan\frac{1}{s}.$$

由拉普拉斯变换表

$$L^{-1}\left[\arctan\frac{a}{s}\right]=\frac{1}{t}\sin at,$$

可知

$$L^{-1}[\arctan s]=\frac{1}{t}\sin t,$$

对方程两边同时求反演，整理可得方程的解为

$$y(t)=L^{-1}[Y(s)]=\frac{1}{t}\sin t.$$

## 习　题　5.3

1. 用拉普拉斯变换求解下列方程的初值问题.

(1) $x'-x=\mathrm{e}^{2t}, x(0)=0$;

(2) $x''+2x'+x=\mathrm{e}^{-t}, x(0)=x'(0)=0$;

(3) $x'''+3x''+3x'+x=1, x(0)=x'(0)=x''(0)=0$;

(4) $x''+a^2x=b\sin at, x(0)=x_0, x'(0)=x_0'$;

(5) $y'' - 3y' + 2y = \mathrm{e}^{3t}, y(0) = 1, y'(0) = 0.$

2. 求下列方程的通解.

(1) $y'' - y = \dfrac{1}{2}\mathrm{e}^{x}$;

(2) $y'' - 5y' = -5x^2 + 2x$;

(3) $y'' + y' + y = 3\mathrm{e}^{2x}$;

(4) $y'' - 2y' + 10y = x\cos 2x$;

(5) $y'' - 2y' + 4y = (x + 2)\mathrm{e}^{3x}$;

(6) $y'' + 9y = 18\cos 3x - 30\sin 2x.$

3. 求出下列方程的一个特解.

(1) $y'' + y' - 2y = \mathrm{e}^{x}(\cos x - 7\sin x)$;

(2) $y'' - 6y' + 5y = -3\mathrm{e}^{x} + 5x^2$;

(3) $y'' - 8y' + 7y = 3x^2 + 7x + 8$;

(4) $y'' + 6y' + 13y = \left(x^2 - 5x + 2\right)\mathrm{e}^{x}.$

## §5.4　可降阶的高阶微分方程和幂级数解法

本节介绍一些特殊类型的方程，可以通过变换降低方程的阶，从而有可能求出它的解.

### 一、可降阶的高阶微分方程

1. $n$ 阶方程中不显含 $x, x', \cdots, x^{(k-1)}$ 的情形

设方程的形式为

$$F[t, x^{(k)}, \cdots, x^{(n)}] = 0. \tag{5.4.1}$$

若令 $x^{(k)} = y$，则方程 (5.4.1) 降为关于 $y$ 的 $(n-k)$ 阶方程

$$F[t, y^{(k)}, \cdots, y^{(n-k)}] = 0. \tag{5.4.2}$$

于是若能求出方程 (5.4.2) 的通解 $y = \varphi(t, c_1, \cdots, c_{n-k})$，则经过 $k$ 次积分，可求得

方程 (5.4.1) 的通解

$$x = \psi(t, c_1, \cdots, c_n),$$

其中，$c_1, \cdots, c_n$ 为任意常数.

**例 1** 求解方程

$$x^{(5)} - \frac{1}{t}x^{(4)} = 0.$$

**解** 令 $x^{(4)} = y$，则原方程可化为

$$y' - \frac{y}{t} = 0,$$

由此解得 $y = ct$，即 $x^{(4)} = ct$，于是经四次积分，得原方程的通解为

$$x = c_1t^5 + c_2t^3 + c_3t^2 + c_4t + c_5 \quad (\text{其中}, c_i \text{ 为任意常数}, i = 1, \cdots, 5).$$

2. 方程中不显含自变量 $t$ 的情形

设方程的形式为

$$F\left(x, x', \cdots, x^{(n)}\right) = 0. \tag{5.4.3}$$

对于这个方程，若以 $x$ 为自变量，令 $x' = y$，则可将它降低一阶. 实际上，这时

$$x' = y,\ x'' = \frac{\mathrm{d}y}{\mathrm{d}t} = y\frac{\mathrm{d}y}{\mathrm{d}x},\ x''' = y\left(\frac{\mathrm{d}y}{\mathrm{d}x}\right)^2 + y^2\frac{\mathrm{d}^2y}{\mathrm{d}x^2}, \cdots$$

利用数学归纳法可以证明，$x^{(k)}$ 可用 $y, \frac{\mathrm{d}y}{\mathrm{d}x}, \cdots, \frac{\mathrm{d}^{k-1}y}{\mathrm{d}x^{k-1}}$ 来表示. 将这些表达式代入方程 (5.4.3) 可得

$$G\left(x, y, \frac{\mathrm{d}y}{\mathrm{d}x}, \cdots, \frac{\mathrm{d}^{n-1}y}{\mathrm{d}x^{n-1}}\right) = 0,$$

从而把方程 (5.4.3) 降低了一阶.

**例 2** 求解方程

$$xx'' + (x')^2 = 0.$$

**解** 令 $x' = y$，则

$$x'' = y\frac{\mathrm{d}y}{\mathrm{d}x},$$

于是原方程变为

$$xy\frac{\mathrm{d}y}{\mathrm{d}x} + y^2 = 0,$$

即 $y=0$ 或

$$x\frac{\mathrm{d}y}{\mathrm{d}x}=-y,$$

进一步可推得

$$x\mathrm{d}x=c\mathrm{d}t,$$

故有

$$x^2=c_1t+c_2,$$

它包含了由 $y=0$ 得到的解 $x=c$. 因此原方程的通解就是

$$x^2=c_1t+c_2,$$

其中，$c_1$, $c_2$ 为任意常数.

3. 如果知道齐次线性方程

$$y^{(n)}+a_1(x)y^{(n-1)}+\cdots+a_n(x)y=0 \tag{5.4.4}$$

的一个非零特解 $y=\tilde{y}(x)$，则令 $y=\tilde{y}u$，于是

$$y'=\tilde{y}u'+\tilde{y}u,$$

$$y''=\tilde{y}u''+2\tilde{y}'u'+\tilde{y}''u,$$

$$\cdots$$

$$y^{(n)}=\tilde{y}u^{(n)}+n\tilde{y}'u^{n-1}+\frac{n(n-1)}{2}\tilde{y}^{n}u^{(n-2)}+\cdots+\tilde{y}^{(n)}u.$$

代入式 (5.4.4)，并注意到 $y$ 是式 (5.4.4) 的解，则化为不显含 $u$ 的关于 $u$ 的 $n$ 阶方程，于是令 $\omega=u'$，就可以得到一个关于 $\omega$ 的 $n-1$ 阶线性方程

$$\omega^{(n-1)}+b_1(x)\omega^{(n-2)}+\cdots+b_{n-1}(x)\omega=0. \tag{5.4.5}$$

倘若能求得方程 (5.4.5) 的解为

$$\omega=\varphi(x,c_1,c_2,\cdots,c_{n-1}),$$

则由 $\omega=u'$，可求出

$$u=\psi(x_1,c_1,c_2,\cdots,c_n),$$

再由 $y=\tilde{y}u$ 就可得到原方程的解

$$y=\tilde{y}\psi(x,c_1,c_2,\cdots,c_n).$$

**例 3** 解方程

$$\frac{x}{1-x}y''+\left(1-\frac{x}{1-x}\right)y'-y=0.$$

**解** 通过观察试验可知 $y=\mathrm{e}^x$ 是方程的一个特解. 于是令 $y=u\mathrm{e}^x$，则原方程可化为

$$\frac{x}{1-x}(u''+2u')+\left(1-\frac{x}{1-x}\right)u'=0,$$

令 $\omega=u'$，则

$$\frac{x}{1-x}(\omega'+2\omega)+\left(1-\frac{x}{1-x}\right)\omega=0,$$

解之，得到

$$\omega=\frac{c_1}{x},$$

于是

$$u=\int\frac{c_1}{x}dx+c_2=c_1\ln|x|+c_2,$$

从而, 原方程的通解为

$$y=c_1e^x\ln|x|+c_2e^x,$$

其中，$c_1$, $c_2$ 为任意常数.

## 二、线性方程的幂级数解法

从数学分析中知道，在满足某些条件时，可以用幂级数表示一个函数. 那么能否用幂级数来表示微分方程的解呢？这就是本部分要讨论的问题. 由于对涉及的结论的证明较为复杂，因此这里只介绍其结论与方法，不进行证明.

考虑二阶线性方程

$$p_0(x)y''+p_1(x)y'+p_2(x)y=f(x). \tag{5.4.6}$$

有以下结论.

**定理 5.12** 如果 $p_0(x), p_1(x), p_2(x), f(x)$ 在某点 $x_0$ 的某邻域内可展开成 $(x-x_0)$ 的幂级数，且 $p_0(x_0)\neq 0$，则方程 (5.4.6) 的解在 $x_0$ 的邻域内也能展开成 $(x-x_0)$ 的幂级数

$$y=\sum_{n=0}^{\infty}a_n(x-x_0)^n.$$

**定理 5.13** 如果 $p_0(x), p_1(x), p_2(x)$ 在 $x_0$ 的某邻域内解析，而 $x_0$ 为 $p_0(x)$ 的 $s$ 重零点，是 $p_1(x)$ 的不低于 $s-1$ 重的零点(若 $s>1$)，是 $p_2(x)$ 的不低于 $s-2$ 重的零点(若 $s>2$)，则方程 (5.4.6) 相对应的齐次方程至少有一个形如

$$y=(x-x_0)^r\sum_{n=0}^{\infty}a_n(x-x_0)^n$$

的幂级数解，其中，$r$ 为某一常数.

**例 4**　求方程

$$y' = y - x$$

满足 $y(0) = 0$ 的解.

**解**　设幂级数 $y = \sum\limits_{n=0}^{\infty} a_n x^n$ 是所给方程的解，其中，$a_i\ (i = 0, 1, 2, \cdots)$ 为待定常数，将它代入原方程有

$$a_1 + 2a_2 x + \cdots + n a_n x^{n-1} + \cdots = a_0 + (a_1 - 1)\, x + a_2 x^2 + \cdots + a_n x^n + \cdots ,$$

比较同次幂的系数有

$$a_1 = a_0, 2a_2 = a_1 - 1, \cdots , k a_k = a_{k-1}, \cdots$$

注意到，由 $y(0) = 0$ 可得 $a_0 = 0$，从而有

$$a_0 = 0, a_1 = 0, a_2 = -\frac{1}{2}, a_3 = -\frac{1}{2} \cdot \frac{1}{3} = -\frac{1}{3!}, \cdots , a_n = -\frac{1}{n!}, \cdots .$$

故原初值问题的解为

$$y = -\left(\frac{1}{2!}x^2 + \frac{1}{3!}x^3 + \cdots + \frac{1}{n!}x^n + \cdots\right) = -\mathrm{e}^x + 1 + x.$$

**例 5**　求解 $n$ 阶贝塞尔(Bessel) 方程

$$x^2 y'' + x y' + \left(x^2 - n^2\right) y = 0, \tag{5.4.7}$$

这里 $n$ 为非负常数.

**解**　易验证贝塞尔方程的系数在 $x_0 = 0$ 处满足定理 5.13 的条件，方程有如下形式的级数解

$$y = x^{\alpha} \sum_{k=0}^{\infty} a_k x^k,\ \ a_0 \neq 0, \tag{5.4.8}$$

其中，$\alpha, a_k\ \ (k = 0, 1, 2, \cdots)$ 待定，将式 (5.4.8) 代入式 (5.4.7)，得

$$x^2 \sum_{k=0}^{\infty} (\alpha + k)(\alpha + k - 1) a_k x^{\alpha+k-2} + x \sum_{k=0}^{\infty} (\alpha + k) a_k x^{\alpha+k-1} + \left(x^2 - n^2\right), \sum_{k=0}^{\infty} a_k x^{\alpha+k} = 0.$$

合并同类项，上式变为

$$\sum_{k=0}^{\infty} \left[(\alpha + k)^2 - n^2\right] a_k x^{\alpha+k} + \sum_{k=0}^{\infty} a_k x^{\alpha+k+2} = 0.$$

令各项的系数等于零，得出一系列代数方程

$$\begin{cases} a_0\left(\alpha^2 - n^2\right) = 0, \\ a_1\left[(\alpha+1)^2 - n^2\right] = 0, \\ a_k\left[(\alpha+k)^2 - n^2\right] + a_{k-2} = 0, \quad k = 2, 3, \cdots. \end{cases} \tag{5.4.9}$$

因为 $a_0 \neq 0$，故从式 (5.4.9) 的第一个方程解得 $\alpha = n$ 或 $\alpha = -n$.

考虑当 $\alpha = n$ 时，方程 (5.4.7) 的一个特解. 可由式 (5.4.9) 确定所有的系数 $a_k$:

$$\begin{aligned} &a_1 = 0, \\ &a_k = -\frac{a_{k-2}}{k(2n+k)}, \quad k = 2, 3, \cdots. \end{aligned}$$

按下标为奇数或偶数，分别有

$$\begin{aligned} a_{2k+1} &= \frac{-a_{2k-1}}{(2k+1)(2n+2k+1)} = 0, \\ a_{2k} &= \frac{-a_{2k-2}}{2k(2n+2k)} = \frac{-a_{2k-2}}{2^{2k}(n+k)} \\ &= (-1)^k \frac{a_0}{2^{2k}k!(n+k)\cdots(n+2)(n+1)}, \end{aligned}$$

从而得到方程 (5.4.7) 的一个特解

$$y_1 = a_0 x^n + \sum_{k=1}^{\infty} (-1)^k \frac{a_0}{2^{2k}k!(n+k)\cdots(n+2)(n+1)} x^{2k+n}. \tag{5.4.10}$$

上式既然是方程 (5.4.7) 的一个特解，不妨令

$$a_0 = \frac{1}{2^n \Gamma(n+1)},$$

此时式 (5.4.10) 变为

$$\begin{aligned} y_1 &= \sum_{k=0}^{\infty} \frac{(-1)^k}{k!(n+k)\cdots(n+1)\Gamma(n+1)} \left(\frac{x}{2}\right)^{2k+n} \\ &= \sum_{k=0}^{\infty} \frac{(-1)^k}{k!\Gamma(n+k+1)} \left(\frac{x}{2}\right)^{2k+n} \\ &\equiv J_n(x). \end{aligned}$$

$J_n(x)$ 是由贝塞尔方程定义的特殊函数，称为 $n$ **阶贝塞尔函数**. 因此，对于 $n$ 阶贝塞尔方程，它总有一个特解 $J_n(x)$. 为了得到另一个与 $J_n(x)$ 线性无关的特解，我们自然想到，当 $\alpha = -n$ 时，方程 (5.4.7) 有形如

$$y = x^{-n} \sum_{k=0}^{\infty} a_k x^k, \quad a_0 \neq 0$$

的解. 当 $n$ 不为非负整数时，与 $\alpha = n$ 的求解过程一样，可求得另一特解

$$y_2 = \sum_{k=0}^{\infty} \frac{(-1)^k}{k!\Gamma(-n+k+1)} \left(\frac{x}{2}\right)^{2k-n} \equiv J_{-n}(x).$$

$J_{-n}(x)$ 称为 $-n$ **阶贝塞尔函数**.

利用达朗贝尔判别法可证 $J_n(x), J_{-n}(x)$ 表达式中的无穷级数收敛，且 $J_n(x)$, $J_{-n}(x)$ 线性无关，故当 $n \neq$ 非负整数，$n$ 阶贝塞尔方程的通解为

$$y = c_1 J_n(x) + c_2 J_{-n}(x),$$

当 $n$ 为自然数，而 $\alpha = -n$ 时，不能从式 (5.4.9) 中确定 $a_{2k}$ $(k \geqslant n)$，因此不能像上面那样求得 $J_{-n}(x)$，但可利用刘维尔公式通过 $J_n(x)$ 求得 $n$ 阶贝塞尔方程的另一特解

$$y_2 = J_n(x) \int \frac{1}{J_n^2(x)} \exp\left(-\int \frac{1}{x}\, \mathrm{d}x\right) \mathrm{d}x = J_n(x) \int \frac{1}{x J_n^2(x)} \mathrm{d}x,$$

故 $n$ 阶贝塞尔方程的通解为

$$y = J_n(x) \left[c_1 + c_2 \int \frac{1}{x J_n^2(x)} \mathrm{d}x\right].$$

**例 6**　求方程

$$x^2 y'' + x y' + \left(4x^2 - \frac{9}{25}\right) y = 0$$

的通解.

**解**　引入新变量 $t = 2x$，原方程化为

$$t^2 \frac{\mathrm{d}^2 y}{\mathrm{d}t^2} + t \frac{\mathrm{d}y}{\mathrm{d}t} + \left(t^2 - \frac{9}{25}\right) y = 0,$$

这是 $n = \dfrac{3}{5}$ 的贝塞尔方程，该方程的通解为

$$y = c_1 J_{\frac{3}{5}}(t) + c_2 J_{-\frac{3}{5}}(t),$$

故原方程的通解为

$$y = c_1 J_{\frac{3}{5}}(2x) + c_2 J_{-\frac{3}{5}}(2x),$$

其中，$c_1, c_2$ 为任意常数.

## 习 题 5.4

1. 求解下列方程.

(1) $2yy'' = (y')^2$;

(2) $y'' + \dfrac{2}{1-y}(y')^2 = 0$;

(3) $y' = xy'' + (y'')^2$;

(4) $yy'' + (y')^2 = 0$;

(5) $\left(1+x^2\right)y'' = 2xy'$;

(6) $e^{y'} + y'' = x$;

(7) $x^2yy'' = (y - xy')^2$;

(8) $yy'' - (y')^2 - y^2y' = 0$;

(9) $x^2yy'' - x^2(y')^2 - 4xyy' + 8y^2 = 0$.

2. 求解方程

$$y'' + 2y' + y = e^{-x}, y(1) = y'(1) = 0.$$

3. 求方程

$$y''' + 3y'' + 3y' + y = 1$$

满足初始条件 $y(0) = y'(0) = y''(0) = 0$ 的解.

4. 求解常系数线性方程

$$y'' - y' = e^{2x}$$

的一个特解.

5. 求解方程

$$y'' + a^2y = b\sin ax, y(0) = y_0, y'(0) = y'_0,$$

其中 $a, b$ 为非零常数.

6. 求解方程

$$y' - y = e^{2x}.$$

7. 求微分方程

$$y'' - 5y' + 6y = xe^{2x}$$

的一个特解.

8. 求解方程

$$y^{(4)} - y = 8e^x, y(0) = -1, y'(0) = 0, y''(0) = 1, y'''(0) = 0.$$

9. 求解方程

$$y'' - 4y' + 5y = 2x^2e^x,\ y(0) = 2,\ y'(0) = 3.$$

10. 如果已知二阶齐次线性方程

$$y'' + p(x)y' + q(x)y = 0$$

的一个非零解 $y_1$，求方程的通解.

11. 已知下列方程的一个特解 $y_1$，求其通解.

(1) $(x-1)y'' - xy' + y = 0,\ y_1 = x$;

(2) $x^3y'' - xy' + y = 0,\ y_1 = x$.

12. 已知方程

$$\left(1 - x^2\right)y'' + 2xy' - 2y = -2$$

对应的齐次线性方程的一个特解为 $y_1 = x$，求该方程的通解.

# 第 6 章　数值方法

我们知道，能通过初等积分法求解的方程很少，绝大部分从实际问题中提出的微分方程 (组) 往往求不出其解析解. 在实际问题中，对于复杂微分方程的求解，一般只需要得到解在若干个点上的近似值或者解的便于计算的近似表达式 (只要满足所规定的精度) 即可. 本章我们将介绍一些计算机中实用的常微分方程数值解法.

先来研究初值问题

$$\begin{cases} \dfrac{\mathrm{d}y}{\mathrm{d}x} = f(x,y), \\ y(x_0) = y_0, \end{cases} \tag{6.0.1}$$

其中，函数 $f : [x_0, x_0 + X] \times R \to R$ 连续且关于 $y$ 满足利普希兹条件：一切 $x \in (x_0, x_0 + X)$ 和任意的 $y_1, y_2 \in R$，成立

$$|f(x,y_1) - f(x,y_2)| \leqslant L|y_1 - y_2|,$$

其中，$L > 0$ 是常数. 在这些条件下，初值问题的解是存在唯一的. 现在的问题是如何将解求出来. 前面我们用皮卡逐步逼近法来求解，但是通常在计算机中用的是离散化的方法. 先将自变量 $x$ 在求解的范围 $[x_0, x_0 + X]$ 内离散化. 例如：取定一步长 $h$，设 $x_k = x_0 + kh\ (k = 1, 2, \cdots, n)$，使 $x_n = x_0 + X$. 于是问题归结为知道 $y(x_k)$ 后如何计算 $y(x_{k+1})$，其中 $y(x_k)$ 表示精确解 $y$ 在 $x = x_k$ 时的值. 下面用 $y_k$ 表示用数值解法得到的 $y(x_k)$ 的近似值.

将解 $y(x)$ 展开成泰勒级数

$$y(x+h) = y(x) + hy'(x) + \frac{1}{2}h^2y''(x) + \cdots,$$

其中，

$$y'(x) = f(x,y), y''(x) = \frac{\partial f}{\partial x} + y'(x)\frac{\partial f}{\partial y} = \frac{\partial f}{\partial x} + f(x,y)\frac{\partial f}{\partial y},$$

等都可以算出. 问题在于上述展开式有无穷多项，实际计算只能算到有限项而“截断”，那么“截断”的误差是多少呢？在哪一项“截断”能达到所要求的粗确度呢？

## §6.1　欧拉折线法

首先介绍微分方程数值解法中最简单的一种，即**欧拉方法**，亦称为**欧拉折线法**.

考察初值问题 (6.0.1)，讨论的区间是 $[x_0, x_0+X]$ ，所取各节点为 $x_i = x_0 + ih\ (i=0,1,\cdots,n)$. 假设问题 (6.0.1) 的精确解是 $y(x)$ ，则将微分方程

$$\frac{\mathrm{d}y}{\mathrm{d}x} = f(x,y)$$

在区间 $[x_i, x_{i+1}]$ 积分，就得到

$$y(x_{i+1}) - y(x_i) = \int_{x_i}^{x_{i+1}} f(x, y(x))\mathrm{d}x. \tag{6.1.1}$$

如果在区间 $[x_i, x_{i+1}]$ 上用 $f(x_i, y(x_i))$ 近似地代替 $f(x, y(x))$，就得到

$$y(x_{i+1}) - y(x_i) = \int_{x_i}^{x_{i+1}} f(x_i, y(x_i))\,\mathrm{d}x = f(x_i, y(x_i))(x_{i+1} - x_i).$$

若将所求的函数 $y(x)$ 在 $x_i$ 处的近似值记为 $y_i\ (i=0,1,\cdots,n)$，则可写出下述求近似解的公式

$$y_{i+1} = y_i + f(x_i, y_i)(x_{i+1} - x_i) \quad (i = 0,1,\cdots,n-1). \tag{6.1.2}$$

在选取定步长 $h$ 时，就是

$$y_{i+1} = y_i + hf(x_i, y_i) \quad (i = 0,1,\cdots,n-1). \tag{6.1.3}$$

根据这一公式，就可以从 $x = x_0$ 时已知的初始值 $y = y_0$，逐步地推出 $y_1, y_2, \cdots, y_n$ . 这就是**欧拉方法**，公式 (6.1.2) 或公式 (6.1.3) 称为**欧拉公式**. 实际上它也可由函数 $y(x)$ 的泰勒展开式得到. 事实上，将 $y(x)$ 在 $x = x_i$ 近旁展开，就得

$$y(x_i + h) = y(x_i) + hy'(x_i) + \frac{h^2}{2}y''(x_i) + \cdots,$$

当 $h$ 很小时，在上式中略去 $h^2$ 以上的高阶项，就得到

$$y(x_i + h) = y(x_i) + hy'(x_i).$$

这实际上就是式 (6.1.3).

**例 1** 考察初值问题

$$\begin{cases} \dfrac{\mathrm{d}y}{\mathrm{d}x} = x + y, \\ y|_{x=0} = 1. \end{cases} \tag{6.1.4}$$

这里的微分方程其实是一阶线性方程，故此问题可求得精确解为

$$y(x) = 2\mathrm{e}^x - 1 - x. \tag{6.1.5}$$

为了说明数值解的方法，现在用欧拉方法来求数值解. 若分别取步长 $h = 0.2$ 和 $h = 0.1$，则在 $[0, 1]$ 区间中用欧拉方法作出的数值解分别见下表 6.1.1 和表 6.1.2.

**表 6.1.1 $h$=0.2**

| $i$ | $x_i$ | $y_i$ | $f(x_i, y_i)$ | $hf(x_i, y_i)$ | $y_{i+1}$ |
|---|---|---|---|---|---|
| 0 | 0 | 1 | 1 | 0.2 | 1.2 |
| 1 | 0.2 | 1.2 | 1.4 | 0.28 | 1.48 |
| 2 | 0.4 | 1.43 | 1.88 | 0.376 | 1.856 |
| 3 | 0.6 | 1.856 | 2.456 | 0.4912 | 2.3472 |
| 4 | 0.8 | 2.3472 | 3.1472 | 0.62944 | 2.97664 |
| 5 | 1.0 | 2.97664 | | | |

**表 6.1.2 $h$=0.1**

| $i$ | $x_i$ | $y_i$ | $f(x_i, y_i)$ | $hf(x_i, y_i)$ | $y_{i+1}$ |
|---|---|---|---|---|---|
| 0 | 0 | 1 | 1 | 0.1 | 1.1 |
| 1 | 0.1 | 1.1 | 1.2 | 0.12 | 1.22 |
| 2 | 0.2 | 1.22 | 1.42 | 0.142 | 1.362 |
| 3 | 0.3 | 1.362 | 1.662 | 0.1662 | 1.5282 |
| 4 | 0.4 | 1.5282 | 1.9282 | 0.19282 | 1.72102 |
| 5 | 0.5 | 1.72102 | 2.22102 | 0.222102 | 1.94312 |
| 6 | 0.6 | 1.94312 | 2.54312 | 0.254312 | 2.19743 |
| 7 | 0.7 | 2.19743 | 2.89743 | 0.289743 | 2.48718 |
| 8 | 0.8 | 2.48718 | 3.28718 | 0.328718 | 2.81590 |
| 9 | 0.9 | 2.81590 | 3.71590 | 0.371590 | 3.18749 |
| 10 | 1 | 3.18749 | | | |

精确解 (6.1.5) 在 $x = 1$ 时取值 $y(1) = 2\mathrm{e} - 2 = 3.43556$，将它与表 6.1.1 和表 6.1.2 中的数值相比，可以看出欧拉方法的误差是比较大的. 为了从理论上说明这一点，我们来对欧拉方法的误差作一些分析.

用数值解法求初值问题的解时，其误差来自两方面：一方面是由采用近似公式 (例如式 (6.1.3)) 而引起的误差，称为**截断误差**；另一方面则是在一步步运算中由四舍五入引起的误差，称为**舍入误差**. 舍入误差的大小与许多因素有关，对它进行估计和分析比较困难. 我们在这里着重讨论截断误差.

考察初值问题 (6.0.1) 的解 $y(x)$，前面说过，它在区间 $[x_i, x_{i+1}]$ 上应满足式 (6.1.1). 我们将式 (6.1.1) 改写成

$$y(x_{i+1}) = y(x_i) + hf(x_i, y(x_i)) + \mathrm{e}_i, \tag{6.1.6}$$

其中，

$$\mathrm{e}_i = \int_{x_i}^{x_{i+1}} f(x, y(x))\mathrm{d}x - hf(x_i, y(x_i)). \tag{6.1.7}$$

如果在式 (6.1.6) 中略去 $\mathrm{e}_i$，就得到欧拉公式 (6.1.3). $\mathrm{e}_i$ 称为**局部截断误差**，它表示当 $y_i$ 为精确解时，利用式 (6.1.3) 计算 $y_{i+1}$ 的误差.

今设 $y_i$ 为在无舍入误差情况下用式 (6.1.3) 算出的微分方程的近似解，$y(x)$ 为精确解，则称 $E_1 = y(x_i) - y_i$ 为欧拉方法的**整体截断误差**或**累积截断误差**，有时也简称为**截断误差**.

现在估计欧拉方法的局部截断误差 $\mathrm{e}_i$ .

**定理 6.1**　设 $f(x, y)$ 及其一阶偏导数在 $R: \{a \leqslant x \leqslant b, |y| < \infty\}$ 上连续，$y(x)$ 为初值问题 (6.0.1) 的精确解，而 $y_i$ 为由欧拉方法得到的数值解，计算步长为 $h$，则必存在某个常数 $M$，使得

$$|\mathrm{e}_i| \leqslant \frac{1}{2}Mh^2 \quad (i = 0, 1, \cdots, n-1).$$

**证明**　由式 (6.1.7) 可知

$$\begin{aligned} |\mathrm{e}_i| &= \left|\int_{x_i}^{x_{i+1}} f(x, y(x))\mathrm{d}x - hf(x_i, y(x_i))\right| \\ &= \left|\int_{x_i}^{x_{i+1}} [f(x, y(x)) - f(x_i, y(x_i))]\,\mathrm{d}x\right|. \end{aligned} \tag{6.1.8}$$

如记 $f(x, y(x)) = g(x)$，则根据微分中值定理，必存在区间 $[x_i, x_{i+1}]$ 内的某点 $C$，使

$$f(x, y(x)) - f(x_i, y(x_i)) = g(x) - g(x_i) = (x - x_i) \cdot g'(\boldsymbol{C}). \tag{6.1.9}$$

由于

$$g'(x) = \frac{\partial f}{\partial x} + \frac{\partial f}{\partial y} \cdot \frac{\mathrm{d}y}{\mathrm{d}x} = \frac{\partial f}{\partial x} + f \cdot \frac{\mathrm{d}f}{\mathrm{d}y},$$

而且 $f, \dfrac{\partial f}{\partial x}, \dfrac{\partial f}{\partial y}$ 在 $R$ 上均连续，因此 $g'(x)$ 在 $a \leqslant x \leqslant b$ 必定有界. 如记

$$M = \max_{a<x<b} \left|g'(x)\right|, \tag{6.1.10}$$

由式 (6.1.8)、式 (6.1.9) 和式 (6.1.10)，可得

$$|e_i| \leqslant \frac{1}{2} M h^2. \tag{6.1.11}$$

定理证毕.

至于欧拉方法的整体截断误差，对其讨论较为复杂，在此只限于介绍一下结论：在一定条件下，$|e_i| = O(h)$ .

注意，从式 (6.1.11) 有 $|e_i| = O\left(h^2\right)$ ，这说明局部截断误差比整体截断误差高一阶.

由于 $|e_i|$ 只有 $O(h)$ 量级，所以欧拉方法的误差一般较大. 当然，如将步长 $h$ 缩小，一般可使截断误差减小一些，这从上述例子的两种步长计算结果比较中也可看出. 但步长的缩小必然带来计算工作量的增加，而且由于运算次数增多，也可能引起积累的舍入误差过大，因此步长的缩短也受到一定的限制. 总的来说，欧拉方法不是一种理想的数值解法，目前已很少采用. 我们在这里介绍这种方法，主要是用来说明数值解法的思想，并由此引入其他精度较高的方法.

## 习 题 6.1

1. 用欧拉方法求初值问题.

$$\begin{cases} \dfrac{\mathrm{d}y}{\mathrm{d}x} = 3x + y, \\ y|_{x=0} = 1 \end{cases}$$

的解在 $x = 0.2$ 处的近似值，取步长 $h = 0.1$，并将此值与精确解在 $x = 0.2$ 处的值作比较.

2. 用欧拉方法取步长 $h = 0.1$ 求解下列初值问题(执行 5 步)，并将计算结果与精确解作比较.

(1) $\begin{cases} \dfrac{\mathrm{d}x}{\mathrm{d}t} = 2x - 1, \\ x(0) = 1; \end{cases}$

(2) $\begin{cases} \dfrac{\mathrm{d}x}{\mathrm{d}t} = -2tx^2, \\ x(0) = 1; \end{cases}$

(3) $\begin{cases} \dfrac{\mathrm{d}x}{\mathrm{d}t} = 1 + x^2, \\ x(0) = 0; \end{cases}$

(4) $\begin{cases} \dfrac{\mathrm{d}x}{\mathrm{d}t} = x - x^2, \\ x(0) = \dfrac{1}{2}. \end{cases}$

## §6.2　修正的欧拉方法

为了提高数值解的精度，现在对欧拉方法进行修正，仍考察初值问题 (5.4). 假如在区间 $[x_i, x_{i+2}]$ 上对微分方程进行积分，就得到

$$y(x_{i+2}) - y(x_i) = \int_{x_i}^{x_{i+2}} f(x, y(x))\mathrm{d}x,$$

或

$$y(x_{i+2}) = y(x_i) + \int_{x_i}^{x_{i+2}} f(x, y(x))\mathrm{d}x.$$

如果我们仍用 $f(x, y(x))$ 在区间左端点的值 $f(x_i, y(x_i))$ 来近似代替 $f(x, y(x))$，则得到求近似解的公式

$$y_{i+2} = y_i + 2hf(x_i, y_i). \tag{6.2.1}$$

这仍是欧拉公式.

注意，以上做法实际上是在区间 $[x_i, x_{i+2}]$ 上把以 $y = f(x, y(x))$ 为曲边的曲边梯形用此区间上的左矩形来代替，这样误差确实较大. 为了减小误差，可以改用中点矩形来代替曲边梯形，即把 (6.2.1) 式修改为

$$y_{i+2} = y_i + 2hf(x_{i+1}, y_{i+1}). \tag{6.2.2}$$

采用式 (6.2.2) 的数值解法就称为**修正的欧拉方法**，或称**中点法**. 这一方法与欧拉方法有一个明显的不同点，即如要计算某节点 $x_{i+2}$ 处 $y(x)$ 的近似值 $y_{i+2}$，必须先知道前面两个节点 $x_i$ 和 $x_{i+1}$ 处 $y(x)$ 的近似值 $y_i$ 和 $y_{i+1}$. 这样的一种数值解法称为**两步法**(一般而言，如某一数值解法中，计算解在某个节点的近似值时需要先知道前面多个节点的近似值，则这种方法就称作**多步法**，两步法是多步法的一种). 相比之下，欧拉方法计算 $y_{i+1}$ 时，只要知道 $y_i$，故称为**单步法**. 使用两步法时首先碰到的问题是：要按这一方法计算所有节点的 $y_i$ 值，就要先确定 $y_0$ 和 $y_1, y_0$ 当然可以直接取问题 (6.2.2) 中给出的初始值，但 $y_1$ 就需要另外确定. 确定 $y_1$ 可以使用原来的欧拉方法，也可以用其他方法，例如，将 $y(x)$ 在 $x_0$ 处作泰勒展开.

修正欧拉方法的精度通常高于欧拉方法. 对它的局部截断误差 $e_i = y(x_{i+2}) - y_{i+2}$ 有以下估计式.

**定理 6.2** 设 $f(x,y)$ 及其一阶、二阶偏导数均在区域 $R: \{a \leqslant x \leqslant b, |y| < \infty\}$ 上连续，则存在常数 $M$，使

$$|e_i| \leqslant \frac{1}{3}Mh^3 \quad (i = 0, 1, \cdots, n-2),$$

成立，这里假设 $y_i$ 与 $y_{i+1}$ 均与精确解一致.

**例 1** 用修正欧拉方法求解上节例子中提出的初值问题 (6.1.4).

**解** 仍取步长为 $h = 0.1$，由初始条件 $y_0 = 1$，如用欧拉方法算出的 $y_1 = 1.1$ (见表 6.1.2). 如要提高计算 $y_1$ 的精度，可以将 $y(x)$ 在 $x = 0$ 近旁展开

$$y_1 = y(h) = y(0) + y'(0)h + \frac{y''(0)}{2!}h^2 + \cdots,$$

若取前 3 项，则可得 $y_1 = 1.11$. 此时计算 $y_2$，根据公式 (6.2.2)，应有

$$y_2 = y_0 + 2h(x_1 + y_1) = 1 + 0.2 \times (0.1 + 1.1) = 1.24.$$

注意精确解 (6.1.5) 在 $x_2 = 0.2$ 处的值可算出为 1.2428，而由欧拉方法得到的近似解为 $y(0.2) = 1.22$ (见表 6.1.2)，可见修正欧拉方法的精度确比欧拉方法高.

要提高欧拉方法的精度，也可以从其他途经着手. 例如，将式 (6.1.1) 右端的积分用梯形公式来求近似值，就得到

$$y_{i+1} = y_i + \frac{h}{2}\left[f(x_i, y_i) + f(x_{i+1}, y_{i+1})\right]. \tag{6.2.3}$$

用这样的方法来求数值解，称为“改进的欧拉方法”. 它的局部截断误差也是 $O\left(h^3\right)$. 这一方法是单步法，但式 (6.2.3) 并不直接给出 $y_{i+1}$ 依赖于 $y_i$ 的明显表达式，而是一个关于 $y_{i+1}$ 的方程. 这一方程常可用迭代法来求其近似解，此处不予详述. 因为 $y_{i+1}$ 隐含在公式 (6.2.3)中，所以这种方法常称之为**隐式方法**. 而以前的欧拉方法和修正欧拉方法，都给出 $y_{i+1}$ 的明显表达式，故称为**显式方法**.

## 习 题 6.2

1. 分别用欧拉方法和改进的欧拉方法求解下列初值问题.

(1) $\begin{cases} y' = -y, \\ y(0) = 1; \end{cases}$

(2) $\begin{cases} y' = x^2 + x - y, \\ y(0) = 0. \end{cases}$

取步长 $h = 0.1$，计算 $y(1)$，并与准确解相比较.

2. 用修正欧拉方法求初值问题

$$\begin{cases} \dfrac{\mathrm{d}y}{\mathrm{d}x} = x + y, \\ y|_{x=n} = 1 \end{cases}$$

在区间 $[0,1]$ 上的解，取步长 $h = 0.1$ (保留小数点后四位).

3. 分别用欧拉方法和修正欧拉方法求初值问题

$$\begin{cases} \dfrac{\mathrm{d}y}{\mathrm{d}x} = x^2 + y^2, \\ y|_{x=0} = 1 \end{cases}$$

的解在 $x = 0.2$ 处的近似值. 取步长 $h = 0.1$.

## §6.3 龙格-库塔法

本节我们介绍一种四阶的方法：龙格-库塔法. 我们知道，用奉勒展开法可以计算 $\boldsymbol{x}(t_k)$ 的近似值，但是需要知道函数 $f$ 的高阶导数的值. 龙格-库塔法的基本思想是用 $f$ 在不同点上的值的线性组合取代高阶导数的值，达到高精度的结果. 由于它计算简单、精确度高，因此成为解初值问题的最实用的数值方法之一.

下面是四阶龙格-库塔法，每步需计算 4 次 $f$ 的值. 设

$$\begin{aligned} K_1 &= f(t, x), \\ K_2 &= f\left(t + c_2 h, x + h a_{21} K_1\right), \\ K_3 &= f\left(t + c_3 h, x + h \sum_{j=1}^{2} a_{3j} K_j\right), \\ K_4 &= f\left(t + c_4 h, x + h \sum_{j=1}^{3} a_{4j} K_j\right), \end{aligned}$$

其中，

$$
\begin{aligned}
&c_2 = a_{21},\\
&c_3 = \sum_{j=1}^{2} a_{3j},\\
&c_4 = \sum_{j=1}^{3} a_{4j},\\
&x(t+h) \approx x(t) + h\sum_{j=1}^{4} b_j K_j.
\end{aligned}
$$

作泰勒展开，比较系数以使双方的到 $k^4$ 为止的项相同(即取代到四阶为止的导数项)，使截断误差为 $O(h^5)$ . 于是，得

$$
\begin{cases}
b_1+b_2+b_3+b_4=1,\\
b_2c_2+b_3c_3+b_4c_4=\dfrac{1}{2},\\
b_2c_2^2+b_3c_3^2+b_4c_4^2=\dfrac{1}{3},\\
b_3a_{32}c_2+b_4a_{42}c_2+b_4a_{43}c_3=\dfrac{1}{6},\\
b_2c_2^3+b_3c_3^3+b_4c_4^3=-\dfrac{1}{4},\\
b_3c_3a_{32}c_2+b_4c_4a_{42}c_2+b_4c_4a_{43}c_3=\dfrac{1}{8},\\
b_3a_{32}c_2^3+b_4a_{42}c_2^3+b_4a_{43}c_3^2=\dfrac{1}{12},\\
b_4a_{43}a_{32}c_2=\dfrac{1}{24}.
\end{cases}
\tag{6.3.1}
$$

方程组 (6.3.1) 的解不是唯一的.

如果方程组 (6.3.1) 的解为

$$
\begin{aligned}
&b_1=\frac{1}{6},\quad b_2=b_3=\frac{1}{3},\quad b_4=\frac{1}{6},\\
&c_2=a_{21}=\frac{1}{2},\\
&c_3=a_{32}=\frac{1}{2},\quad a_{31}=0,\\
&c_4=a_{43}=1,\quad a_{41}=a_{42}=0,
\end{aligned}
$$

则对应的龙格-库塔法的计算格式是

$$
x_{n+1}=x_n+\frac{h}{6}\left(K_1+2K_2+2K_3+K_4\right), \tag{6.3.2}
$$

其中,

$$
\begin{aligned}
K_1 &= f(t_n, x_n), \\
K_2 &= f\left(t_n + \frac{h}{2}, \quad x_n + \frac{h}{2}K_1\right), \\
K_3 &= f\left(t_n + \frac{h}{2}, \quad x_n + \frac{h}{2}K_2\right), \\
K_4 &= f(t_n + h, x_n + hK_3).
\end{aligned}
$$

如果选取方程组 (6.3.1) 的另一个解为

$$
\begin{aligned}
& b_1 = b_4 = \frac{1}{8}, \quad b_2 = b_3 = \frac{3}{8}, \\
& c_2 = a_{21} = \frac{1}{3}, \\
& c_3 = \frac{2}{3}, \quad a_{31} = -\frac{1}{3}, \quad a_{32} = 1, \\
& c_4 = 1, \quad a_{41} = 1, \quad a_{42} = -1, \quad a_{43} = 1,
\end{aligned}
$$

则相应的龙格-库塔法的计算格式为

$$
x_{n+1} = x_n + \frac{1}{8}(K_1 + 3K_2 + 3K_3 + K_4), \tag{6.3.3}
$$

其中,

$$
\begin{aligned}
K_1 &= f(t_n, x_n), \\
K_2 &= f\left(t_3 + \frac{1}{3}h, x_n + \frac{1}{3}hK_1\right), \\
K_3 &= f\left(t_n + \frac{2}{3}h, x_n - \frac{1}{3}hK_1 + hK_2\right), \\
K_4 &= f(t_n + h, x_n + hK_1 - hK_2 + hK_3).
\end{aligned}
$$

龙格-库塔法利用公式 (6.3.2) 或公式 (6.3.3)，从 $x_n$ 计算出 $x_{n+1}$，这是一种单步方法，它在一个步长内分成 4 级(对应于 4 个 $K$ 值)，因此是一种单步 4 级的方

法. 如果选取方程组 (6.3.1) 的解为

$$
\begin{aligned}
& b_1=\frac{1}{6}, \quad b_2=-\frac{1}{3}\left(1-\sqrt{\frac{1}{2}}\right), \quad b_3=\frac{1}{3}\left(1+\sqrt{\frac{1}{2}}\right), \\
& b_4=\frac{1}{6}, \\
& c_2=c_3=a_{21}=\frac{1}{2}, \quad c_4=1, \\
& a_{31}=\frac{1}{2}(\sqrt{2}-1), \quad a_{32}=1-\sqrt{\frac{1}{2}}, \\
& a_{41}=0, \quad a_{42}=-\sqrt{\frac{1}{2}}, \quad a_{43}=1+\sqrt{\frac{1}{2}},
\end{aligned}
$$

则相应的龙格-库塔法的计算格式为

$$
\begin{aligned}
x_{n+1}=x_n+\frac{h}{6}\Bigg[K_1&+\frac{1}{3}\left(1-\sqrt{\frac{1}{2}}\right)K_2 \\
&+\frac{1}{3}\left(1+\sqrt{\frac{1}{2}}\right)K_3+K_4\Bigg],
\end{aligned}
$$

其中，

$$
\begin{aligned}
K_1&=f\left(t_n, x_n\right), \\
K_2&=f\left(t_n+\frac{h}{2}, x_n+\frac{K_1 h}{2}\right), \\
K_3&=f\left(t_n+\frac{h}{2}, x_n+\left(\sqrt{\frac{1}{2}}+\frac{1}{2}\right)K_1 h+\left(1-\sqrt{-\frac{1}{2}}\right)K_2 h\right), \\
K_4&=f\left(t_n+h, x_n+\sqrt{\frac{1}{2}}K_2 h+\left(1+\sqrt{\frac{1}{2}}\right)hK_3\right).
\end{aligned}
$$

**例 1** 仍考虑前面例子中的初值问题 (6.1.4)，现用 4 阶龙格-库塔法求解，取步长为 $h=0.1$. 令

$$
z_i=h\left(K_{i1}+2K_{i2}+2K_{i3}+K_{i4}\right)/6.
$$

计算结果如表 6.3.1所示，在此例中，数值解在 $x=0.2$ 处的值为 1.24280；在 $x=1$ 处的值为 3.43655，均与精确解吻合良好，可见此种方法的精度确比欧拉方法与修正欧拉方法都高.

**表 6.3.1 $h$=0.1**

| $i$ | $x_i$ | $y_i$ | $K_{i1}$ | $K_{i2}$ | $K_{i3}$ | $K_{i4}$ | $z_i$ |
|---|---|---|---|---|---|---|---|
| 0 | 0 | 1 | 1 | 1.1 | 1.105 | 1.2105 | 0.110341 |
| 1 | 0.1 | 1.11034 | 1.21034 | 1.32086 | 1.32638 | 1.44298 | 0.132463 |
| 2 | 0.2 | 1.24280 | 1.44280 | 1.56494 | 1.57105 | 1.69991 | 0.156911 |
| 3 | 0.3 | 1.39971 | 1.69971 | 1.83470 | 1.84145 | 1.98386 | 0.183931 |
| 4 | 0.4 | 1.58364 | 1.98364 | 2.13283 | 2.14028 | 2.29767 | 0.213792 |
| 5 | 0.5 | 1.79744 | 2.29744 | 2.46231 | 2.47055 | 2.64449 | 0.246794 |
| 6 | 0.6 | 2.04423 | 2.64423 | 2.82664 | 2.83555 | 3.02778 | 0.283266 |
| 7 | 0.7 | 2.32750 | 3.02750 | 3.22887 | 3.23894 | 3.45139 | 0.323754 |
| 8 | 0.8 | 2.65107 | 3.45107 | 3.67362 | 3.68475 | 3.91954 | 0.368122 |
| 9 | 0.9 | 3.01919 | 3.91919 | 4.16515 | 4.17745 | 4.43694 | 0.417355 |
| 10 | 1 | 3.43655 | | | | | |

## 习 题 6.3

1. 用四阶龙格-库塔法求初值问题

$$\begin{cases} \dfrac{dy}{dx} = 1 + x + y, \\ y|_{x=0} = 1 \end{cases}$$

的解在 $x = 0.2$ 处的近似值. 取步长 $h = 0.2$ .

2. 对于微分方程的初值问题

$$\begin{cases} \dfrac{dx}{dt} = 1 + x^2, \\ x(0) = 0, \end{cases}$$

取步长 $h = 0.1$. 分别用下列方法执行 5 步，并将计算结果与精确解作比较:

(1) 欧拉方法;

(2) 修正的欧拉方法;

(3) 龙格-库塔法.

3. 用龙格-库塔法求初值问题

$$\begin{cases} \dfrac{dx}{dt} = 1 + (x - t)^2, \\ x(0) = \dfrac{1}{2}, \end{cases}$$

取步长 $h = 0.1$, 执行 5 步.

# §6.4 一阶微分方程组与高阶微分方程初值问题数值解法

## 一、一阶微分方程组的数值解法

一阶微分方程组初值问题

$$\begin{cases} y_i' = f_i(x, y_1, y_2, \cdots, y_n), \\ y_i(x_0) = y_{0i}, \quad i = 1, 2, \cdots, n. \end{cases}$$

引入向量记号

$$\boldsymbol{y} = (y_1, y_2, \cdots, y_n)^{\mathrm{T}}, \boldsymbol{y}_0 = (y_{01}, y_{02}, \cdots, y_{0n})^{\mathrm{T}}, \boldsymbol{f} = (f_1, f_2, \cdots, f_n)^{\mathrm{T}},$$

则初值问题可表示为

$$\begin{cases} \boldsymbol{y}' = \boldsymbol{f}(x, \boldsymbol{y}), \\ \boldsymbol{y}(x_0) = \boldsymbol{y}_0. \end{cases}$$

由单个方程初值问题的讨论，可知求解这一问题的四阶龙格-库塔公式为

$$\begin{cases} \boldsymbol{y}_{i+1} = \boldsymbol{y}_i + \dfrac{h}{6}(\boldsymbol{k}_1 + 2\boldsymbol{k}_2 + 2\boldsymbol{k}_3 + \boldsymbol{k}_4), \\ \boldsymbol{k}_1 = \boldsymbol{f}(x_i, \boldsymbol{y}_i), \\ \boldsymbol{k}_2 = \boldsymbol{f}\left(x_i + \dfrac{h}{2}, \boldsymbol{y}_i + \dfrac{h}{2}\boldsymbol{k}_1\right), \\ \boldsymbol{k}_3 = \boldsymbol{f}\left(x_i + \dfrac{h}{2}, \boldsymbol{y}_i + \dfrac{h}{2}\boldsymbol{k}_2\right), \\ \boldsymbol{k}_4 = \boldsymbol{f}(x_i + h, \boldsymbol{y}_i + h\boldsymbol{k}_3). \end{cases}$$

为了更好地理解该公式的计算过程，现以两个方程组成的初值问题

$$\begin{cases} y' = f(x, y, z), \\ z' = g(x, y, z), \\ y(x_0) = y_0, \\ z(x_0) = z_0 \end{cases} \tag{6.4.1}$$

为例进行讨论. 这时，四阶龙格-库塔公式为

$$\begin{cases} y_{i+1} = y_i + \dfrac{h}{6}(k_1 + 2k_2 + 2k_3 + k_4), \\ z_{i+1} = z_i + \dfrac{h}{6}(l_1 + 2l_2 + 2l_3 + l_4), \end{cases}$$

其中

$$\begin{cases} k_1 = f(x_i, y_i, z_i), \\ k_2 = f\left(x_i + \frac{h}{2}, y_i + \frac{h}{2}k_1, z_i + \frac{h}{2}l_1\right), \\ k_3 = f\left(x_i + \frac{h}{2}, y_i + \frac{h}{2}k_2, z_i + \frac{h}{2}l_2\right), \\ k_4 = f(x_i + h, y_i + hk_3, z_i + hl_3), \end{cases}$$

$$\begin{cases} l_1 = g(x_i, y_i, z_i), \\ l_2 = g\left(x_i + \frac{h}{2}, y_i + \frac{h}{2}k_1, z_i + \frac{h}{2}l_1\right), \\ l_3 = g\left(x_i + \frac{h}{2}, y_i + \frac{h}{2}k_2, z_i + \frac{h}{2}l_2\right), \\ l_4 = g(x_i + h, y_i + hk_3, z_i + hl_3), \end{cases}$$

这是一种单步法. 利用结点 $x_i$ 处的数值 $y_i, z_i$，由上两式就可依次地计算出 $k_1, l_1, k_2, l_2, k_3, l_3, k_4, l_4$，然后再代入四阶龙格-库塔公式求出初值问题 (6.4.1) 在结点 $x_{i+1}$ 处的数值 $y_{i+1}, z_{i+1}$.

## 二、高阶微分方程初值问题数值解法

在前面已经讨论过高阶微分方程的初值问题总可以化为一阶方程组的初值问题，即 $n$ 阶微分方程

$$y^{(n)} = f\left(x, y, y', \cdots, y^{(n-1)}\right), \tag{6.4.2}$$

初始条件为

$$y(x_0) = y_0, \quad y'(x_0) = y_0', \quad \cdots, \quad y^{(n-1)}(x_0) = y_0^{(n-1)}. \tag{6.4.3}$$

通过引入变量

$$y_1 = y,\ y_2 = y', \cdots, y_n = y^{(n-1)},$$

可将 $n$ 阶微分方程 (6.4.2) 化为如下形式的一阶微分方程组

$$\begin{cases} y_1' = y_2, \\ y_2' = y_3, \\ \quad \cdots \\ y_{n-1}' = y_n, \\ y_n' = f(x, y_1, y_2, \cdots, y_n) \end{cases} \tag{6.4.4}$$

相应初始条件可化为

$$y_1(x_0) = y_0, \quad y_2(x_0) = y_0', \cdots, y_n(x_0) = y_0^{(n-1)}. \tag{6.4.5}$$

初值问题 (6.4.2)，(6.4.3) 和 (6.4.4)，(6.4.5) 是彼此等价的.

为了方便讨论，对二阶方程的初值问题：

$$\begin{cases} y'' = f(x, y, y'), \\ y(x_0) = y_0, y'(x_0) = y_0'. \end{cases}$$

引入新变量 $z = y'$，则上述初值问题可化为如下一阶微分方程组的初值问题

$$\begin{cases} y' = z, \\ z' = f(x, y, z), \\ y(x_0) = y_0, z(x_0) = y_0'. \end{cases} \tag{6.4.6}$$

用数值方法求解初值问题 (6.4.6) 的四阶龙格-库塔公式为

$$\begin{cases} y_{i+1} = y_i + \dfrac{h}{6}(k_1 + 2k_2 + 2k_3 + k_4), \\ z_{i+1} = z_i + \dfrac{h}{6}(l_1 + 2l_2 + 2l_3 + l_4), \end{cases} \tag{6.4.7}$$

其中，$k_1, k_2, k_3, k_4, l_1, l_2, l_3, l_4$ 和一阶常微分方程组的数值解法中有一样的确定方式，故

$$\begin{aligned} &k_1 = z_i, \quad l_1 = f(x_i, y_i, z_i), \\ &k_2 = z_i + \frac{h}{2}l_1, \quad l_2 = f\left(x_i + \frac{h}{2}, y_i + \frac{h}{2}k_1, z_i + \frac{h}{2}l_1\right), \\ &k_3 = z_i + \frac{h}{2}l_2, \quad l_3 = f\left(x_i + \frac{h}{2}, y_i + \frac{h}{2}k_2, z_i + \frac{h}{2}l_2\right), \\ &k_4 = z_i + \frac{h}{2}l_3, \quad l_4 = f(x_i + h, y_i + hk_3, z_i + hl_3). \end{aligned}$$

如果消去 $k_1, k_2, k_3, k_4$，那么数值计算公式 (6.4.7) 可表示为

$$\begin{cases} y_{i+1} = y_i + hz_i + \dfrac{h^2}{6}(l_1 + l_2 + l_3), \\ z_{i+1} = z_i + \dfrac{h}{6}(l_1 + 2l_2 + 2l_3 + l_4), \end{cases}$$

这里

$$\begin{aligned} &l_1 = f(x_i, y_i, z_i), \\ &l_2 = f\left(x_i + \frac{h}{2}, y_i + \frac{h}{2}z_i, z_i + \frac{h}{2}l_1\right), \\ &l_3 = f\left(x_i + \frac{h}{2}, y_i + \frac{h}{2}z_i + \frac{h^2}{4}l_1, z_i + \frac{h}{2}l_2\right), \\ &l_4 = f\left(x_i + h, y_i + hz_i + \frac{h^2}{2}l_2, z_i + hl_3\right). \end{aligned}$$

**例 1**　用四阶龙格-库塔方法在 $[0,1]$ 上取步长 $h=0.1$，求解二阶方程初值问题 $y''-5y'+6y=0, y(0)=1, y'(0)=-1$.

**解**　令 $z=y'$，则将二阶方程初值问题化为一阶方程组初值问题

$$\begin{cases} y'=z, \\ z'=5z-6y, \\ y(0)=1, z(0)=-1. \end{cases}$$

使用四阶龙格-库塔公式，其相应的形式为

$$\begin{cases} y_{i+1}=y_i+\dfrac{h}{6}\left(k_1+2k_2+2k_3+k_4\right), \\ z_{i+1}=z_i+\dfrac{h}{6}\left(l_1+2l_2+2l_3+l_4\right), \end{cases}$$

其中，

$$\begin{aligned} &k_1=z_i, \quad l_1=5z_i-6y_i, \\ &k_2=z_i+0.05l_1, \quad l_2=5\left(z_i+0.05l_1\right)-6\left(y_i+0.05k_1\right), \\ &k_3=z_i+0.05l_2, \quad l_3=5\left(z_i+0.05l_2\right)-6\left(y_i+0.05k_2\right), \\ &k_4=z_i+0.1l_3, \quad l_4=5\left(z_i+0.1l_3\right)-6\left(y_i+0.1k_3\right). \end{aligned}$$

计算结果见表 6.4.1.

**表 6.4.1　$h$=0.1**

| $n$ | $x$ | $y$ | $z$ |
|---|---|---|---|
| 0 | 0.0000000 | 1.0000000 | −1.0000000 |
| 1 | 0.1000000 | 0.8360875 | −2.3773375 |
| 2 | 0.2000000 | 0.5010880 | −4.4640078 |
| 3 | 0.3000000 | −0.0900341 | −7.5585282 |
| 4 | 0.4000000 | −1.0576385 | −12.0749987 |
| 5 | 0.5000000 | −2.5710015 | −18.5860090 |
| 6 | 0.6000000 | −4.8669357 | −27.8810936 |
| 7 | 0.7000000 | −8.2752590 | −41.0463209 |
| 8 | 0.8000000 | −13.2535810 | −59.5725172 |
| 9 | 0.9000000 | −20.4347553 | −85.5023670 |
| 10 | 1.0000000 | −30.6915417 | −121.6301845 |

与其精确解 $y=4e^{2x}-3e^{3x}$ 在 $x=1$ 处的较准确值 $-30.700386378$ 比较，可知近似解在 $x=1$ 处有效数字为 5 位.

## 习 题 6.4

1. 利用龙格-库塔法在 [0, 1] 上取步长 $h = 0.1$，求解二阶微分方程初值问题

$$\begin{cases} \dfrac{d^2y}{dx^2} = 2\dfrac{dy}{dx} - 2y - e^x \sin x, \\ y(0) = -0.4, y'(0) = -0.6. \end{cases}$$

2. 分别用欧拉方法和龙格-库塔方法求一阶方程组的初值问题

$$\begin{cases} \dfrac{dx}{dt} = x + 4y, \\ \dfrac{dy}{dt} = x - y, \\ x|_{t=0} = 1, y|_{t=0} = 0 \end{cases}$$

在 $t = 0.2$ 处的近似值, 取步长 $h = 0.2$，并与精确解在 $t = 0.2$ 处的值相比较.

# 第 7 章　一阶偏微分方程

## §7.1　偏微分方程的基本概念

如果微分方程中的未知函数是两个或两个以上自变量的函数，我们就称这个方程为**偏微分方程**. 物理、力学中的许多问题归结为偏微分方程的问题. 我们在这一章中将介绍一阶偏微分方程的理论，它和分析力学、变分学、微分几何学等有密切的关系.

含有两个自变量的一阶偏微分方程可以写成

$$F(x, y, z, p, q) = 0, \tag{7.1.1}$$

这里 $x$ 和 $y$ 是自变量，$z$ 是未知函数，$p = \dfrac{\partial z}{\partial x}, g = \dfrac{\partial z}{\partial y}$. 假设五个变量 $x, y, z, p, q$ 的函数 $F(x, y, z, p, q)$ 在五维空间的某一区域 $G$ 内给定，且是连续的，并且

$$\left(\frac{\partial F}{\partial p}\right)^2 + \left(\frac{\partial F}{\partial q}\right)^2 \neq 0,$$

也就是说方程 (7.1.1) 中的确含有 $p$ 或 $q$. 假如把在平面 $(x, y)$ 的某一区域 $D$ 内有定义的连续可微函数

$$z = \varphi(x, y), \tag{7.1.2}$$

代入方程 (7.1.1)，得到关于 $(x, y) \in D$ 的恒等式

$$F\left(x, y, \varphi(x, y), \frac{\partial \varphi(x, y)}{\partial lx}, \frac{\partial \varphi(x, y)}{\partial y}\right) = 0,$$

那么我们称 $z = \varphi(x, y)$ 是方程 (7.1.1) 的一个**解**，而称区域 $D$ 为这个解的**定义域**. 由于 $z = \varphi(x, y)$ 在三维空间 $(x, y, z)$ 中代表一个曲面，我们也称解 (7.1.2) 是方程 (7.1.1) 的**积分曲面**.

例如，讨论方程

$$\frac{\partial z}{\partial x} = x + y.$$

容易验证，

$$z = \frac{1}{2}x^2 + xy + \varphi(y)$$

是它的解，这里 $\varphi(y)$ 是 $y$ 的任一连续可微函数.

又如，讨论方程

$$\frac{\partial z}{\partial lx} = \frac{\partial z}{\partial y}. \tag{7.1.3}$$

作变换 $x + y = \xi, x - y = \eta$，那么

$$x = \frac{1}{2}(\xi + \eta), y = \frac{1}{2}(\xi - \eta),$$

$$\frac{\partial z}{\partial \eta} = \frac{\partial z}{\partial x}\frac{\partial x}{\partial \eta} + \frac{\partial z}{\partial y}\frac{\partial y}{\partial \eta} = \frac{1}{2}\left(\frac{\partial z}{\partial x} - \frac{\partial z}{\partial y}\right) = 0. \tag{7.1.4}$$

因此 $z = w(\xi)$ 是方程 (7.1.4) 的解，这里 $w(\xi)$ 是变量 $\xi$ 的任一连续可微函数. 所以

$$z = w(x + y)$$

是方程 (7.1.3) 的解. 我们知道常微分方程的解含有一些任意常数，从上面的两个例子中可以看出，偏微分方程的解可以含有一个任意函数，这是与常微分方程不同之处. 然而，偏微分方程和常微分方程的区别不仅在于此，它们的重要区别在于，对于一个变量的函数，成立着牛顿-莱布尼茨公式，即积分和微分互为逆运算，因而求解常微分方程初值问题

$$\begin{cases} \dfrac{\mathrm{d}x}{\mathrm{d}t} = f(t, x) \\ x(t_0) = x_0, \end{cases}$$

可化为求解积分方程

$$x = x_0 + \int_{t_0}^{t} f(\tau, x(\tau))\mathrm{d}\tau$$

的问题，这样就可以用逐次逼近法证明它的解的存在性以及近似地求它的解；但对于多个变量的函数，一般并不存在类似牛顿-莱布尼茨公式的关系式，因而求解偏微分方程的问题一般不能化为求解积分方程来讨论. 所以类似常微分方程证明解的存在性定理的方法很难移到偏微分方程方面来.

尽管如此，对于一阶偏微分方程，虽然一般不能直接求解，但它和常微分方程有密切的关系，我们这一章的目的也就是阐明一阶偏微分方程和一阶常微分方程组的关系.

在讨论微分方程组

$$\begin{cases} \dfrac{\mathrm{d}x_1}{\mathrm{d}t} = f_1(t, x_1, \cdots, x_n), \\ \dfrac{\mathrm{d}x_2}{\mathrm{d}t} = f_2(t, x_1, \cdots, x_n), \\ \qquad \cdots \\ \dfrac{\mathrm{d}x_n}{\mathrm{d}t} = f_n(t; x_1, \cdots, x_n) \end{cases} \tag{7.1.5}$$

的首次积分时曾指出，如果函数 $\varphi(t, x_1, \cdots, x_n)$ 是方程组 (7.1.5) 的首次积分，那么 $z = \varphi(t, x_1, \cdots, x_n)$ 是线性齐次偏微分方程

$$\frac{\partial z}{\partial t} + f_1(t, x_1, \cdots, x_n)\frac{\partial z}{\partial x_1} + \cdots + f_n(t, x_1, \cdots, x_n)\frac{\partial z}{\partial x_n} = 0 \tag{7.1.6}$$

的解. 反之，若 $z = \varphi(t, x_1, \cdots, x_n)$ 是方程 (7.1.6) 的解，且 $\varphi$ 不是常数，那么 $\varphi(t, x_1, \cdots, x_n)$ 是方程组 (7.1.5) 的首次积分. 因此，为了求解偏微分方程 (7.1.6)，只要找出相应于它的方程组 (7.1.5) 的首次积分即可.

我们也引述了下面的事实：如果

$$\varphi_1(t, x_1, \cdots, x_n),\ \varphi_2(t, x_1, \cdots, x_n),\ \cdots, \varphi_n(t, x_1, \cdots, x_n)$$

是方程组 (7.1.5) 的 $n$ 个互相独立的首次积分，函数 $\varphi(u_1, u_2, \cdots, u_n)$ 是其变量的任意连续可微函数，那么复合函数

$$\Phi(\varphi_1(t, x_1, \cdots, x_n), \varphi_2(t, x_1, \cdots, x_n), \cdots, \varphi_n(t, x_1, \cdots, x_n))$$

也是方程组 (7.1.5) 的首次积分，所以

$$z = \Phi(\varphi_1(t, x_1, \cdots, x_n), \cdots, \varphi_n(t, x_1, \cdots, x_n)) \tag{7.1.7}$$

也是方程 (7.1.6) 的解.

现在证明 (7.1.7) 包括了方程 (7.1.6) 的全部解，即方程 (7.1.6) 的任一解可以由式 (7.1.7) 得到. 事实上，假若

$$z = \varphi(t, x_1, \cdots, w_n)$$

是方程 (7.1.6) 的解，那么 $n+1$ 个函数

$$\varphi(t, x_1, \cdots, x_n), \varphi_1(t, x_1, \cdots, x_n), \cdots, \varphi_n(t, x_1, \cdots, x_n)$$

都是方程组 (7.1.5) 的首次积分，从而成立着 $n+1$ 个恒等式

$$\begin{aligned}
&\frac{\partial\varphi}{\partial t}+f_1(t,x_1,\cdots,x_n)\frac{\partial\varphi}{\partial x_1}+\cdots+f_n(t,x_1,\cdots,x_n)\frac{\partial\varphi}{\partial x_n}\equiv 0,\\
&\frac{\partial\varphi_1}{\partial t}+f_1(t,x_1,\cdots,x_n)\frac{\partial\varphi_1}{\partial x_1}+\cdots+f_n(t,x_1,\cdots,x_n)\frac{\partial\varphi_1}{\partial x_n}\equiv 0,\\
&\cdots\\
&\frac{\partial\varphi_n}{\partial t}+f_1(t,x_1,\cdots,x_n)\frac{\partial\varphi_n}{\partial x_1}+\cdots+f_n(t,x_1,\cdots,x_n)\frac{\partial\varphi_n}{\partial x_n}\equiv 0.
\end{aligned}$$

可以把它看为有非零解 $1,f_1,\cdots,f_n$ 的线性齐次代数方程组，所以它的系数行列式

$$\begin{vmatrix}
\frac{\partial\varphi}{\partial t} & \frac{\partial\varphi}{\partial x_1} & \cdots & \frac{\partial\varphi}{\partial x_n}\\
\frac{\partial\varphi_1}{\partial t} & \frac{\partial\varphi_1}{\partial x_1} & \cdots & \frac{\partial\varphi_1}{\partial x_n}\\
\vdots & \vdots & \ddots & \vdots\\
\frac{\partial\varphi_n}{\partial t} & \frac{\partial\varphi_n}{\partial x_1} & \cdots & \frac{\partial\varphi_n}{\partial x_n}
\end{vmatrix}\equiv 0.$$

因为 $n+1$ 个函数

$$\varphi(t,x_1,\cdots,x_n),\varphi_1(t,x_1,\cdots,x_n),\cdots,\varphi_n(t,x_1,\cdots,x_n)$$

是函数相关的，而 $\varphi_1(t,x_1,\cdots,a_n),\cdots,\varphi_n(t,x_1,\cdots,x_n)$ 是互相独立的，所以存在函数 $\Phi$ 使得

$$\varphi(t,x_1,\cdots,x_n)\equiv\Phi(\varphi_1(t,x_1,\cdots,x_n),\cdots,\varphi_n(t,x_1,\cdots,x_n))$$

因此，如果找到了方程组 (7.1.5) 的 $n$ 个独立的首次积分，就可以找到偏微分方程 (7.1.6) 的全部解.

特别地，我们得到这样的结论：$n+1$ 个自变量的一阶线性偏微分方程 (7.1.6) 的任何 $n+1$ 个解一定是函数相关的.

**例 1** 试求偏微分方程

$$x_1\frac{\partial z}{\partial x_1}+x_2\frac{\partial z}{\partial x_2}+\cdots+x_n\frac{\partial z}{\partial x_n}=0 \tag{7.1.8}$$

的全部解.

**解**　这是一阶齐次线性偏微分方程，它所对应的一阶常微分方程组是

$$\begin{cases} \dfrac{\mathrm{d}x_2}{\mathrm{d}x_1} = \dfrac{x_2}{x_1}, \\ \dfrac{\mathrm{d}x_3}{\mathrm{d}x_1} = \dfrac{x_3}{x_1}, \\ \qquad \cdots \\ \dfrac{\mathrm{d}x_n}{\mathrm{d}x_1} = \dfrac{x_n}{x_1}, \end{cases} \tag{7.1.9}$$

或写为对称形式

$$\frac{\mathrm{d}x_1}{x_1} = \frac{\mathrm{d}x_2}{x_2} = \cdots = \frac{\mathrm{d}x_n}{x_n}.$$

方程组 (7.1.9) 的首次积分是

$$\frac{x_2}{x_1} = c_1, \frac{x_3}{x_1} = c_2, \cdots, \frac{x_n}{x_1} = c_{n-1},$$

且它们是互相独立的，因而

$$z = \Phi\left(\frac{x_2}{x_1}, \frac{x_3}{x_1}, \cdots, \frac{x_n}{x_1}\right) \tag{7.1.10}$$

包括方程 (7.1.8) 的全部解，其中 $\Phi$ 是其变元的任意可微函数.

从表达式 (7.1.10) 知道，方程 (7.1.8) 的任一解是零次齐次函数. 在数学分析中已经知道，零次齐次函数是满足方程 (7.1.8).

## 习　题　7.1

1. 求方程

$$\alpha u_x + \beta u_y = 0$$

的通解，其中 $\alpha, \beta$ 为常数.

2. 求方程

$$y z_x - x z_y = 0$$

的通解.

3. 求解下列偏微分方程.

(1) $x_1 \dfrac{\partial y}{\partial x_1} + x_2 \dfrac{\partial y}{\partial x_2} + \cdots + x_k \dfrac{\partial y}{\partial x_k} = 0, \quad (k \geqslant 2)$；

(2) $(y+z)\dfrac{\partial u}{\partial x}+(z+x)\dfrac{\partial u}{\partial y}+(x+y)\dfrac{\partial u}{\partial z}=0$;

(3) $a\left(b^2+c^2\right)\dfrac{\partial h}{\partial a}+b\left(c^2+a^2\right)\dfrac{\partial h}{\partial b}+c\left(b^2-a^2\right)\dfrac{\partial h}{\partial c}=0$.

## §7.2 一阶拟线性偏微分方程

现在考虑下面的一阶偏微分方程

$$\sum_{i=1}^{n} A_i(x_1,\cdots,x_n,u)\frac{\partial u}{\partial x_i}=B(x_1,\cdots,x_n,u), \tag{7.2.1}$$

其中，函数 $A_1,\cdots,A_n$ 和 $B$ 关于变元 $(x_1,\cdots,x_n,u)\in G$ 是连续可微的. 这个方程有一个特点，即关于未知函数的偏导数是线性的(而不管未知函数本身如何出现)，称它为**拟线性偏微分方程**. 为了便于读者进行比较，给出一般形式的一阶线性偏微分方程如下

$$\sum_{i=1}^{n} A_i(x_1,\cdots,x_n)\frac{\partial u}{\partial x_i}=B_0(x_1,\cdots,x_n)+B_1(x_1,\cdots,x_n)u. \tag{7.2.2}$$

显然，拟线性偏微分方程 (7.2.1) 比线性偏微分方程更广泛. 另外，当 $B_0$ 和 $B_1$ 同时恒等于零时，线性偏微分方程 (7.2.2) 变成了上节讨论过的齐次偏微分方程.

为了简单起见，在这里只讨论 $n=2$ 的情形. 这时可把偏微分方程 (7.2.1) 写成如下的形式

$$X(x,y,z)\frac{\partial z}{\partial x}+Y(x,y,z)\frac{\partial z}{\partial y}=Z(x,y,z), \tag{7.2.3}$$

其中，函数 $X,Y,Z$ 对 $(x,y,z)\in G$ 都是连续可微的，而且 $X$ 和 $Y$ 不同时等于零.

设 $z=z(x,y)$ 是偏微分方程 (7.2.3) 的解，可以把它写成如下的隐函数形式

$$V(x,y,z)=0, \tag{7.2.4}$$

则由隐函数的偏导数的公式，我们有

$$\frac{\partial z}{\partial x}=-\frac{\partial V}{\partial x}\Big/\frac{\partial V}{\partial z},\quad \frac{\partial z}{\partial y}=-\frac{\partial V}{\partial y}\Big/\frac{\partial V}{\partial z}.$$

再把它们代入方程 (7.2.3)，就推得

$$X(x,y,z)\frac{\partial V}{\partial x}+Y(x,y,z)\frac{\partial V}{\partial y}+Z(x,y,z)\frac{\partial V}{\partial z}=0. \tag{7.2.5}$$

上述推理表明，如果式 (7.2.4) 是拟线性偏微分方程 (7.2.3) 的隐式解，则函数 $V = V(x, y, z)$ 就是齐次线性偏微分方程 (7.2.5) 的(显式)解.

注意，式 (7.2.5) 可以从式 (7.2.3) 直接写出，并且在上节刚刚介绍了它的求解法. 因此，我们关心的是与上述推理过程相反的问题：如何从齐次线性偏微分方程 (7.2.5) 的解推出拟线性偏微分方程 (7.2.3) 的解？以下定理将回答这个问题.

**定理 7.1**　假设一阶齐次线性偏微分方程 (7.2.5) 的通解为

$$V = \Phi[u(x, y, z), v(x, y, z)],$$

其中 $u(x, y, z) = C_1$，$v(x, y, z) = C_2$ 是相应特征方程

$$\frac{\mathrm{d}x}{X(x, y, z)} = \frac{\mathrm{d}y}{Y(x, y, z)} = \frac{\mathrm{d}z}{Z(x, y, z)}$$

的两个独立的首次积分, 而 $\Phi[u, v]$ 是一个任意连续可微的函数, 那么偏微分方程 (7.2.3) 的(隐式)通解为

$$\Phi[u(x, y, z), v(x, y, z)] = 0. \tag{7.2.6}$$

**证明**　需要证明以下两个结论：

(1) 由隐函数关系 (7.2.6) 所确定的 $z = z(x, y)$ 是偏微分方程 (7.2.3) 的解，只要 $\dfrac{\partial\Phi}{\partial z} \neq 0$；

(2) 任给偏微分方程 (7.2.3) 的一个解 $z = f(x, y)$，它都可以表示为式 (7.2.6) 的形式，即存在某个函数 $\Phi_0[\cdot, \cdot]$，使得

$$\Phi_0[u(x, y, f(x, y)), v(x, y, f(x, y))] \equiv 0,$$

即

$$G(x, y) = u(x, y, f(x, y))$$

和

$$H(x, y) = v(x, y, f(x, y))$$

是函数相关的.

首先证明 (1)：因为 $V = \Phi[u(x, y, z), v(x, y, z)]$ 是方程 (7.2.5) 的解，即

$$X\frac{\partial\Phi}{\partial x} + Y\frac{\partial\Phi}{\partial y} + Z\frac{\partial\Phi}{\partial z} = 0 \tag{7.2.7}$$

是关于 $x, y, z$ 的恒等式，又因为由式 (7.2.6) 确定的隐函数 $z = z(x, y)$ 满足

$$\frac{\partial z}{\partial x} = -\frac{\partial\Phi}{\partial x}\Big/\frac{\partial\Phi}{\partial z}, \quad \frac{\partial z}{\partial y} = -\frac{\partial\Phi}{\partial y}\Big/\frac{\partial\Phi}{\partial z}.$$

所以由恒等式 (7.2.7) 推出

$$X(x,y,z(x,y))\frac{\partial z}{\partial x}+Y(x,y,z(x,y))\frac{\partial z}{\partial y}=Z(x,y,z(x,y)),$$

即 $z=z(x,y)$ 是偏微分方程 (7.2.3) 的一个解.

其次证明 (2)：因为 $z=f(x,y)$ 是偏微分方程 (7.2.3) 的解，而且有

$$\frac{\partial G}{\partial x}=\frac{\partial u}{\partial x}+\frac{\partial u}{\partial z}\frac{\partial f}{\partial x},\quad \frac{\partial G}{\partial y}=\frac{\partial u}{\partial y}+\frac{\partial u}{\partial z}\frac{\partial f}{\partial y},$$
$$\frac{\partial H}{\partial x}=\frac{\partial v}{\partial x}+\frac{\partial v}{\partial z}\frac{\partial f}{\partial x},\quad \frac{\partial H}{\partial y}=\frac{\partial v}{\partial y}+\frac{\partial v}{\partial z}\frac{\partial f}{\partial y},$$

所以当 $z=f(x,y)$ 时，有

$$\begin{aligned}X\frac{\partial G}{\partial x}+Y\frac{\partial G}{\partial y}&=X\frac{\partial u}{\partial x}+Y\frac{\partial u}{\partial y}+\left(X\frac{\partial f}{\partial x}+Y\frac{\partial f}{\partial y}\right)\frac{\partial u}{\partial z}\\&=X\frac{\partial u}{\partial x}+Y\frac{\partial u}{\partial y}+Z\frac{\partial u}{\partial z}=0,\end{aligned}$$

即

$$X\frac{\partial G}{\partial x}+Y\frac{\partial G}{\partial y}\equiv 0.$$

同理

$$X\frac{\partial H}{\partial x}+Y\frac{\partial H}{\partial y}\equiv 0.$$

由于 $X$ 和 $Y$ 不能同时为零，所以联立上面两个方程的系数行列式，即雅可比行列式

$$\frac{D(G,H)}{D(x,y)}\equiv 0,$$

它蕴含上述 $G(x,y)$ 和 $H(x,y)$ 是函数相关的.

证毕.

**例 1** 求解初值问题

$$\begin{cases}\sqrt{x}\dfrac{\partial z}{\partial x}+\sqrt{y}\dfrac{\partial z}{\partial y}=z,\\ z(1,y)=\sin 2y.\end{cases}\tag{7.2.8}$$

**解** 先解相应的特征方程

$$\frac{\mathrm{d}x}{\sqrt{x}}=\frac{\mathrm{d}y}{\sqrt{y}}=\frac{\mathrm{d}z}{z},$$

它有两个独立的首次积分

$$\sqrt{x}-\sqrt{y}=C_1,\quad 2\sqrt{y}-\ln|z|=C_2.$$

因此，利用上述定理 7.1，得到偏微分方程 (7.2.8) 的通解

$$\Phi(\sqrt{x}-\sqrt{y},2\sqrt{y}-\ln|z|)=0,\tag{7.2.9}$$

其中，$\Phi[\xi,\eta]$ 是任意的连续可微函数，且设 $\Phi'_\eta=0$, 则由式 (7.2.9) 可解出

$$2\sqrt{y}-\ln|z|=\omega(\sqrt{x}-\sqrt{y}).$$

因此，得到所求的通解为

$$z=\pm e^{[2\sqrt{y}-\omega(\sqrt{x}-\sqrt{y})]},$$

或

$$z=e^{2\sqrt{y}}\varphi(\sqrt{x}-\sqrt{y}),\tag{7.2.10}$$

其中，$\varphi$ 是一个任意连续可微的函数.

然后，由式 (7.2.10) 和初值条件，我们推出

$$e^{2\sqrt{y}}\varphi(1-\sqrt{y})=\sin 2y,$$

即

$$\varphi(1-\sqrt{y})=e^{(-2\sqrt{y})}\sin 2y.$$

令 $t=1-\sqrt{y}$，则 $y=(1-t)^2$. 因此，得到

$$\varphi(t)=e^{2(t-1)}\sin\left[2(1-t)^2\right].$$

再利用式 (7.2.10)，得到所求初值问题的解为

$$z=e^{2(\sqrt{x}-1)}\sin\left[2(1-\sqrt{x}+\sqrt{y})^2\right].$$

**例 2**　求解偏微分方程

$$x_1\frac{\partial y}{\partial x_1}+\cdots+x_n\frac{\partial y}{\partial x_n}=ky,\tag{7.2.11}$$

其中，$k$ 是正整数.

**解**　在数学分析中，我们已经知道，当 $y$ 是 $x_1,\cdots,x_n$ 的 $k$ 次齐次函数时，$y$ 满足偏微分方程 (7.2.11). 现在可以证明，上述逆命题也成立.

先写出偏微分方程 (7.2.11) 的特征方程

$$\frac{\mathrm{d}x_1}{x_1}=\cdots=\frac{\mathrm{d}x_n}{x_n}=\frac{\mathrm{d}y}{ky},$$

它是 $n$ 阶的常微分方程. 易知，它有 $n$ 个独立的首次积分

$$\frac{x_1}{x_n}=C_1,\cdots,\frac{x_{n-1}}{x_n}=C_{n-1},\quad \frac{y}{(x_n)^k}=C_n.$$

因此，偏微分方程 (7.2.11) 的通解为

$$\Phi\left[\frac{x_1}{x_n},\cdots,\frac{x_n-1}{x_n},\frac{y}{(x_n)^k}\right]=0.$$

由此可确定所求的通解为

$$y=(x_n)^k\varphi\left(\frac{x_1}{x_n},\cdots,\frac{x_{n-1}}{x_n}\right),$$

它关于$x_1,\cdots,x_n$ 显然是 $k$ 次齐次的.

因此，我们推出，可微函数 $y=y(x_1,\cdots,x_n)$ 关于 $x_1,\cdots,x_n$ 是 $k$ 次齐次的，当且仅当它是偏微分方程 (7.2.11) 的解.

## 习　题　7.2

1. 求解拟线性方程

$$y\frac{\partial z}{\partial x}=z.$$

2. 求解下列初值问题.

(1) $\begin{cases}\sqrt{x}\dfrac{\partial u}{\partial x}+\sqrt{y}\dfrac{\partial u}{\partial y}+\sqrt{z}\dfrac{\partial u}{\partial z}=0,\\ u(1,y,z)=y-z;\end{cases}$

(2) $\begin{cases}\left(x-y^2\right)\dfrac{\partial z}{\partial x}+y\dfrac{\partial z}{\partial y}=0,\\ z(1,y)=f_0(y).\end{cases}$

3. 求偏微分方程

$$(1+\sqrt{u-x-y})\frac{\partial u}{\partial x}+\frac{\partial u}{\partial y}=2$$

的通解.

4. 求下列偏微分方程的通解.

(1) $\dfrac{\partial u}{\partial x}+2\dfrac{\partial u}{\partial y}+3\dfrac{\partial u}{\partial z}=xyz$;

(2) $\left(xy^3-2x^4\right)\dfrac{\partial z}{\partial x}+\left(2y^4-x^3y\right)\dfrac{\partial z}{\partial y}=9z\left(x^3-y^3\right)$.

5. 求解初值问题.

$$\begin{cases}\sqrt{x}\dfrac{\partial f}{\partial x}+\sqrt{y}\dfrac{\partial f}{\partial y}+\sqrt{z}\dfrac{\partial f}{\partial z}=f,\\ f(x,1,z)=xz.\end{cases}$$

## §7.3　一阶拟线性偏微分方程的几何解释

设一阶拟线性偏微分方程

$$X(x,y,z)\frac{\partial z}{\partial x}+Y(x,y,z)\frac{\partial z}{\partial y}=Z(x,y,z) \tag{7.3.1}$$

的特征方程为

$$\frac{\mathrm{d}x}{X(x,y,z)}=\frac{\mathrm{d}y}{Y(x,y,z)}=\frac{\mathrm{d}z}{Z(x,y,z)}, \tag{7.3.2}$$

其中，函数 $X,Y,Z$ 的假设同上节.

本节的目的是要对偏微分方程 (7.3.1) 的解和由它的特征方程规定的积分曲线之间的关系作出几何说明，从而提出有关偏微分方程 (7.3.1) 的一般初值问题的解法—**特征线法**.

在特征方程 (7.3.2) 的定义区域 $G$ 内的每一点 $P(x,y,z)$ 可作一向量

$$v_P=(X(x,y,z),Y(x,y,z),Z(x,y,z)).$$

这样我们在区域 $G$ 内就得到一个向量场. 显然，特征方程 (7.3.2) 经过 $P$ 点的积分曲线 $\Gamma$ 在 $P$ 点以 $v_P$ 为一切向量.

今后我们称上述向量 $v_P$ 为**特征向量**，称特征方程 (7.3.2) 的积分曲线 $\Gamma$ 为**特征曲线**，而称偏微分方程 (7.3.1) 的解 $z=z(x,y)$ 所规定的曲面 $S$ 为**积分曲面**.

设在积分曲面 $S$ 上任取一点 $P$，则曲面 $S$ 在 $P$ 点的法向量为

$$n_P=\left(\frac{\partial z}{\partial x},\frac{\partial z}{\partial y},-1\right).$$

由方程 (7.3.1) 可知，向量 $\nu_P$ 和 $n_P$ 的数量积等于零，所以它们是互相垂直的. 这就说明，在 $P$ 点的特征向量 $\nu_P$ 只可能与积分曲面 $S$ 在 $P$ 点相切，亦即特征曲线 $\Gamma$ 与积分曲面 $S$ 在交点 $P$ 只可能是相切，不可能是横截(不相切).

现在我们将进一步说明积分曲面 $S$ 实际上是由特征曲线构成的，这句话包含两个性质：

(1) 通过 $S$ 上任何一点 $P_0(x_0,y_0,z_0)$ 恰有一条特征曲线 $\Gamma_0$，而且 $\Gamma_0\subset S$；

(2) 由特征曲线生成的光滑曲面 $F: z=f(x,y)$ 是偏微分方程 (7.3.1) 的一个积分曲面.

上述性质 (1) 的前半句话只是常微分方程 (7.3.2) 的解的存在性和唯一性的直接推论. 现证后半句话，即通过积分曲面 $S$ 上各点 $P_0$ 的特征曲线 $\Gamma_0$ 完全落在积分曲面 $S$ 上.

事实上，特征方程 (7.3.2) 有两个独立的首次积分

$$\varphi(x,y,z)=C_1,\quad \psi(x,y,z)=C_2,$$

它们共同确定了特征曲线族. 因此，特征曲线 $\Gamma_0$ 满足

$$\varphi(x,y,z)=C_1^0,\quad \psi(x,y,z)=C_2^0, \tag{7.3.3}$$

其中，常数

$$C_1^0=\varphi(x_0,y_0,z_0),\quad C_2^0=\psi(x_0,y_0,z_0). \tag{7.3.4}$$

另一方面，根据上节定理 7.1，积分曲面 $S$ 可以表示为如下的形式

$$h[\varphi(x,y,z),\psi(x,y,z)]=0,$$

这里 $h[\cdot,\cdot]$ 是某个连续可微的函数. 因此，由于 $P_0\in S$，我们有

$$h[\varphi(x_0,y_0,z_0),\psi(x_0,y_0,z_0)]=0.$$

所以由式 (7.3.4)，得

$$h\left[C_1^0,C_2^0\right]=0.$$

由式 (7.3.3) 推出，在特征曲线 $\Gamma_0$ 上我们有

$$h[\varphi(x,y,z),\psi(x,y,z)]=0.$$

这就证明了 $\Gamma_0\subset S$.

接着我们证明性质 (2).

我们知道，一个光滑曲面 $F: z=f(x,y)$ 在点 $P(x,y,z)$ 的法向量为

$$n_P=\left(\frac{\partial z}{\partial x},\frac{\partial z}{\partial y},-1\right).$$

由于这个曲面 $F$ 是由特征曲线生成的，故在 $P$ 点的法向量 $n_P$ 应与特征向量 $v_p$ 互相垂直. 因此，我们有

$$X(x,y,z)\frac{\partial z}{\partial x}+Y(x,y,z)\frac{\partial z}{\partial y}-Z(x,y,z)=0,$$

其中, $z=f(x,y)$. 这就证明了 $F$ 是一个积分曲面.

有了上面的几何性质 (1) 和 (2)，就可以进一步从几何上理解偏微分方程 (7.3.1) 的下述初值问题：

给定一条光滑曲线

$$\Lambda:\quad x=\alpha(\sigma),\quad y=\beta(\sigma),\quad z=\gamma(\sigma),\quad (\sigma\in I),$$

其中，$\sigma$ 为曲线的参数坐标. 试求偏微分方程 (7.3.1)的一个积分曲面 $S$，使得它通过初始曲线 $\Lambda$.

由此可见，如果由初始曲线 $\Lambda$ 串连起来的那些特征曲线组成一个光滑的曲面 $S: z=f(x,y)$，那么它就是所求的 (唯一) 积分曲面. 这样一来，我们只需寻找那些通过初始曲线 $\Lambda$ 的特征曲线.

在 $\Lambda$ 上任取一点 $M(\alpha(\sigma),\beta(\sigma),\gamma(\sigma))$，则通过 $M$ 点的特征曲线为

$$\Gamma_M:\quad \varphi(x,y,z)=\bar{C}_1,\quad \psi(x,y,z)=\bar{C}_2,\tag{7.3.5}$$

其中，常数

$$\bar{C}_1=\varphi(\alpha(\sigma),\beta(\sigma),\gamma(\sigma)),\quad \bar{C}_2=\psi(\alpha(\sigma),\beta(\sigma),\gamma(\sigma)).\tag{7.3.6}$$

然后，由式 (7.3.6) 消去参数 $\sigma$，得到 $\bar{C}_1$ 与 $\bar{C}_2$ 之间的关系式

$$E\left(\bar{C}_1,\bar{C}_2\right)=0,$$

它表示那些与初始曲线 $\Lambda$ 相交的特征曲线所满足的关系式. 因此，由式 (7.3.5) 可知，关系式

$$E(\varphi(x,y,z),\psi(x,y,z))=0$$

确定了所求的积分曲面 $S: z=f(x,y)$.

**附注** 如果与初始曲线 $\Lambda$ 相交的每一条特征曲线 $\Gamma_M$ 都不与 $\Lambda$ 相切(即 $\Gamma_M$ 与 $\Lambda$ 在 $M$ 点是横截相交的)，那么显然，这些特征曲线组成一个光滑的曲面 $S$，而且如果这曲面 $S$ 可以表示成 $z=f(x,y)$ 的形式，那么 $S$ 就是所求的积分曲面. 但是，如果曲面 $S$ 不能表示成 $z=f(x,y)$ 的形式，那么它不能代表偏微分方程 (7.3.1) 的解. 因此，这时上述初值问题无解. 另外，容易想象，与初始曲线相交的那些特征曲线可能并不组成一个曲面. 例如，当初始曲线 $\tilde{\Lambda}$ 本身是一条特征曲线时，那些通过 $\tilde{\Lambda}$ 的特征曲线其实只是 $\tilde{\Lambda}$ 自己而已，这样我们当然不能得到一个曲面；但是，这时也容易知道，任何一个包含特征曲线 $\tilde{\Lambda}$ 的积分曲面都是所求初值问题的解. 因此，当初始曲线本身是一条特征曲线时，上述偏微分方程的初值问题的解是存在的，可是不唯一.

**例 1** 求解偏微分方程

$$x\frac{\partial z}{\partial x}-y\frac{\partial z}{\partial y}=z$$

的积分曲面，使得它通过初始曲线

$$\Lambda_1: x=t,\ y=3t,\ z=1+t^2\ (t>0\text{为参数}).$$

**解** 先解特征方程

$$\frac{\mathrm{d}x}{x}=\frac{\mathrm{d}y}{-y}=\frac{\mathrm{d}z}{z}.$$

它有两个独立的首次积分

$$xy=C_1,\quad yz=C_2. \tag{7.3.7}$$

利用初始曲线，有

$$3t^2=C_1,\quad 3t\left(1+t^2\right)=C_2,$$

由此消去参数 $t$，得到关系式

$$C_2=\sqrt{3C_1}\left(1+\frac{1}{3}C_1\right).$$

再利用式 (7.3.7)，得到所求的解

$$yz=\sqrt{3xy}\left(1+\frac{1}{3}xy\right),$$

即

$$z=\sqrt{\frac{3x}{y}}\left(1+\frac{1}{3}xy\right).$$

## 习　题　7.3

1. 求解初值问题.

$$\begin{cases} \sqrt{x}\dfrac{\partial z}{\partial x} + \sqrt{y}\dfrac{\partial z}{\partial y} = \sqrt{z}, \\ \text{通过初始曲线 } x = y = z. \end{cases}$$

2. 求解初值问题.

$$\begin{cases} \left(x^2 + y^2\right)\dfrac{\partial z}{\partial x} + 2xy\dfrac{\partial z}{\partial y} = 0, \\ z(2y, y) = y^2. \end{cases}$$

# §7.4　非线性偏微分方程

这里我们只研究未知函数依赖于两个自变量的情形，它的一般形式为

$$F(x, y, u, p, q) = 0, \tag{7.4.1}$$

其中，$p = \dfrac{\partial u}{\partial x}, q = \dfrac{\partial u}{\partial y}$. 偏微分方程 (7.4.1) 的解就是 $(x, y, u)$ 空间的一个曲面，而 $p, q$ 两数则是积分曲面 $u = u(x, y)$ 上的法线方向 $\mathbf{N}(p, q, -1)$ .

这样一来，方程 (7.4.1) 就成为对所求积分曲面上每一点的法线方向的一个限制，这个限制给出 $p, q$ 两数之间的一个关系式

$$f(p, q) = 0,$$

即在所求积分曲面上的每一点 $(x, y, u)$ 处，所有可能的法线方向 $\mathbf{N}(p, q, -1)$ 将组成一个锥面. 因此，求方程 (7.4.1) 的解就可归结为求这样的曲面，使曲面上每一点的法线都和在这一点之上述法线锥面中的一个方向重合.

关于方程 (7.4.1) 的初值问题

$$\begin{cases} F(x, y, u, p, q) = 0, \\ u(x_0, y) = \varphi(y), \end{cases}$$

它的几何意义就是求方程 (7.4.1) 的通过已给曲线

$$u(x_0, y) = \varphi(y)$$

的积分曲面. 这里假设函数 $F$ 在所讨论的区域内有二阶连续的偏导数.

设 $u=u(x,y)$ 是方程 (7.4.1) 的任一解，于是以 $u(x,y), \frac{\partial u}{\partial x}, \frac{\partial u}{\partial y}$ 代替方程中的 $u, p, q$，然后再就 $x$ 和 $y$ 求偏微商，得到

$$F_x+F_u p+F_p\frac{\partial p}{\partial x}+F_q\frac{\partial q}{\partial x}=0,$$

$$F_y+F_u q+F_p\frac{\partial p}{\partial y}+F_q\frac{\partial q}{\partial y}=0.$$

因为

$$\frac{\partial q}{\partial x}=\frac{\partial p}{\partial y},$$

从而有

$$\begin{cases} F_x+F_u p+F_p\dfrac{\partial p}{\partial x}+F_q\dfrac{\partial p}{\partial y}=0, \\ F_y+F_u q+F_p\dfrac{\partial q}{\partial x}+F_q\dfrac{\partial q}{\partial y}=0. \end{cases} \tag{7.4.2}$$

方程组 (7.4.2) 是关于 $p, q$ 的拟线性偏微分方程组，它的特征方程为

$$\frac{\mathrm{d}x}{F_p}=\frac{\mathrm{d}y}{F_q}=-\frac{\mathrm{d}p}{F_x+F_u p}=-\frac{\mathrm{d}q}{F_y+F_u q}=\mathrm{d}t, \tag{7.4.3}$$

由于

$$\mathrm{d}u=p\mathrm{d}x+q\mathrm{d}y,$$

所以沿着特征线，有

$$\frac{\mathrm{d}u}{F_p p+F_q q}=\mathrm{d}t. \tag{7.4.4}$$

于是在 $u=u(x,y)$ 是方程 (7.4.1) 的解的假定下，我们得到 $x(t), y(t), u(t), \frac{\partial u(t)}{\partial x}, \frac{\partial u(t)}{\partial y}$ 应满足的方程组:

$$\frac{\mathrm{d}x}{F_p}=\frac{\mathrm{d}y}{F_q}=\frac{\mathrm{d}u}{F_p p+F_q q}=-\frac{\mathrm{d}p}{F_x+F_u p}=-\frac{\mathrm{d}q}{F_y+F_u q}=\mathrm{d}t. \tag{7.4.5}$$

不需要知道方程 (7.4.1) 的解 $u=u(x,y)$，可以直接从方程组 (7.4.5) 给出特征曲线的定义. 事实上，假定 $t=0$ 时，$x=x_0, y=y_0, u=\varphi(y_0)=u_0, \frac{\partial u}{\partial y}\big|_{y=y_0}=\varphi'(y_0)=q_0$，$p_0$ 由方程

$$F(x_0,y_0,u_0,p,q_0)=0 \tag{7.4.6}$$

求出, 于是由初值问题

$$\begin{cases}\dfrac{\mathrm{d}x}{F_p}=\dfrac{\mathrm{d}y}{F_q}=\dfrac{\mathrm{d}u}{F_pp+F_qq}=-\dfrac{\mathrm{d}p}{F_x+F_up}=-\dfrac{\mathrm{d}q}{F_y+F_uq}=\mathrm{d}t,\\ x(0)=x_0,y(0)=y_0,u(0)=u_0,\\ p(0)=p_0,q(0)=q_0,\end{cases} \tag{7.4.7}$$

就完全确定了一条积分曲面. 这时方程组 (7.4.7) 的解具有下列形式

$$\begin{cases}x=\psi_1(t,x_0,y_0,u_0,p_0,q_0),\\ y=\psi_2(t,x_0,y_0,u_0,p_0,q_0),\\ u=\psi_3(t,x_0,y_0,u_0,p_0,q_0),\\ p=\psi_4(t,x_0,y_0,u_0,p_0,q_0),\\ q=\psi_5(t,x_0,y_0,u_0,p_0,q_0),\end{cases} \tag{7.4.8}$$

在 $(x,y,u)$ 空间，解 (7.4.8) 的几何意义是：

$$x=\psi_1(t,y_0),y=\psi_2(t,y_0),u=\psi_3(t,y_0)$$

是特征曲线 (即全特征线)，$p=\psi_4(t,y_0)$，$q=\psi_6(t,y_0)$ 是特征线上每一点处所作平面

$$U-u=p(X-x)+q(Y-y) \tag{7.4.9}$$

的角系数. 此处 $y_0$ 起着参数的作用.

我们把特征曲线和附属于其上各点的平面 (7.4.9)合起来称为特征长条. 这就明显地告诉了我们，要使方程组 (7.4.5) 的解成为方程 (7.4.1) 的特征曲线，表达式 (7.4.8) 所应含有的内在关系. 而且由特征曲线作出积分曲面时，特征曲线上各点的附属平面正好是曲面的切平面. 关于方程组 (7.4.5)，我们仍然称它为方程 (7.4.1) 的特征方程.

现在证明方程 (7.4.1) 的积分曲面确实可由以上定义的特征线所构成. 必须注意，函数 $F(x,y,u,p,q)$ 是特征方程 (7.4.5) 的初积分. 事实上，沿着方程 (7.4.5) 的积分曲线，有

$$\begin{aligned}\frac{\mathrm{d}F}{\mathrm{d}t}&=F_x\frac{\mathrm{d}x}{\mathrm{d}t}+F_y\frac{\mathrm{d}y}{\mathrm{d}t}+F_u\frac{\mathrm{d}u}{\mathrm{d}t}+F_p\frac{\mathrm{d}p}{\mathrm{d}t}+F_q\frac{\mathrm{d}q}{\mathrm{d}t}\\ &=F_xF_p+F_yF_q+F_u\left(F_pp+F_qq\right)-F_p(F_x+F_up)-F_q\left(F_y+F_uq\right)\\ &=0.\end{aligned}$$

所以，在特征曲线上，就有

$$F(x,y,u,p,q)=F(x_0,y_0,u_0,p_0,q_0)=0.$$

由此可以看出，当方程 (7.4.5) 的解的初始条件由关系式 (7.4.6) 联系着时，则此解必须满足关系

$$F(x,y,u,p,q)=0.$$

若记 $y_0$ 为参变数 $r$，即取初始值 $(x_0,y_0,u_0,p_0,q_0)$ 为参变数 $r$ 的函数，当然，这些函数满足关系式 (7.4.6). 这时解 (7.4.8) 就可写成

$$\begin{cases} x=\psi_1(t,r),\\ y=\psi_2(t,r),\\ u=\psi_3(t,r),\\ p=\psi_4(t,r),\\ q=\psi_5(t,r). \end{cases}$$

于是

$$x=\psi_1(t,r),y=\psi_2(t,r),u=\psi_3(t,r)$$

就是一个曲面. 若固定 $r$，就得到一条特征线. 虽然在此曲面上的每一点处，当 $p=\psi_4(t,r),q=\psi_5(t,r)$ 时，都有

$$F(x,y,u,p,q)=0.$$

但还必须证明

$$p=\frac{\partial u}{\partial x},\quad q=\frac{\partial u}{\partial y},$$

也就是说，是否有

$$\mathrm{d}u=p\mathrm{d}x+q\mathrm{d}y,$$

或者写成

$$\frac{\partial\psi_3}{\partial t}\mathrm{d}t+\frac{\partial\psi_3}{\partial r}\mathrm{d}r=\psi_4\left(\frac{\partial\psi_1}{\partial t}\mathrm{d}t+\frac{\partial\psi_1}{\partial r}\mathrm{d}r\right)+\psi_5\left(\frac{\partial\psi_2}{\partial t}\mathrm{d}t+\frac{\partial\psi_2}{\partial r}\mathrm{d}r\right).\tag{7.4.10}$$

等式 (7.4.10) 等价于以下两个关系式：

$$\frac{\partial\psi_3}{\partial t}=\psi_4\frac{\partial\psi_1}{\partial t}+\psi_5\frac{\partial\psi_2}{\partial t},\tag{7.4.11}$$

$$\frac{\partial\psi_3}{\partial r}=\psi_4\frac{\partial\psi_1}{\partial r}+\psi_5\frac{\partial\psi_2}{\partial r}.\tag{7.4.12}$$

由方程组 (7.4.5) 知，等式 (7.4.11) 是成立的. 所以只需证明等式 (7.4.12) 成立. 为此，记

$$V=\frac{\partial\psi_3}{\partial r}-\psi_4\frac{\partial\psi_1}{\partial r}-\psi_5\frac{\partial\psi_3}{\partial r},\tag{7.4.13}$$

只要能证明 $V \equiv 0$ 即可.

将等式 (7.4.13) 对 $t$ 求导，得到

$$\frac{\partial V}{\partial t} = \frac{\partial^2 \psi_3}{\partial r \partial t} - \psi_4 \frac{\partial^2 \psi_1}{\partial r \partial t} - \psi_5 \frac{\partial^2 \psi_2}{\partial r \partial t} - \frac{\partial \psi_4}{\partial t}\frac{\partial \psi_1}{\partial r} - \frac{\partial \psi_5}{\partial t}\frac{\partial \psi_2}{\partial r},$$

再减去将恒等式 (7.4.11) 对 $r$ 求导，可得

$$0 = \frac{\partial^2 \psi_3}{\partial t \partial r} - \psi_4 \frac{\partial^2 \psi_1}{\partial t \partial r} - \psi_5 \frac{\partial^2 \psi_2}{\partial t \partial r} - \frac{\partial \psi_4}{\partial r}\frac{\partial \psi_1}{\partial t} - \frac{\partial \psi_5}{\partial r}\frac{\partial \psi_2}{\partial t},$$

我们有

$$\begin{aligned}\frac{\partial V}{\partial t} &= \frac{\partial \psi_4}{\partial r}\frac{\partial \psi_1}{\partial t} + \frac{\partial \psi_5}{\partial r}\frac{\partial \psi_2}{\partial t} - \frac{\partial \psi_4}{\partial t}\frac{\partial \psi_1}{\partial r} - \frac{\partial \psi_5}{\partial t}\frac{\partial \psi_2}{\partial r} \\ &= F_p \frac{\partial \psi_4}{\partial r} + F_q \frac{\partial \psi_5}{\partial r} + F_x \frac{\partial \psi_1}{\partial r} + F_y \frac{\partial \psi_2}{\partial r} + F_u \left( p \frac{\partial \psi_1}{\partial r} + q \frac{\partial \psi_2}{\partial r} \right).\end{aligned}$$

又因为把解 (7.4.8) 代入方程 (7.4.1) 有

$$F(\psi_1, \psi_2, \psi_3, \psi_4, \psi_5) = 0,$$

对 $r$ 求导，得到

$$\frac{\partial F}{\partial r} = F_x,$$

$$\frac{\partial \psi_1}{\partial r} + F_y \frac{\partial \psi_2}{\partial r} + F_u \frac{\partial \psi_3}{\partial r} + F_p \frac{\partial \psi_4}{\partial r} + F_q \frac{\partial \psi_5}{\partial r} = 0,$$

所以有

$$\frac{\partial V}{\partial t} = -F_u \left( \frac{\partial \psi_3}{\partial r} - p \frac{\partial \psi_1}{\partial r} - q \frac{\partial \psi_2}{\partial r} \right) = -F_u V. \tag{7.4.14}$$

对方程 (7.4.14) 积分，就得到

$$V = V_0 \mathrm{e}^{-\int_0^t F_u \mathrm{d}t},$$

其中，$V_0$ 是 $V$ 在 $t = 0$ 时的值. 显然，只要 $V_0 \equiv 0$，就可推得 $V \equiv 0$，根据假设，$V_0$ 的关系式是

$$V_0 = \frac{\mathrm{d}\psi(r)}{\mathrm{d}r} - p_0 \cdot 0 - \varphi'(r) = 0, \tag{7.4.15}$$

所以

$$V \equiv 0.$$

如果初值问题 (7.4.1) 的初始条件是以参数形式给出的,

$$x_0 = x_0(s), y_0 = y_0(s), u_0 = u_0(s),$$

这时相应于条件 (7.4.15) 的关系式是

$$u_0'(s) - p_0(s)x_0'(s) - q_0(s)y_0'(s) = 0,$$

结合等式

$$F\left(x_0(s), y_0(s), u_0(s), p_0(s), q_0(s)\right) = 0,$$

确定出函数 $p_0 = p_0(s)$ 和 $q_0 = q_0(s)$，然后，对方程组 (7.4.5) 给出初始条件为：当 $t = 0$ 时,

$$x_0 = x_0(s), y_0 = y_0(s), u_0 = u_0(s), p_0 = p_0(s), q_0 = q_0(s).$$

提出初值问题，则这个定解问题的积分曲线，就是方程 (7.4.1) 的特征线，它的前三个函数

$$x = x(t, s), \quad y = y(t, s), \quad u = u(t, s),$$

就是方程 (7.4.1) 的积分曲面的参数表达式.

上述结论，可以推广到含 $n$ 个自变量的非线性偏微分方程中去.

**例 1** 求初值问题

$$\begin{cases} pq - u = 0, \\ u|_{x=-1} = y^2 \end{cases}$$

的解.

**解** 首先将初始条件写成参数形式 $x_0 = 1, \quad y_0 = s, \quad u_0 = s^2$. 由 $\dfrac{\partial u}{\partial y} = 2y$, 得 $q_0 = 2s$，再由方程求得 $p_0 = \dfrac{s}{2}$，这里与方程组 (7.4.5) 相当的方程组为

$$\frac{\mathrm{d}x}{q} = \frac{\mathrm{d}y}{p} = \frac{\mathrm{d}u}{2pq} = \frac{\mathrm{d}p}{p} = \frac{\mathrm{d}q}{q} = \mathrm{d}t,$$

于是选取定解条件为：当 $t = 0$ 时,

$$x_0 = 1, \quad y_0 = s, \quad u_0 = s^2, \quad p_0 = \frac{s}{2}, \quad q_0 = 2s.$$

所以我们可以解出

$$x = 1 + 2s\left(\mathrm{e}^t - 1\right), \ y = 1 + \frac{s}{2}\left(\mathrm{e}^t - 1\right), \ u = s^2\mathrm{e}^{2t},$$

$$p=\frac{s}{2}e^t,\quad q=2se^t.$$

故

$$\begin{cases} x=1+2s(e^t-1), \\ y=1+\dfrac{s}{2}(e^t-1), \\ u=s^2e^{2t} \end{cases}$$

就是所求解的参数表达式.

## 习　题　7.4

1. 求解下列一阶线性齐次偏微分方程.

(1) $(bz-cy)\dfrac{\partial u}{\partial x}+(cx-az)\dfrac{\partial u}{\partial y}+(ay-bx)\dfrac{\partial u}{\partial z}=0$，其中 $a,b,c$ 互不相等.

(2) $x\dfrac{\partial u}{\partial x}+\left(xy^2\ln x+y\right)\dfrac{\partial u}{\partial y}+2z\dfrac{\partial u}{\partial z}=0$ .

2. 求下列初值问题.

(1) $\begin{cases} \dfrac{\partial z}{\partial x}-2x\dfrac{\partial z}{\partial y}=0, \\ z(1,y)=y^2; \end{cases}$

(2) $\begin{cases} \left(x^2-y^2\right)\dfrac{\partial z}{\partial x}+2xy\dfrac{\partial z}{\partial y}=0, \\ z|_{z=0}=1+\sqrt{y}; \end{cases}$ .

(3) $\begin{cases} (y+z)\dfrac{\partial u}{\partial x}+(z+x)\dfrac{\partial u}{\partial y}+(x+y)\dfrac{\partial u}{\partial z}=0, \\ u|_{x=0}=y^3; \end{cases}$ .

(4) $\begin{cases} x\dfrac{\partial z}{\partial x}-y\dfrac{\partial z}{\partial y}=z, \\ z(x,1)=3x. \end{cases}$ .

3. 求解方程

$$\frac{B-C}{A}yz\frac{\partial u}{\partial x}+\frac{C-A}{B}zx\frac{\partial u}{\partial y}+\frac{A-B}{C}xy\frac{\partial u}{\partial z}=0.$$

4. 求解线性方程

$$y\frac{\partial z}{\partial x}-x\frac{\partial z}{\partial y}=x^2-y^2.$$

# 第 8 章　微分方程定性理论

19 世纪中叶，人们从刘维尔 (Liouville) 的研究中知道，很多微分方程不能用初等积分的方法求解，这个结论使微分方程的研究方向发生了重大转折. 既然初等积分有着不可克服的局限性，那么能否不求解微分方程，而直接从微分方程本身来推断解的性质？定性理论和稳定性理论恰恰是在这样的背景下发展起来的.

本章将对微分方程的稳定性和定性理论进行简单介绍，给出平面系统、李雅普诺夫（Liapunov）稳定性、按第一近似决定稳定性和李雅普诺夫直接方法的相关理论.

## §8.1　平面系统

平面上的自治系统的一般形式为

$$\begin{cases} \dot{x} = X(x, y), \\ \dot{y} = Y(x, y), \end{cases} \tag{8.1.1}$$

其中，$X(x,y)$ 和 $Y(x,y)$ 在 $(x,y)$ 平面上连续，并且保证初值问题的解存在唯一.

通常称 $(x,y)$ 所在的平面 $\boldsymbol{R}^2$ 为系统 (8.1.1) 的**相平面**，称 $(X(x,y),Y(x,y))$ 为相平面的**向量场**.

设系统 (8.1.1) 的初值为 $x(t_0)=x_0$, $y(t_0)=y_0$ 的解为 $x(t;t_0,x_0,y_0)$，$y(t;t_0,x_0,y_0)$，则从几何上我们有两种观点去看它：

（1）$\{(t, x(t;t_0,x_0,y_0), y(t;t_0,x_0,y_0)) : t\in J\}$ 是 $\boldsymbol{R}^3$ 中一条曲线，称为系统(8.1.1) 的过 $(t_0,x_0,y_0)$ 的**积分曲线**；

（2）$\{(x(t;t_0,x_0,y_0), y(t;t_0,x_0,y_0)) : t\in J\}$ 是相平面 $\boldsymbol{R}^2$ 中一条曲线，称系统 (8.1.1) 过 $(x_0,y_0)$ 的**轨线**（或轨道）.

显然轨线是积分曲线在相平面中的投影，由于轨线中隐去了时间变量 $t$，所以习惯上在画轨线时用箭头表示时间增大时轨线上点的运动方向.

通常简单地把轨线写成 $\Gamma$ 或者 $\Gamma=\{(x(t),y(t)) : t\in J\}$. 向量场 $(X(x,y),Y(x,y))$ 在轨线上每一点 $(x(t),y(t))$ 的值就是轨线在该点的切向量，且方向与轨线方向一致. 系统 (8.1.1) 的所有轨线在相平面的分布图称为系统 (8.1.1) 的**相图**. 如果知道系统 (8.1.1) 的全部解，就可以画出它的相图，但是大多数情况下，我们不可能求出系统的所有解，很多时候也不需要知道所有解，我们更关心某一特定性质，这时只要画出粗略的相图就够了，从相图上可以明确地看到我们所要讨论的性质，为此需要其他办法（不用解的表达式）来画相图. 在相平面 $\mathbf{R}^2$ 中的每一点 $(x,y)$，用小箭头画出向量场 $(X(x,y),Y(x,y))$ 所得到的图形称系统 (8.1.1) 的**向量场图**，由于向量场始终与轨线相切，且指向一致，详细的向量场图可以看出轨线的走向.

在许多实际问题中，观察系统性质的时候，我们只要作出一些关键的轨线即可. 在研究平面系统时，有两类关键的解，其一是**定常解（平衡解）**，它表示系统不随时间改变的解，即 $(x(t), y(t)) = (a,b), t \in R$，将此解代入系统 (8.1.1)，可得 $(X(a,b),Y(a,b)) \equiv \mathbf{0}$，即定常解是向量场的零点，由于零向量无方向，所以也称向量场的零点 $(a,b)$ 为**系统的奇点**或**向量场的奇点**. 另一类是**周期解**，它表示系统的周期运动，即解 $(x(t),y(t))$ 具有这样的性质：存在最小正数 $T > 0$，使得 $(x(t+T),y(t+T)) = (x(t),y(t)), t \in R$，称 $T$ 为该周期解的**周期**. 周期解的轨线是相平面上的一条闭曲线，称为**闭轨**.

对于给定的系统 (8.1.1)，我们的目标是获得它的相图（从而得到解簇的特性）. 在研究相图的局部结构时，困难集中在奇点附近. 在研究相图的整体结构时，除了奇点以外，闭轨将起到重要的作用. 下面，我们就分别介绍平面系统 (8.1.1) 的奇点和闭轨.

## 一、初等奇点

我们先考察以 $(0,0)$ 为奇点的线性系统

$$\frac{\mathrm{d}}{\mathrm{d}t}\begin{bmatrix}x\\y\end{bmatrix} = \begin{bmatrix}a & b\\c & d\end{bmatrix}\begin{bmatrix}x\\y\end{bmatrix} = \boldsymbol{A}\begin{bmatrix}x\\y\end{bmatrix}. \tag{8.1.2}$$

当矩阵 $\boldsymbol{A}$ 非退化（即 $\boldsymbol{A}$ 可逆）时，称点 $(0,0)$ 为系统 (8.1.1) 的**初等奇点**，否则，称它为**高阶奇点**. 初等奇点都是**孤立奇点**，而线性高阶奇点都是**非孤立**的. 这里只讨论初等奇点.

作线性变换

$$\begin{bmatrix}x\\y\end{bmatrix} = \boldsymbol{T}\begin{bmatrix}\xi\\\eta\end{bmatrix},$$

可将系统 (8.1.2) 化为

$$\frac{\mathrm{d}}{\mathrm{d}t}\begin{bmatrix}\xi\\\eta\end{bmatrix} = \boldsymbol{T}^{-1}\boldsymbol{A}\boldsymbol{T}\begin{bmatrix}\xi\\\eta\end{bmatrix}. \tag{8.1.3}$$

适当选取 $\boldsymbol{T}$ 可使 $\boldsymbol{T}^{-1}\boldsymbol{A}\boldsymbol{T}$ 成为 $\boldsymbol{A}$ 的约当标准型，这就容易在 $(\xi,\eta)$ 平面上得到系统 (8.1.3) 的轨线结构. 然后，再经过逆变换 $\boldsymbol{T}^{-1}$ 的作用，就可返回到 $(x,y)$ 平面而得到系统 (8.1.2) 的轨线结构. 因此，我们不妨假定系统 (8.1.2) 中的矩阵 $\boldsymbol{A}$

已是实的约当标准型，即 **A** 具有下列形式之一：

$$(\text{I})\begin{bmatrix}\lambda & 0\\ 0 & \mu\end{bmatrix};\ (\text{II})\begin{bmatrix}\lambda & 1\\ 0 & \lambda\end{bmatrix};\ (\text{III})\begin{bmatrix}\alpha & -\beta\\ \beta & \alpha\end{bmatrix},$$

其中，$\lambda,\mu,\beta$ 是均不等于零的常数.

下面分别就每一种情况讨论奇点附近的轨线结构.

1. 当 **A** 具有形式（I）时，系统 (8.1.2) 成为

$$\dot{x}=\lambda x,\ \ \dot{y}=\mu y, \tag{8.1.4}$$

解之可得

$$x(t)=x_0\mathrm{e}^{\lambda t},\ \ y(t)=y_0\mathrm{e}^{\mu t}, \tag{8.1.5}$$

其中，$(x_0,y_0)$ 为任意初始点，下面再区分 3 种情形：

（1）当 $\lambda=\mu$ 时，参数方程 (8.1.5) 表示连接原点和 $\infty$ 点的射线簇. 当 $\lambda>0,\ t\to+\infty$ 时，$(x(t),\ y(t))\to\infty$，称奇点 $(0,0)$ 为**不稳定临界结点**；当 $\lambda<0,\ \ t\to+\infty$ 时，$(x(t),y(t))\to(0,0)$，称 $(0,0)$ 为**稳定临界结点**.

（2）当 $\lambda\neq\mu,\lambda\mu>0$ 时，参数方程 (8.1.5) 表示连接原点和 $\infty$ 点的抛物线簇. 当 $\lambda>0,\mu>0,\ t\to+\infty$ 时，$(x(t),y(t))\to\infty$，称奇点 $(0,0)$ 为**不稳定正常结点**；当 $\lambda<0,\mu<0,t\to+\infty$ 时，$(x(t),y(t))\to(0,0)$，称 $(0,0)$ 为**稳定正常结点**.

（3）当 $\lambda\neq\mu,\lambda\mu<0$ 时，参数方程 (8.1.5) 表示“双曲线簇”，称 $(0,0)$ 为**鞍点**.

2. 当 **A** 具有形式（II）时，即矩阵 **A** 有二重实特征根，且相应的约当块是二阶的，此时系统 (8.1.2) 成为

$$\dot{x}=\lambda x+y,\ \dot{y}=\lambda y, \tag{8.1.6}$$

其解为

$$x(t)=(x_0+y_0t)\,\mathrm{e}^{\lambda t},y(t)=y_0\mathrm{e}^{\lambda t},$$

它表示连接原点和 $\infty$ 点的曲线簇. 当 $\lambda>0,t\to+\infty$ 时，$(x(t),y(t))\to\infty$，称奇点 $(0,0)$ 为**不稳定退化结点**；当 $\lambda>0,t\to+\infty$ 时，$(x(t),y(t))\to(0,0)$，称 $(0,0)$ 为**稳定退化结点**.

3. 当 **A** 具有形式（III）时，即 **A** 有一对共轭复根 $\alpha\pm\mathrm{i}\beta$，此时取极坐标

$$x=r\cos\theta,\quad y=r\sin\theta,$$

则系统 (8.1.2) 化为

$$\dot{r} = \alpha r, \quad \dot{\theta} = \beta.$$

解之可得

$$r = r_0 \mathrm{e}^{\alpha}, \quad \theta = \beta t + \theta_0. \tag{8.1.7}$$

当 $\alpha \neq 0$ 时，式 (8.1.7) 表示连接 (0,0) 和 $\infty$ 的螺旋线簇；当 $\alpha > 0, t \to +\infty$ 时，$r(t) \to \infty$，称奇点 (0，0) 为**不稳定焦点**；当 $\alpha < 0, t \to +\infty$ 时，$r(t) \to 0$，称 (0,0) 为**稳定焦点**；当 $\alpha = 0$ 时，式 (8.1.7) 表示以原点 (0,0) 为心的同心圆簇，称 (0,0) 是**中心**；当 $\beta > 0$ 时逆时针方向旋转；当 $\beta < 0$ 时顺时针方向旋转. 总结上面的讨论，有如下结论.

**定理 8.1** （**奇点类型的判定**）对于系统 (8.1.2)，记

$$T = -\operatorname{tr} \boldsymbol{A} = -(a+d), \ \ D = \det \boldsymbol{A} = ad - bc, \ \ \Delta = T^2 - 4D,$$

则有

（1）当 $D < 0$ 时，(0,0) 为鞍点；

（2）当 $D > 0$，$\Delta > 0$ 时，(0,0) 为正常结点，$T > 0$ 时稳定，$T < 0$ 时不稳定；

（3）当 $D > 0$，$\Delta = 0$ 时，(0,0) 为退化结点或临界结点，$T > 0$ 时稳定，$T < 0$ 时不稳定；

（4）当 $D > 0$，$\Delta < 0$，$T \neq 0$ 时，(0,0) 为焦点，进一步，$T > 0$ 时稳定，$T < 0$ 时不稳定；

（5）当 $D > 0$，$T = 0$ 时，(0,0) 为中心；

（6）当 $D = 0$ 时，(0,0) 为高阶奇点.

现在，考虑当系统 (8.1.2) 的矩阵 $\boldsymbol{A}$ 不是约当标准型时，如何作出它的相图？当然可以用代数方法化 $\boldsymbol{A}$ 为其标准型，但计算量一般较大. 这里给出一个简单而实用的方法.

## 二、一般线性系统的相图

为了得到线性系统的相图，通常考虑如下步骤：

（1）先用定理 8.1 直接判断奇点 (0,0) 的类型及其稳定性；

（2）求出相应的特征值与特征向量，特征向量所在的直线上有两条射线轨线，由特征值的符号定出射线轨线的运动方向；

（3）中心和交点无实特征向量，从而没有射线轨线；

（4）线性系统 (8.1.2) 在相平面上给出的向量场关于原点 (0,0) 对称：如果在 $(x, y)$ 点的向量是 $(P(x,y), Q(x,y))$，则在 $(-x,-y)$ 点的向量就是 $(-P(x,y), -Q(x,y))$.

**例 1** 作出系统

$$\begin{cases} \dot{x} = 2x + 3y, \\ \dot{y} = 2x - 3y \end{cases}$$

在 $(0,0)$ 点附近的相图.

**解** （1）确定奇点及其类型，由于

$$\boldsymbol{A} = \begin{bmatrix} 2 & 3 \\ 2 & -3 \end{bmatrix}$$

的特征值为 $\lambda_1 = -4, \lambda_2 = 3$，所以 $(0,0)$ 是鞍点.

（2）确定射线轨线，由 $\boldsymbol{A}_\alpha = \lambda_1\alpha \Rightarrow \alpha = (1,-2)$，因此与向量 $\alpha = (1,-2)$ 重合的直线上有两条射线轨线，方向指向原点. 同理由 $\boldsymbol{A}\beta = \lambda_2\beta \Rightarrow \beta = (3,1)$，与 $\beta$ 重合的直线上有两条射线轨线，方向远离原点.

（3）注意到奇点附近的轨线是双曲线簇，从而不难作出相图.

## 三、非线性系统

最后，我们回到一般的（非线性）系统 (8.1.1)，设 $(0,0)$ 是它的孤立奇点，我们来考察它在 $(0,0)$ 点附近的轨线结构. 容易想到，先把系统 (8.1.1) 右端的函数分解为线性部分与高次项之和的形式，即

$$\begin{cases} \dot{x} = ax + by + \phi(x,y), \\ \dot{y} = cx + dy + \psi(x,y), \end{cases} \tag{8.1.8}$$

其中，$a,b,c,d$ 为实常数，$\phi(x,y)$ 和 $\psi(x,y)$ 是 $(x,y)$ 的高于一阶的项. 考虑与系统 (8.1.8) 对应的线性系统

$$\begin{cases} \dot{x} = ax + by, \\ \dot{y} = cx + dy, \end{cases} \tag{8.1.9}$$

称系统 (8.1.9) 为系统 (8.1.8) 在孤立奇点 $(0,0)$ 的**线性化系统**. 若 $(0,0)$ 是系统 (8.1.9) 的鞍点、(不)稳定正常结点、(不)稳定临界结点、(不)稳定退化结点、(不)稳定焦点以及中心，则称 $(0,0)$ 是系统 (8.1.8) 的**鞍点**、(不) 稳定**正常结点**、(不) 稳定**临界结点**、(不) 稳定**退化结点**、(不) 稳定**焦点**以及**中心**.

现在的问题是：当函数 $\phi(x,y)$ 和 $\psi(x,y)$ 满足什么附加条件时，在相平面上 $(0,0)$ 点附近，系统 (8.1.8) 与它的线性化系统

$$\begin{cases} \dot{x} = ax + by, \\ \dot{y} = cx + dy \end{cases} \tag{8.1.10}$$

有相同的定性结构（即相图基本一致）？

假设有如下条件：

$$A: \phi(x,y) = o(r),\ \ \psi(x,y) = o(r),\ \ \left(r = \sqrt{x^2+y^2}\right);$$

$$A^*: \phi(x,y) = O\left(r^{1+\epsilon}\right),\ \ \psi(x,y) = O\left(r^{1+\epsilon}\right),\ \ \epsilon > 0,\ \ \left(r = \sqrt{x^2+y^2}\right);$$

$B: \phi(x,y)$ 和 $\psi(x,y)$ 在原点的一个小邻域内关于 $(x,y)$ 连续可微.

**定理 8.2**　与线性化系统有相同定性结构的充分条件

(1) 如果 $(0,0)$ 是系统 (8.1.10) 的焦点且条件 $A$ 成立，则 $(0,0)$ 也是系统 (8.1.8) 的焦点，并且它们的稳定性也相同.

(2) 如果 $(0,0)$ 是系统 (8.1.10) 的鞍点或正常结点且条件 $A$ 和 $B$ 成立，则 $(0,0)$ 也是系统 (8.1.8) 的鞍点或正常结点，并且稳定性相同.

(3) 如果 $(0,0)$ 是系统 (8.1.10) 的退化结点且条件 $A^*$ 成立，则 $(0,0)$ 也是系统 (8.1.8) 的退化结点，并且稳定性相同.

(4) 如果 $(0,0)$ 是系统 (8.1.10) 的临界结点且条件 $A^*$ 和 $B$ 成立，则 $(0,0)$ 也是系统 (8.1.8) 的临界结点，并且稳定性相同.

总之，在上述条件下，系统 (8.1.8) 与其线性化系统 (8.1.10) 在奇点 $(0,0)$ 附近有相同的定性结构.

**附注：** 对线性系统 (8.1.10) 得到的轨线结构是全局的，而定理 8.2 中对非线性系统 (8.1.8) 的结论却只适用于奇点 $(0,0)$ 的附近. 虽然它们在奇点附近的定性结构相同，但与线性系统 (8.1.10) 的相图相比，系统 (8.1.8) 的轨线可能有些“扭曲”. 例如，虽然系统 (8.1.8) 的结点和鞍点仍有特殊方向，但此方向上被奇点分割的两条射线(在小邻域内)不一定还是系统 (8.1.8) 的轨线.

## 四、极限环

微分方程的定性理论的一个主要任务是研究其轨道在相空间中的分布以及相图的结构. 前面分析了相平面中线性系统的奇点的诸多性质，但对于非线性系统而言，情况往往会变得极其复杂.

下面考虑平面自治系统

$$\begin{cases} \dfrac{\mathrm{d}x}{\mathrm{d}t} = P(x,y), \\ \dfrac{\mathrm{d}y}{\mathrm{d}t} = Q(x,y). \end{cases} \tag{8.1.11}$$

设系统 (8.1.11) 满足解的存在唯一性条件，考虑一个具体的、简单的例子.

**例 2** 考察平面系统

$$\begin{cases} \dfrac{\mathrm{d}x}{\mathrm{d}t} = x + y - x\left(x^2 + y^2\right), \\ \dfrac{\mathrm{d}y}{\mathrm{d}t} = -x + y - y\left(x^2 + y^2\right) \end{cases} \tag{8.1.12}$$

的轨线结构.

**解** 令

$$\begin{cases} \dfrac{\mathrm{d}r}{\mathrm{d}t} = r\left(1 - r^2\right), \\ \dfrac{\mathrm{d}\theta}{\mathrm{d}t} = -1. \end{cases} \tag{8.1.13}$$

由式 (8.1.13) 知，它有两个特殊的解

$$\begin{cases} r = 0, \\ \theta = \theta_0 + (t_0 - t), \end{cases}$$

和

$$\begin{cases} r = 1, \\ \theta = \theta_0 + (t_0 - t). \end{cases}$$

它们分别对应于奇点 $r = 0$（或 $(0,0)$）与闭轨线 $r = 1$ (或 $x^2 + y^2 = 1$ ). 由式 (8.1.13) 的第一个方程知，当 $0 < r < 1$ 时，$\dfrac{\mathrm{d}r}{\mathrm{d}t} > 0, r(t)$ 随 $t$ 的增大而单调增加；当 $r > 1$ 时，$\dfrac{\mathrm{d}r}{\mathrm{d}t} < 0$，这表明 $r(t)$ 将单调减小.

显然，$(0,0)$ 点是一不稳定的奇点，它的外围存在一条闭轨线 $r = 1$ 两侧的轨线均螺旋式地向 $r = 1$ 逼近，称孤立的闭轨线为**极限环** (所谓**孤立**，是指某一闭轨存在一个邻域，系统在此邻域内无其他闭轨). 由此可知，例 2 中 $r = 1$ 为稳定的极限环.

当极限环附近的轨线均正向 (即 $t \to +\infty$) 趋近于它时，称此极限环是**稳定的**；如果轨线是负向（即 $t \to -\infty$ ）趋近于它时，称此极限环是**不稳定的**；而当极限环的一侧轨线正向趋近于它，另一侧轨线负向趋近于它时，称此极限环为**半稳定的**.

对于系统 (8.1.11)，有时不必求出特解，而依靠如下定理来寻找极限环.

**定理 8.3** （庞加莱-本迪克松定理）设函数 $P(x,y)$ 和 $Q(x,y)$ 为 $xOy$ 坐标平面上某区域 $G$ 内的连续可微函数. 如果在 $G$ 内存在有界环形闭区域

$$\bar{D} = L_1 \cup D \cup L_2,$$

其中，$L_1$ 是 $D$ 的内边界，$L_2$ 是 $D$ 的外边界，而 $L_1$、$L_2$ 均为简单闭曲线且都不是系统 (8.1.11) 的闭轨，满足条件：在 $\bar{D}$ 内不含系统(8.1.11) 的奇点，且系统 (8.1.11) 从 $L_1$ 和 $L_2$ 上出发的轨道都不能离开 $\bar{D}$ 或都不能进入 $\bar{D}$，则系统 (8.1.11) 在 $D$ 内存在一条闭轨 $c$.

因此，如果能构造出这样的环形域 $\bar{D}$，则由定理 8.3 知必存在闭轨. 如能进一步推断出该闭轨是孤立的，则知它为极限环，而且能大致确定极限环的位置. 显然，这样的环形域 $\bar{D}$ 越狭小，越能近似地得到极限环的位置.

然而，在一般情形之下，作这种环形域本就是很复杂的事情. 关于极限环的存在性，给出下面的结论.

**定理 8.4**　如果域 $G$ 内存在单连通区域 $G^*$，在其内函数 $\dfrac{\partial P}{\partial x}+\dfrac{\partial Q}{\partial y}$ 不变号且在 $G^*$ 内的任何子域上不恒等于零，则系统 (8.1.11) 在域 $G^*$ 内不存在闭轨.

**证明**　用反证法. 设 $\bar{c}: x=x(t), y=y(t)\ (0\leqslant t\leqslant T)$ 为 $G^*$ 内的闭轨，它围成的 $G^*$ 内的子区域为 $G_0$. 由格林公式及系统 (8.1.11)，知

$$\begin{aligned}\int_{\sigma_0}\left(\frac{\partial P}{\partial x}+\frac{\partial Q}{\partial y}\right)\mathrm{d}x\mathrm{d}y&=\oint_{\bar{c}}P\mathrm{d}y-Q\mathrm{d}x\\&=\int_0^T\left(P\frac{\mathrm{d}y}{\mathrm{d}t}-Q\frac{\mathrm{d}x}{\mathrm{d}t}\right)\mathrm{d}t\\&=\int_0^T(PQ-QP)\mathrm{d}t\\&=0.\end{aligned}$$

但由定理的假设，必有

$$\iint_{\epsilon_0}\left(\frac{\partial P}{\partial x}+\frac{\partial Q}{\partial y}\right)\mathrm{d}x\mathrm{d}y\neq 0,$$

这导致矛盾，因此在区域 $G^*$ 内不存在闭轨，当然也就不存在极限环.

**例 3**　考虑如下系统

$$\begin{cases}\dfrac{\mathrm{d}x}{\mathrm{d}t}=y,\\[2mm]\dfrac{\mathrm{d}y}{\mathrm{d}t}=-\dfrac{g}{l}\sin x-\dfrac{\mu}{m}y,\end{cases}\tag{8.1.14}$$

其中，$l,g,\mu,m$ 为均大于 0 的常数.

**解**　显然，

$$\frac{\partial P}{\partial x}+\frac{\partial Q}{\partial y}=-\frac{\mu}{m}<0,$$

于是应用定理 8.4，知系统 (8.1.14) 不存在极限环.

关于极限环问题，往往不仅要研究其存在性，有时还需要判断系统 (8.1.14) 中 $P(x,y)$ 及 $Q(x,y)$ 为特殊情形之下极限环个数是多少的问题. 所有这些都构成了微分方程定性理论的重要组成部分.

## 习 题 8.1

1. 确定方程组

$$\begin{cases} \dfrac{\mathrm{d}x}{\mathrm{d}t} = -y + x\left(x^2 + y^2\right)\sin^2\dfrac{\pi}{\sqrt{x^2 + y^2}}, \\ \dfrac{\mathrm{d}y}{\mathrm{d}t} = x + y\left(x^2 + y^2\right)\sin^2\dfrac{\pi}{\sqrt{x^2 + y^2}} \end{cases}$$

的奇点和极限环，并作相图，这里规定当 $x = y = 0$ 时，右端为 0 .

2. 对于方程组

$$\begin{cases} \dfrac{\mathrm{d}x}{\mathrm{d}t} = -y + x\left(x^2 + y^2\right)\sin\dfrac{\pi}{\sqrt{x^2 + y^2}}, \\ \dfrac{\mathrm{d}y}{\mathrm{d}t} = x + y\left(x^2 + y^2\right)\sin\dfrac{\pi}{\sqrt{x^2 + y^2}}. \end{cases}$$

假设当 $x = y = 0$ 时，右端为 0 .

(1) 验证

$$x = \frac{1}{2}\cos t,\ \ y = \frac{1}{2}\sin t$$

是它的解；

(2) 证明极限环

$$x^2 + y^2 = \frac{1}{4}$$

是稳定的.

3. 试判别下列方程组有无极限环存在.

（1）$\dfrac{\mathrm{d}x}{\mathrm{d}t} = x + y + \dfrac{1}{3}x^3 - xy^2$;

（2）$\dfrac{\mathrm{d}y}{\mathrm{d}t} = -x + y + x^2y + \dfrac{2}{3}y^3$;

（3）$\dfrac{\mathrm{d}x}{\mathrm{d}t} = -2x + y - 2xy^2$;

（4）$\dfrac{dx}{dt} = -x + y + x^3$;

（5）$\dfrac{dy}{dt} = -x - y + y^3$.

4. 设 $B$、$f$、$g$ 在单连通区域 $D$ 内连续可微，并且

$$\frac{\partial}{\partial x}(Bf) + \frac{\partial}{a y}(Bg) \neq 0.$$

试证：方程组

$$\begin{cases} \dfrac{dx}{dt} = f(x, y), \\ \dfrac{dy}{dt} = g(x, y) \end{cases}$$

在 $D$ 内没有闭轨线.

5. 设 $B$、$f$、$g$ 在环状区域 $G$ 内连续可微，并且

$$\frac{\partial}{\partial x}(Bf) + \frac{\partial}{\partial y}(Bg) \neq 0.$$

试证：方程组

$$\begin{cases} \dfrac{dx}{dt} = f(x, y), \\ \dfrac{dy}{dt} = g(x, y) \end{cases}$$

在环状区域 $G$ 内最多有一条闭轨线.

## §8.2　李雅普诺夫稳定性

微分方程组

$$\frac{d\boldsymbol{x}}{dt} = f(t, \boldsymbol{x}), \boldsymbol{x} \in D \subseteq \mathbf{R}^n, \tag{8.2.1}$$

与一阶微分方程情形类似，当右端函数 $f(t, \boldsymbol{x})$ 在域 $G$ 内任一点 $(t_0, \boldsymbol{x}_0)$ 的闭邻域

$$R = \{(t, \boldsymbol{x}) || t - t_0 | \leqslant a, \|\boldsymbol{x} - \boldsymbol{x}_0\| \leqslant b\}$$

内满足解的存在唯一性定理的条件，亦即，$f(t, \boldsymbol{x})$ 在范数意义下连续且满足关于 $\boldsymbol{x}$ 的局部利普希兹条件，那么，任一闭域 $R$ 内解对初值具有连续性. 然而当区域为无限时，结论不一定成立，即 $\|\boldsymbol{x}_1 - \boldsymbol{x}_0\|$ 很小，而相应解的差 $\|\boldsymbol{x}(t, t_0, \boldsymbol{x}_1) - \boldsymbol{x}(t, t_0, \boldsymbol{x}_0)\|$ 的变化有可能很大.

例如，考虑一阶非线性微分方程

$$\frac{\mathrm{d}x}{\mathrm{d}t} = x(1-x)$$

的两个常数解 $x=0$ 和 $x=1$，由方程的通解$x = \dfrac{1}{1+c\mathrm{e}^{-t}}$ ($c$ 为任意常数) 可知，当 $t \to +\infty$ 时，$x=0$ 邻近的解均越来越离开这个解，而 $x=1$ 邻近的解均靠近于这个解，那么我们说解 $x=1$ 是稳定的，而解 $x=0$ 是不稳定的. 这样我们需要引入解的稳定性的概念.

为了方便起见，通常作以下变量代换

$$\boldsymbol{x} = \boldsymbol{X}(t) - \varphi(t), \tag{8.2.2}$$

其中，$\boldsymbol{X}(t) = \boldsymbol{X}(t, t_0, \boldsymbol{X}_0)$，$\varphi(t) = \boldsymbol{X}(t, t_0, \boldsymbol{X}_1)$ 为所考虑的特解，则

$$\begin{aligned}\frac{\mathrm{d}\boldsymbol{x}}{\mathrm{d}t} &= \frac{\mathrm{d}\boldsymbol{X}}{\mathrm{d}t} - \frac{\mathrm{d}\varphi}{\mathrm{d}t} \\ &= f(t, \boldsymbol{X}(t)) - f(t, \varphi(t)) \\ &= f(t, \varphi(t) + \boldsymbol{x}) - f(t, \varphi(t)) \triangleq \widetilde{f}(t, \boldsymbol{x}),\end{aligned}$$

于是在变换方程 (8.2.2)下，将方程 (8.2.1) 化成

$$\frac{\mathrm{d}\boldsymbol{x}}{\mathrm{d}t} = \widetilde{f}(t, \boldsymbol{x})\,. \tag{8.2.3}$$

显然有 $\widetilde{f}(t, 0) \equiv 0$ 成立. 这样关于方程 (8.2.1) 的解 $\varphi(t) = \boldsymbol{X}(t, t_0, \boldsymbol{X}_1)$ 的稳定性问题就化为方程 (8.2.3) 的零解 $\boldsymbol{x} = 0$ 的稳定性问题. 因此，可以只需考虑方程 (8.2.3) 零解 $\boldsymbol{x} \equiv 0$ 的稳定性，下面介绍李雅普诺夫意义下的稳定性的概念.

**定义 8.1** 若对任意给定的 $\varepsilon > 0$ 和 $t_0 > 0$，存在 $\delta = \delta(\varepsilon, t_0) > 0$，使当任一 $\boldsymbol{x}_0$ 满足$\|\boldsymbol{x}_0\| \leqslant \delta$ 时，由初值条件 $\boldsymbol{x}(t_0) = \boldsymbol{x}_0$ 确定的解 $\boldsymbol{x}(t, t_0, \boldsymbol{x}_0)$，对所有的 $t > t_0$，不等式

$$\|\boldsymbol{x}(t, t_0, \boldsymbol{x}_0)\| < \varepsilon \tag{8.2.4}$$

成立，则称方程 (8.2.3) 的零解是**稳定**的，反之是**不稳定**的.

**定义 8.2** 若系统 (8.2.3) 的零解是稳定的，且存在这样的 $\delta_1 > 0$，使当 $\|\boldsymbol{x}_0\| < \delta_1$ 时，由初值条件 $\boldsymbol{x}(t_0) = \boldsymbol{x}_0$ 确定的解 $\boldsymbol{x}(t, t_0, \boldsymbol{x}_0)$ 均有

$$\lim_{t \to +\infty} \boldsymbol{x}(t, t_0, \boldsymbol{x}_0) = 0,$$

则称系统 (8.2.3) 的零解是**渐近稳定**的. 如果系统 (8.2.3) 的零解 $\boldsymbol{x}=0$ 是渐近稳定的，且从域 $D_0$ 中任一点 $\boldsymbol{x}_0$ 出发的解曲线均逼近于零，即有 $\lim\limits_{t\to+\infty}\boldsymbol{x}(t,t_0,\boldsymbol{x}_0)=0$，则称域 $D_0$ 为**渐近稳定域**或**吸引域**. 若吸引域 $D_0$ 为全空间，则称零解 $\boldsymbol{x}=0$ 为**全局渐近稳定**的或**全局稳定**的.

**例 1**　考察系统

$$\begin{cases}\dot{x}=y,\\ \dot{y}=-x\end{cases}$$

零解的稳定性.

**解**　易知方程组的通解为

$$\begin{cases}x(t)=c_1\cos t+c_2\sin t,\\ y(t)=-c_1\sin t+c_2\cos t.\end{cases}$$

若取初始值 $x(0)=x_0,y(0)=y_0$，且有 $x_0^2+y_0^2\neq 0$，那么经过此点的解为

$$\begin{cases}x(t)=x_0\cos t+y_0\sin t,\\ y(t)=-x_0\sin t+y_0\cos t_0.\end{cases}$$

对任意的 $\varepsilon>0$，取 $\delta=\varepsilon$，则当 $\sqrt{x_0^2+y_0^2}<\delta$ 时，有

$$\|Y\|=\sqrt{x^2(t)+y^2(t)}=\sqrt{x_0^2+y_0^2}<\delta=\varepsilon,$$

故该系统的零解是稳定的. 但由

$$\lim_{t\to+\infty}\|Y\|=\sqrt{x^2(t)+y^2(t)}=\sqrt{x_0^2+y_0^2}\neq 0$$

可知，该系统的零解不是渐近稳定的.

## §8.3　按第一近似决定稳定性

人们在研究方程组

$$\frac{\mathrm{d}\boldsymbol{x}}{\mathrm{d}t}=f(t,\boldsymbol{x})\tag{8.3.1}$$

的稳定性时，大多采用的是线性化方法，即将方程 (8.3.1) 的右端 $f(t,\boldsymbol{x})$ 按 $\boldsymbol{x}$ 的分量展成级数. 不妨设 $\boldsymbol{x}=0$ 是方程 (8.3.1) 的解，因而这种展开式中将不含自由量. 于是，方程 (8.3.1) 可以写成

$$\frac{\mathrm{d}\boldsymbol{x}}{\mathrm{d}t}=A(t)\boldsymbol{x}+R(t,\boldsymbol{x}),\tag{8.3.2}$$

其中，$R(t,\boldsymbol{x})$ 是 $f(t,\boldsymbol{x})$ 按 $\boldsymbol{x}$ 的分量的展开式中所有高于一次项的总和. 方程 (8.3.2) 所对应的线性系统为

$$\frac{\mathrm{d}\boldsymbol{x}}{\mathrm{d}t}=A(t)\boldsymbol{x}. \tag{8.3.3}$$

那么自然会提出这样的问题：在何种条件下，方程 (8.3.2) 的零解的稳定性能由线性系统 (8.3.3) 的零解的稳定性来决定. 这便是所谓按第一近似决定稳定性的问题. 在给出这方面相关结果之前，先来介绍一下线性系统 (8.3.3) 的零解稳定的一些结论.

**定理 8.5** (1) 线性系统 (8.3.3) 的零解是稳定的当且仅当系统 (8.3.3) 的所有解均是有界的，即存在常数 $K>0$，使得

$$\|X(t)\|\leqslant K\quad(\forall t\geqslant t_0),$$

其中，$X(t)$ 是系统 (8.3.3) 满足初始条件 $X(t_0)=I$ 的基解矩阵.

(2) 线性系统 (8.3.3) 的零解是渐近稳定的当且仅当 $\lim\limits_{t\to+\infty}\|X(t)\|=0$ 成立.

**证明** (1) 的充分性以及 (2) 由零解稳定性及零解渐近稳定性的定义直接给出. 下面仅证明 (1) 的必要性.

由系统 (8.3.3) 的零解稳定知，$\forall\varepsilon>0,\exists\delta>0$，使得对于系统 (8.3.3) 的解 $\boldsymbol{x}(t)$，只要 $\|\boldsymbol{x}(t_0)\|=\|\boldsymbol{x}_0\|<\delta$ 时，有 $\|\boldsymbol{x}(t)\|<\varepsilon\,(\forall t\geqslant t_0)$ 成立. 对任何的初值条件 $\boldsymbol{x}(t_0)=\boldsymbol{x}_0$，考虑相应的解 $\boldsymbol{x}(t)$，易见

$$\boldsymbol{x}(t)\overset{\text{def}}{=}\frac{\delta}{2\|\boldsymbol{x}_0\|}\boldsymbol{x}(t)$$

也是系统 (8.3.3) 之解且满足

$$\|\boldsymbol{x}(t_0)\|=\|\boldsymbol{x}_0\|<\delta.$$

由于 $X(t)$ 为系统 (8.3.3) 满足 $X(t_0)=I$ 的基解矩阵，故 $\|X(t)y(t_0)\|<\varepsilon$，即

$$\|X(t)x_0\|<\frac{2\varepsilon}{\delta}\|\boldsymbol{x}_0\|.$$

取 $\boldsymbol{x}_0$ 分别为 $\mathrm{e}_1,\mathrm{e}_2,\cdots,\mathrm{e}_n\in\mathbf{R}^n$ 的一组标准正交基（$\mathrm{e}_i$ 为第$i$ 个分量为 1，其余分量为 0 的单位向量)，知 $X(t)\mathrm{e}_i$ 为 $X(t)$ 的第 $i$ 个列向量，$\|X_i\|<\dfrac{2\varepsilon}{\delta}$. 因此，系统 (8.3.3) 的每个解均有界.

进一步地，考虑系统 (8.3.3) 之下 $A(t)$ 为常数矩阵的情形，有如下定理.

**定理 8.6**　对于系统

$$\frac{\mathrm{d}\boldsymbol{x}}{\mathrm{d}t} = A\boldsymbol{x} \tag{8.3.4}$$

而言:

(1) 系统 (8.3.4) 的零解是渐近稳定的当且仅当矩阵 $A$ 的全部特征值的实部均为负的;

(2) 系统 (8.3.4) 的零解是稳定的当且仅当矩阵 $A$ 的全部特征值的实部均为非正的，且实部为零的特征值对应的若尔当 (Jordan) 块为一阶的;

(3) 系统 (8.3.4) 的零解是不稳定的当且仅当矩阵 $A$ 的特征值中至少有一个实部为正，或至少有一个特征值的实部为零，且其对应的若尔当块的阶数大于1 .

现在回到先前提出的问题，即系统 (8.3.2) 与系统 (8.3.3) 的零解稳定性之间的关系. 为此，有如下定理.

**定理 8.7**　设系统 (8.3.2) 之中 $R(t,x)$ 满足

(1) 在 $t \geqslant t_0, \|x\| < H$ 上连续，此处，$H > 0$ 是常数;

(2) $\|R(t,x)\| \leqslant \alpha\|x\|$,

其中，$\alpha$ 是适当小的正数.

同时，系统 (8.3.2) 之中 $A(t)$ 为常数矩阵 $A$ (即系统 (8.3.3) 之中 $A(t)$ 也为常数矩阵 $A$). 若矩阵 $A$ 的全部特征值实部均为负数，则系统 (8.3.2) 的零解是渐近稳定的; 若矩阵 $A$ 的特征值中至少有一个实部为正数，则系统 (8.3.2) 的零解是不稳定的.

由前所述，系统矩阵 $A$ 的特征值直接关系到系统的零解稳定性. 但对于高阶矩阵 $A$ 而言，直接计算其特征值往往是一件非常困难的事，由于在讨论零解稳定性时，人们关心的是特征值的实部是否为负数，下面的劳斯 - 赫尔维茨 (Routh-Hurwitz) 定理对分析这个问题是非常有帮助的.

**定理 8.8**　(劳斯-赫尔维茨定理) 设给定实系数 $n$ 次代数方程

$$a_0\lambda^n + a_1\lambda^{n-1} + a_2\lambda^{n-2} + \cdots + a_{n-1}\lambda + a_n = 0, \tag{8.3.5}$$

其中，$a_0 > 0$，作行列式

$$\Delta_1 = a_1, \Delta_2 = \begin{bmatrix} a_1 & a_0 \\ a_3 & a_2 \end{bmatrix}, \Delta_3 = \begin{bmatrix} a_1 & a_0 & 0 \\ a_3 & a_2 & a_1 \\ a_5 & a_4 & a_3 \end{bmatrix}, \cdots,$$

$$\Delta_n = \begin{bmatrix} a_1 & a_0 & 0 & 0 & \cdots & 0 \\ a_3 & a_2 & a_1 & a_0 & \cdots & 0 \\ \vdots & \vdots & \vdots & \vdots & & \vdots \\ a_{2n-1} & a_{2n-2} & a_{2n-3} & a_{2n-4} & \cdots & a_n \end{bmatrix} = a_n\Delta_{n-1},$$

其中，$a_i \equiv 0\ (\forall i > n)$，则方程 (8.3.5) 的一切根具有负实部当且仅当下列的不等式

$$a_1 > 0,\ \ \Delta_i > 0\ \ (i = 1, 2, \cdots, n)$$

同时成立.

劳斯－赫尔维茨定理的证明在此省略.

**例 1** 考虑下面的非线性系统：

$$\begin{cases} \dfrac{\mathrm{d}x}{\mathrm{d}t} = -x + y - z + x^2, \\ \dfrac{\mathrm{d}y}{\mathrm{d}t} = x - y + x^3 y + z^2, \\ \dfrac{\mathrm{d}z}{\mathrm{d}t} = x + y - z - \mathrm{e}^x \left(y^2 + z^2\right). \end{cases}$$

**解** 线性化系统对应的特征方程为

$$\begin{bmatrix} \lambda + 1 & -1 & 1 \\ -1 & \lambda + 1 & 0 \\ -1 & -1 & \lambda + 1 \end{bmatrix} = 0,$$

即

$$\lambda^3 + 3\lambda^2 + 3\lambda + 2 = 0.$$

由此，得

$$a_0 = 1,\ a_1 = 3,\ a_2 = 3,\ a_3 = 2.$$

代入劳斯－赫尔维茨定理有

$$\Delta_1 = a_1 = 3 > 0,\ \Delta_2 = \begin{bmatrix} a_1 & a_0 \\ a_3 & a_2 \end{bmatrix} = \begin{bmatrix} 3 & 1 \\ 2 & 3 \end{bmatrix} = 7 > 0, \quad \Delta_3 = a_3 \Delta_2 = 14 > 0.$$

即，此特征方程的一切特征根具有负实部.

## §8.4 李雅普诺夫直接方法

在讨论微分方程解的稳定性时，李雅普诺夫直接方法占重要的地位. 这个方法的特点是：不去求方程组解的表达式，而是作出李雅普诺夫函数 ( $V$ 函数)，利用方程本身来讨论解的稳定性. 它对于那些难于求出解的表达式的非线性方程，不论在理论上还是在应用上都是有效的. 为了简单起见，我们只就自治方程组

$$\frac{\mathrm{d}\boldsymbol{x}}{\mathrm{d}t} = f(\boldsymbol{x}) \tag{8.4.1}$$

的平衡位置 $\boldsymbol{x}=\boldsymbol{0}$ 的稳定性问题讲述这一方法. 假设方程组 (8.4.1) 的右端 $f(\boldsymbol{x})$ 的分量 $f_1(x_1,x_2,\cdots,x_n),\cdots,f_n(x_1,x_2,\cdots,x_n)$ 在空间 $(x_1,x_2,\cdots,x_n)$ 的基一含有坐标原点的区域 $G$ 中是连续的，并且有连续的一阶偏导数，$f(\boldsymbol{0})=0$.

## 一、预备知识

假设函数 $V(\boldsymbol{x})=V(x_1,x_2,\cdots,x_n)$ 在原点 $O$ 的某一邻域中是连续可微的，并且 $V(\boldsymbol{0})=0$.

如果存在一个正数 $h$，使得当 $\|\boldsymbol{x}\|\leqslant h$ 时，不等式 $V(\boldsymbol{x})\geqslant 0$ (或$\leqslant 0$) 成立，就称 $V(\boldsymbol{x})$ 是**常正的函数**（或常负的函数）. 常正和常负的函数统称为**常号函数**.

如果当 $0<\|\boldsymbol{x}\|\leqslant h$ 时，

$$V(\boldsymbol{x})>0\,(或<0\,),$$

成立就称 $V(\boldsymbol{x})$ 是**定正**（或**定负**）函数. 定正和定负函数统称为**定号函数**.

如果 $V(\boldsymbol{x})$ 在原点 $O$ 的任一邻域中既可取到正值也可取到负值，就称 $V(\boldsymbol{x})$ 是**变号函数**.

例如：

(1) $V(x_1,x_2,x_3)=x_1^2+x_2^2+x_3^2$ 是定正的.

(2) $V(x_1,x_2,x_3)=x_1^2+2x_1x_2+2x_2^2+x_3^4$ 是定正的.

(3) $V(x,y)=ax^2+2bxy+cy^2$, 当 $a>0,b^2-ac<0$ 时是定正的；当 $a<0,b^2-ac<0$ 时是定负的；当 $b^2-ac>0$ 时是变号的.

(4) $V(x,y)=\sin\left(x^2+y^2\right)$ 是定正的.

(5) $V(x_1,x_2,x_3)=x_1^2+x_2^2$ 是常正的，但不是定正的.

对于二次型

$$V(\boldsymbol{x})=\sum_{k,l=1}^{n}c_{kl}x_kx_l,\quad (c_{kl}=c_{lk})$$

代数学已证明，如果系数矩阵 $A=(c_{kl})$ 的主子式

$$c_{11}>0,\begin{bmatrix}c_{11}&c_{12}\\e_{21}&c_{22}\end{bmatrix}>0,\cdots,\begin{bmatrix}c_{11}&c_{12}&\cdots&c_{1n}\\c_{21}&c_{22}&\cdots&c_{2n}\\\cdots&\cdots&\cdots&\cdots\\c_{n1}&c_{n2}&\cdots&c_{nn}\end{bmatrix}>0$$

都是正的，那么 $V(\boldsymbol{x})$ 是定正的.

如果 $V(\boldsymbol{x})$ 不是二次型，我们怎样判断它的定号性呢？

**引理 8.1** 设

$$V(\boldsymbol{x}) \equiv U(\boldsymbol{x}) + W(\boldsymbol{x}),$$

而 $U(\boldsymbol{x})$ 是定正的二次型，在原点 $\theta$ 的邻域 $\|\boldsymbol{x}\| \leqslant h$ 中成立着

$$|W(\boldsymbol{x})| \leqslant A\|\boldsymbol{x}\|^{2+\infty}, \tag{8.4.2}$$

其中，$A$ 和 $\delta$ 是正的常数，那么 $V(\boldsymbol{x})$ 是定正的.

**证明** 因为 $U(\boldsymbol{x})$ 是定正的二次型，所以它在单位球面

$$\|\boldsymbol{x}\| = 1$$

上有正的最小值 $m$. 从而

$$U(\boldsymbol{x}) = U\left(\|\boldsymbol{x}\|\frac{\boldsymbol{x}}{\|\boldsymbol{x}\|}\right) = \|\boldsymbol{x}\|^2 U\left(\frac{\boldsymbol{x}}{\|\boldsymbol{x}\|}\right) \geqslant m\|\boldsymbol{x}\|^2.$$

由此，当 $\|\boldsymbol{x}\| \leqslant h$ 时，

$$V(\boldsymbol{x}) \geqslant m\|\boldsymbol{x}\|^2 - A\|\boldsymbol{x}\|^{2+\delta} = m\|\boldsymbol{x}\|^2\left(1 - \frac{A}{m}\|\boldsymbol{x}\|^{\delta}\right),$$

若设 $h_1 = \left(\dfrac{m}{2A}\right)^{\frac{1}{\delta}}$，那么当 $\|\boldsymbol{x}\| \leqslant \min(h, h_1)$ 时，有

$$V(\boldsymbol{x}) \geqslant \frac{m}{2}\|\boldsymbol{x}\|^2,$$

所以 $V(\boldsymbol{x})$ 是定正的函数.

同理可证，如果 $U(\boldsymbol{x})$ 是变号的二次函数，那么当 $W$ 适合不等式 (8.4.2) 时，$V(\boldsymbol{x}) = U(\boldsymbol{x}) + W(\boldsymbol{x})$ 是变号函数. 请读者自行证明.

但是，如果 $U(x, y)$ 是常号的二次型，我们不能由不等式 (8.4.2) 推知 $V = U + W$ 的常号性. 例如，

$$U(x, y) = (x + y)^2 \geqslant 0,$$

但

$$V(x, y) = (x + y)^2 - x^2,$$

和

$$V_1(x, y) = (x + y)^2 + y^4$$

分别是变号函数和定正函数.

**引理 8.2**　如果函数 $V(\boldsymbol{x})$ 在球 $\|\boldsymbol{x}\| \leqslant h$ 上是连续的，$V(\boldsymbol{0}) = 0$，那么对任何正数 $l > 0$，存在 $\alpha > 0$，使得当 $V(\boldsymbol{x}) \geqslant l$ 时，成立着$\|\boldsymbol{x}\| \geqslant \alpha$.

**证明**　因为 $V(\boldsymbol{x})$，在 $\boldsymbol{x} = 0$ 处连续，$V(\boldsymbol{0}) = 0$，所以对于 $l > 0$，存在 $\alpha > 0$，使得当 $\|\boldsymbol{x}\| < \alpha$ 时，$|V(\boldsymbol{x})| < l$. 因此，如果 $V(\boldsymbol{x}) \geqslant l$ 成立，必导致 $\|\boldsymbol{x}\| \geqslant \alpha$.

**引理 8.3**　如果函数 $V(\boldsymbol{x})$ 在球 $\|\boldsymbol{x}\| \leqslant h$ 是定正的，那么对于任一正数 $\alpha < h$，函数 $V(\boldsymbol{x})$ 在有界闭区域 $\alpha \leqslant \|\boldsymbol{x}\| \leqslant h$ 上的最小值 $m$ 大于 0 .

下面讨论定正函数的几何意义 (设 $n = 2$).

设当 $0 < x^2 + y^2 \leqslant h$ 时，$V(x, y) > 0$，那么当 $C > 0$ 充分小时，$V(x, y) = O$ 所确定的曲线有一支是环绕坐标原点 $O$ 的闭曲线，并且当 $O \to 0$ 时，这一族闭曲线收缩到坐标原点.

事实上，设 $V(x, y)$ 在圆周 $x^2 + y^2 = h^2$ 上的最小值为 $m$，那么 $m > 0$；如果 $0 < C < m$，设 $P$ 是圆周 $x^2 + y^2 = h^2$ 上的任一点，$L$ 是任一连接 $O, P$ 两点的连续曲线. 由于 $V$ 在坐标原点取值为 0，在 $P$ 点的值大于等于 $m$，所以在 $L$ 上必有点使 $V(x, y) = C$，这样 $V(x, y) = C$ 所确定的曲线必有一支是环绕坐标原点的闭曲线. 又根据引理 8.2，曲线 $V(x, y) = O$ 收缩于坐标原点.

再看变号函数的几何意义.

设 $V(x, y)$ 是变号函数，那么 $V(x, y) = 0$ 确定的曲线是含有坐标原点 $O$ 的，并且可能由几个分支组成. 例如，$V(x, y) = x^2 - y^2$，那么 $V(x, y) = 0$ 是过原点 $O$ 的两条直线，而 $V(x, y) = C$，即 $x^2 - y^2 = C$ 是以上述两条直线为渐近线的双曲线. 对于一般的变号函数 $V(x, y)$，在原点 $O$ 的邻域中，必有使 $V(x, y) > 0$ 的区域，也有使 $V(x, y) < 0$ 的区域，而 $V(x, y) = 0$ 的曲线是它们的边界.

## 二、李雅普诺夫直接方法的基本定理

对于方程组 (8.4.1)，在考察函数 $V(\boldsymbol{x})$ 的同时，还考察函数

$$\sum_{k=1}^{n} \frac{\partial V(x_1, x_2, \cdots, x_n)}{\partial x_k} f_k(x_1, x_2, \cdots, x_n), \tag{8.4.3}$$

它在坐标原点的任一邻域中是连续的，并且当 $\boldsymbol{x} = 0$ 时它的值是 0，因此也可以讨论它的定号性、常号性或变号性. 由于它是由 $V$ 联系到方程组 (8.4.1) 得到的，并且具有下面的性质，所以我们记它为 $\dfrac{\mathrm{d}V}{\mathrm{d}t}$.

设 $\boldsymbol{x} = \varphi(t; 0, \boldsymbol{x}_0)$ 表示方程组 (8.4.1) 以 $(0, \boldsymbol{x}_0)$ 为初值的解，即 $\varphi(0, \boldsymbol{x}_0) = \boldsymbol{x}_0$，那么当 $\boldsymbol{x}_0$ 固定时，

$$V(\varphi(t; 0, \boldsymbol{x}_0))$$

是变量 $t$ 的函数，并且

$$\begin{aligned}\frac{\mathrm{d}b}{\mathrm{d}t}V(\varphi(t;0,\boldsymbol{x}_0)) &\equiv \sum_{k=1}^{n}\frac{\partial V(\varphi(t;0,\boldsymbol{x}_0))}{\partial x_{\mathbf{k}}}\frac{\mathrm{d}\varphi_k(t;\varphi,\boldsymbol{x}_0)}{\mathrm{d}t} \\ &\equiv \sum_{k=1}^{n}\frac{\partial V(\varphi(t;0,\boldsymbol{x}_0))}{\partial x_k}f_k(\varphi(t;0,\boldsymbol{x}_0)).\end{aligned} \tag{8.4.4}$$

特别地，当 $t=0$ 时，得到

$$\frac{\mathrm{d}}{\mathrm{d}t}V(\varphi(t;0,\boldsymbol{x}_0))|_{t=0} \equiv \sum_{k=1}^{n}\frac{\partial V(\boldsymbol{x}_0)}{\partial x_k}f_k(\boldsymbol{x}_0).$$

因此，导数 $\dfrac{\mathrm{d}}{\mathrm{d}t}V(\varphi(t;0,\boldsymbol{x}_0))$ 在 $t=0$ 处的值就是函数 $V$ 关于 $t$ 的全导数, 并记为 $\dfrac{\mathrm{d}V}{\mathrm{d}t}$.

**定理 8.9** 对于方程组 (8.4.1)，如果存在一个定正的函数 $V(\boldsymbol{x})$，使得 $V$ 按方程组 (8.4.1) 对时间 $t$ 的全导数

$$\frac{\mathrm{d}V}{\mathrm{d}t}=\sum_{k=1}^{n}\frac{\partial V(x_1,\cdots,x_n)}{\partial_k}f_k\left(x_2,x_2,\cdots_j x_n\right)$$

是常负的，那么 $\boldsymbol{x}=0$ 是稳定的.

**证明** 先对 $n=2$ 的情形进行如下的几何解释. 所谓 $\boldsymbol{x}=0$ 是稳定的，就是对于任意的 $\varepsilon>0$，存在 $\delta>0$，使得从圆 $\|\boldsymbol{x}\|<\delta$ 内的点 $\boldsymbol{x}_0$ 出发的轨线不能跑出圆 $\|\boldsymbol{x}\|\leqslant\varepsilon$ 外. 取 $C>0$ 充分小，使得由

$$V(\boldsymbol{x})=O$$

决定的闭曲线位于圆 $\|\boldsymbol{x}\|<\varepsilon$ 内. 再作一个圆 $\|\boldsymbol{x}\|<\delta$ 使得它位于 $V=C$ 的闭曲线内部. 对于 $\boldsymbol{x}_0$，若 $\|\boldsymbol{x}_0\|<\delta$，我们要证明从 $\boldsymbol{x}_0$ 出发的相轨线总在 $|\boldsymbol{x}|<\varepsilon$ 中. 因为由 (8.4.4) 得

$$\frac{\mathrm{d}}{\mathrm{d}t}V(\varphi(t;0,\boldsymbol{x}_0))\leqslant 0,$$

从而当 $t\geqslant 0$ 时

$$V(\varphi(t;0,\boldsymbol{x}_0))\leqslant V(\varphi(0;0,\boldsymbol{x}_0))=V(x_0).$$

所以 $\varphi(t;0,\boldsymbol{x}_0)$ 在 $V=C$ 的内部，从而 $\varphi(t;0,\boldsymbol{x}_0)$ 位于圆 $\|\boldsymbol{x}\|<\varepsilon$ 中.

现给出该定理的分析证明.

设 $V(\boldsymbol{x})$ 和 $\dfrac{\mathrm{d}V}{\mathrm{d}t}$ 在 $\|\boldsymbol{x}\| \leqslant h$ 上是定正的和常负的，对于正数 $\varepsilon$，在有界区域 $\varepsilon \leqslant \|\boldsymbol{x}\| \leqslant h$ 上函数 $V(\boldsymbol{x})$ 的最小值 $m$ 是正的. 由于 $V(\boldsymbol{0}) = 0$，且 $V$ 是连续的，所以存在 $\delta > 0\ (\delta < \varepsilon)$，使得当 $\|\boldsymbol{x}\| < \delta$ 时，

$$0 \leqslant V(x) < m.$$

现在证明，当 $\|\boldsymbol{x}_0\| < \delta$ 时，方程组 (8.4.1) 以 $(t_0, \boldsymbol{x}_0)$ 为初值的解 $x = \varphi(t; t_0, \boldsymbol{x}_0)$ 在区间 $t_0 \leqslant t < +\infty$ 中存在，并且成立着不等式

$$\|\varphi(t; t_0, \boldsymbol{x}_0)\| < \varepsilon \quad (t_0 \leqslant t < +\infty). \tag{8.4.5}$$

事实上，当 $t = t_0$ 时，有

$$\|\varphi(t_0; t_0, \boldsymbol{x}_0)\| = \|\boldsymbol{x}_0\| < \delta < \varepsilon,$$

所以式 (8.4.5) 当 $t = t_0$ 时成立. 如果 $\varphi(t; t_0, \boldsymbol{x}_0)$ 不是在 $t_0 \leqslant t < +\infty$ 中存在，或者式 (8.4.5) 不成立，那么必存在 $t_1 > t_0$，使得当 $t_0 \leqslant t < t_1$ 时，不等式 (8.4.5) 成立，而 $t = t_1$ 时不成立，即

$$\|\varphi(t_1; t_0, \boldsymbol{x}_0)\| = \varepsilon. \tag{8.4.6}$$

由于当 $t_0 \leqslant t \leqslant t_1$ 时，$\boldsymbol{x} = \varphi(t; t_0, \boldsymbol{x}_0)$ 是方程组 (8.4.1) 的解，所以

$$\frac{\mathrm{d}}{\mathrm{d}t} V(\varphi(t_1; t_0, \boldsymbol{x}_0)) \leqslant 0,$$

从而

$$V(\varphi(t_1; t_0, \boldsymbol{x}_0)) \leqslant V(\varphi(t_0; t_0, \boldsymbol{x}_0)) = V(\boldsymbol{x}_0) < m.$$

根据 $m$ 的定义得

$$\|\varphi(t_1; t_0, \boldsymbol{x}_0)\| < \varepsilon,$$

它与式 (8.4.6) 矛盾. 因此，$\boldsymbol{x} = \varphi(t; t_0, \boldsymbol{x}_0)$ 在 $t_0 \leqslant t < +\infty$ 中存在，且不等式 (8.4.5) 成立. 即得证 $\boldsymbol{x} = 0$ 是稳定的.

**定理 8.10**　对于方程组 (8.4.1)，如果存在定正函数 $V(\boldsymbol{x})$，使得它按方程组 (8.4.1) 对时间 $t$ 的全导数 $\dfrac{\mathrm{d}V}{\mathrm{d}t}$ 是定负的，那么方程组 (8.4.1) 的零解是渐近稳定的.

**证明**　根据定理 8.9，方程组 (8.4.1) 的解 $\boldsymbol{x} = 0$ 是稳定的. 需要证明的是：存在 $\sigma > 0$，使得当 $\|\boldsymbol{x}_0\| < \sigma$ 时，

$$\lim_{t\to\infty} \mu(t; t_0, \boldsymbol{x}_0) = 0. \tag{8.4.7}$$

设 $V$ 和 $-\dfrac{\mathrm{d}V}{\mathrm{d}t}$ 在 $\|\boldsymbol{x}\| \leqslant h$ 上是定正的. 根据定理 8.9，对于 $h$，存在 $\sigma > 0$，使得当 $\|\boldsymbol{x_0}\| < \sigma$ 时，$\boldsymbol{x} = \varphi(t; t_0, \boldsymbol{x}_0)$ 在 $t_0 \leqslant t < +\infty$ 中存在，并且

$$\|\varphi(t_i, t_0, \boldsymbol{x}_0)\| < h \ (t_0 \leqslant t < +\infty),$$

因此，当 $t_0 \leqslant t < +\infty$ 时

$$\frac{\mathrm{d}}{\mathrm{d}t} V(\varphi(t; t_0, \boldsymbol{x}_0)) \leqslant 0,$$

从而 $V(\varphi(t; t_0, \boldsymbol{x}_0))$ 是关于 $t$ 单调不增的函数，且 $V \geqslant 0$，所以当 $t \to +\infty$ 时，$V(\varphi(t; t_0, \boldsymbol{x}_0))$ 有极限 $a \geqslant 0$.

如果 $a > 0$，那么

$$V(\varphi(t; t_0, \boldsymbol{x}_0)) \geqslant a > 0,$$

根据引理 8.2，存在 $\alpha > 0$，使得

$$\|\varphi(t; t_0, \boldsymbol{x}_0)\|_1 \geqslant \infty.$$

但 $\dfrac{\mathrm{d}V}{\mathrm{d}t}$ 是定负的，所以根据引理 8.3 存在正数 $m$，使得

$$-\frac{\mathrm{d}}{\mathrm{d}t} V(\varphi(t; t_a, \boldsymbol{x}_0)) \geqslant m,$$

从而

$$0 \leqslant V(\varphi(t; t_0, \boldsymbol{x}_0)) \leqslant V(\boldsymbol{x}_0) - m(t - t_0).$$

上式右端当 $t \to +\infty$ 时趋于 $-\infty$，这与 $V$ 的定正性矛盾. 所以 $a > 0$ 不成立，即 $a = 0$，因此

$$\lim_{t \to +\infty} V(\varphi(t; t_0, \boldsymbol{x}_0)) = 0. \tag{8.4.8}$$

再证明式 (8.4.7) 成立. 否则，存在 $\varepsilon_0 > 0$ 和 $t_1 < t_2 < \cdots < t_k < \cdots, t_k \to +\infty$，使得 $\|\varphi(t_k; t_0, \boldsymbol{x}_0)\| \geqslant \varepsilon_0 > 0$. 由引理 8.3 得 $V(\varphi(t_k; t_0, \boldsymbol{x}_0)) \geqslant m_0 > 0$. 它与式 (8.4.8) 矛盾. 因此，$\boldsymbol{x} = 0$ 是渐近稳定的.

**定理 8.11** 对于方程组 (8.4.1)，如果存在一个函数 $V$，它按方程组 (8.4.1) 对时间 $t$ 的全导数 $\dfrac{\mathrm{d}V}{\mathrm{d}t}$ 是定正的，且在坐标原点的任一邻域内，函数 $V$ 总能取到正值，那么方程组 (8.4.1) 的零解 $\boldsymbol{x} = 0$ 是不稳定的.

**证明** 在 $\|\boldsymbol{x}\| < \delta$ 内存在 $\boldsymbol{x}_0$，使得 $x = \varphi(t; t_0, \boldsymbol{x}_0)$ 不能总在球 $\|\boldsymbol{x}\| < h$ 内. 在 $\|\boldsymbol{x}\| < h$ 内，由于

$$\frac{\mathrm{d}}{\mathrm{d}t} V(\varphi(t; t_0, \boldsymbol{x}_0)) \geqslant 0,$$

所以当 $t_0 \leqslant t < +\infty$ 时，

$$V(\varphi(t;t_0,\boldsymbol{x}_0)) \geqslant V(\boldsymbol{x}_0) > 0,$$

根据引理 8.2，存在 $\lambda > 0$，使得

$$h \geqslant \|\varphi(t;t_0,\boldsymbol{x}_0)\| \geqslant \lambda > 0,$$

从而由引理 8.3，存在 $m > 0$，使得

$$\frac{\mathrm{d}}{\mathrm{d}t}V(\varphi(t;t_0,\boldsymbol{x}_0)) \geqslant m > 0,$$

因此，当 $t_0 \leqslant t < +\infty$ 时，

$$V(\varphi(t;t_0,\boldsymbol{x}_0)) \geqslant m(t-t_0) + V(\boldsymbol{x}_0),$$

上式右端当 $t \to +\infty$ 时趋于正无穷大，这与 $\|\varphi(t;t_0,\boldsymbol{x}_0)\| \leqslant h$ 矛盾. 所以，$\boldsymbol{x} = 0$ 是不稳定的.

**定理 8.12**　对于方程组 (8.4.1)，如果存在一个函数 $V$，使得当 $\|\boldsymbol{x}\| \leqslant h$ 时，

$$\frac{\mathrm{d}V}{\mathrm{d}t} \geqslant \lambda V,$$

其中，$\lambda$ 是正常数，并且 $V$ 在原点的任邻域内总能取到正值，那么方程组 (8.4.1) 的零解 $\boldsymbol{x} = 0$ 是不稳定的.

**证明**　对任何 $\delta > 0$，取 $\boldsymbol{x}_0$ 满足

$$\|\boldsymbol{x}_0\| < \delta, V(\boldsymbol{x}_0) > 0,$$

我们要证 $\boldsymbol{x} = \varphi(t;t_0,\boldsymbol{x}_0)$ 在 $t_0 \leqslant t < +\infty$ 中不能总在球 $\|\boldsymbol{x}\| < h$ 内.

不然的话，对 $\forall\ \|\varphi(t;t_0,\boldsymbol{x}_0)\| < h$，我们有

$$\frac{\mathrm{d}}{\mathrm{d}t}V(\varphi(t;t_0,\boldsymbol{x}_0)) - \lambda V(\varphi(t;t_0,\boldsymbol{x}_0)) \geqslant 0,$$

从而当 $t_0 \leqslant t < +\infty$ 时，

$$\frac{\mathrm{d}}{\mathrm{d}t}\left[\mathrm{e}^{-\lambda t}V(\varphi(t;t_0,\boldsymbol{x}_0))\right] \geqslant 0.$$

因此

$$\mathrm{e}^{-\lambda t}V(\varphi(t;t_0,\boldsymbol{x}_0)) - \mathrm{e}^{-\lambda t_0}V(\boldsymbol{x}_0) \geqslant 0,$$

即

$$V(\varphi(t;t_0,x_0)) \geqslant e^{\lambda(t-t_0)}V(\boldsymbol{x}_0).$$

上式右端 $t\to+\infty$ 时趋于正无穷大，它与 $\|\varphi(t;t_0,\boldsymbol{x}_0)\|<h$ 相矛盾，所以 $\boldsymbol{x}=0$ 是不稳定的.

**例 1** 讨论方程

$$\frac{dx}{dt}=ax+bx^2$$

的零解 $x=0$ 的稳定性.

**解** 取 $V(x)=x^2$，它是定正的，而

$$\frac{dV}{dt}=2x\left(ax+bx^2\right)=2ax^2+2bx^3,$$

(1) 当 $a<0,\ b=0$ 时，$\frac{dV}{dt}$ 是定负的，$x=0$ 是渐近稳定的；

(2) 当 $a>0,\ b=0$ 时，$\frac{dV}{dt}$ 是定正的，$x=0$ 是不稳定的；

(3) 当 $a=0,\ b\neq0$ 时，原来的 $V$ 不能应用. 我们取

$$V(x)=x,$$

它是变号的，并且

$$\frac{dV}{dt}=bx^2,$$

它是定号的，因此 $x=0$ 是不稳定的.

**例 2** 讨论无阻尼的单摆运动方程

$$\frac{dx}{dt}=y,$$

$$\frac{dy}{dt}=-\frac{g}{l}\sin x$$

的零解 $x=y=0$ 的稳定性.

**解** 取

$$V(x,y)=y^2+\frac{4g}{b}\sin^2\frac{x}{2},$$

那么它是正定的，并且

$$\frac{dV}{dt}=\frac{4g}{b}\sin\frac{x}{2}\cos\frac{x}{2}\cdot y-2y\frac{g}{l}\sin x\equiv0,$$

所以零解是稳定的，但 $V(x(t),y(t)) \equiv V(x_0,y_0)$，所以零解不是渐近稳定的.

定理 8.9 至定理 8.12 指出，如果具有某种性质的函数 $V$，就可以据此判断方程组 (8.4.1) 的零解是稳定的、渐近稳定的或不稳定的. 但具体构造出李雅普诺夫函数 $V$ 是一个困难的问题.

## 习　题　8.4

1. 确定

$$\begin{cases} \dot{x} = 4x - t^2 x, \\ x(0) = 0 \end{cases}$$

解的稳定性.

2. 确定

$$\begin{cases} 3(t-1)\dot{x} = x, \\ x(2) = 0 \end{cases}$$

解的稳定性.

3. 确定

$$\begin{cases} \dot{x} = -y, \\ \dot{y} = 2x^3, \\ x(0) = y(0) = 0 \end{cases}$$

解的稳定性.

4. 确定

$$\begin{cases} \dot{x} = -y\cos x, \\ \dot{y} = \sin x, \\ x(0) = y(0) = 0 \end{cases}$$

解的稳定性.

5. 证明：如果线性微分方程的某一解在李雅普诺夫的意义下是稳定的，则这个方程组的所有解都是稳定的.

6. 证明：如果齐次线性方程组的每个解当 $t \to +\infty$ 时保持有界，则零解在李雅普诺夫意义下是稳定的.

7. 设当 $t \to +\infty$ 时，

$$a_{11}(t) + a_{22}(t) \to b > 0.$$

研究方程组

$$\begin{cases} \dot{x}_1 = a_{11}(t)x_1 + a_{12}(t)x_2, \\ \dot{x}_2 = a_{21}(t)x_1 + a_{22}(t)x_2 \end{cases}$$

的零解在这个条件下的稳定性.

8. 当 $a$ 取何值时,

$$\begin{cases} \dot{x}_1 = ax_1 - 2x_2 + x_1^2, \\ \dot{x}_2 = x_1 + x_2 + x_1x_2 \end{cases}$$

零解具有渐近稳定性.

9. 研究方程组

$$\begin{cases} \dot{x}_1 = \ln\left(x_1 + 2\sin^2 \frac{t}{2}\right) - \frac{x_2}{2}, \\ \dot{x}_2 = \left(4 - x_1^2\right)\cos t - 2x_1 \sin^2 t - \cos^3 t \end{cases}$$

的解 $x_1 = \cos t, x_2 = \sin t$ 是否稳定.

10. 研究方程组

$$\begin{cases} \dot{x}_1 = x_2 - x_1 - x_1^2, \\ \dot{x}_2 = 3x_1 - x_1^2 - x_2 \end{cases}$$

平衡点的稳定性.

11. 研究方程组

$$\begin{cases} \dot{x}_1 = x_2, \\ \dot{x}_2 = \sin(x_1 + x_2) \end{cases}$$

平衡点的稳定性.

12. 研究二阶方程

$$\ddot{x} + 9x = \sin t$$

解的稳定性.

# 参考文献


[1] 王光发，吴克乾，邓宗琦，等. 常微分方程[M]. 长沙：湖南教育出版社，1983.

[2] 张谋，舒永录，张万雄. 常微分方程[M]. 重庆：重庆大学出版社，2011.

[3] 李必文，赵临龙，张明波. 常微分方程[M]. 武汉：华中师范大学出版社，2014.

[4] 何希勤，屠良平，武力兵，等. 常微分方程[M]. 沈阳：东北大学出版社，2017.

[5] 段文英，丁宇婷，谭畅. 常微分方程[M]. 哈尔滨：东北林业大学出版社，2016.

[6] 刘婧. 常微分方程[M]. 大连：大连海事大学出版社，2018.

[7] 康彩苹，王秀明. 常微分方程[M]. 延吉：延边大学出版社，2015.

[8] 金福临，李训经，等. 常微分方程[M]. 上海：上海科学技术出版社，1984.

[9] 尚汉冀. 常微分方程[M]. 上海：上海科学技术出版社，1987.

[10] 化存才，赵奎奇，杨慧，等. 常微分方程解法与建模应用选讲[M]. 北京：科学出版社，2009.

[11] 张锦炎，冯贝叶. 常微分方程几何理论与分支问题[M]. 3 版. 北京：北京大学出版社，2000.

[12] 王高雄，周之铭，朱思铭，等. 常微分方程[M]. 3 版. 北京：高等教育出版社，2006.

[13] 王柔怀，伍卓群. 常微分方程讲义[M]. 北京：人民教育出版社，1963 .

[14] 叶彦谦. 常微分方程讲义[M]. 2 版. 北京：人民教育出版社，1982.

[15] 张芷芬，丁同仁，等. 微分方程定性理论[M]. 北京：科学出版社，1997 .